航天器电磁对接/编队飞行
动力学与控制

杨乐平　张元文　朱彦伟　黄　涣　蔡伟伟　著

国防科学技术大学学术著作出版资助专项经费　资助

科学出版社

北　京

内 容 简 介

本书是关于航天器电磁对接/编队飞行动力学与控制的一本专著。全书共 10 章，主要内容包括星间电磁作用基础、电磁对接/分离动力学与控制、电磁编队飞行动力学与控制、地面演示验证试验等。本书内容新颖、翔实，全面系统地阐述了航天器电磁对接/编队飞行动力学与控制的理论基础、数学模型、动力学特性以及控制方法等内容，具有较强的前沿性和实用性。

本书可供从事新概念航天器设计、航天器相对运动和在轨服务等领域的研究人员和工程技术人员参考，也可作为高等院校飞行器设计、自动控制等相关专业本科生及研究生的参考教材。

图书在版编目（CIP）数据

航天器电磁对接/编队飞行动力学与控制/杨乐平等著.—北京：科学出版社，2015.9

ISBN 978-7-03-044793-7

I.①航… Ⅱ.①杨… Ⅲ.①航天器对接-飞行力学-研究②航天器对接-飞行控制-研究 Ⅳ.①V526

中国版本图书馆 CIP 数据核字（2015）第 123728 号

责任编辑：孙伯元 / 责任校对：郭瑞芝
责任印制：张 倩 / 封面设计：陈 敬

科 学 出 版 社 出版
北京东黄城根北街 16 号
邮政编码：100717
http://www.sciencep.com
中国科学院印刷厂印刷
科学出版社发行 各地新华书店经销
*

2015 年 9 月第 一 版 开本：720×1000 1/16
2015 年 9 月第一次印刷 印张：14 3/4
字数：282 240
定价：100.00 元
（如有印装质量问题，我社负责调换）

作者简介

杨乐平 男，汉族，四川乐山人，1964 年 11 月出生，1980 年 8 月考入国防科学技术大学。现任国防科学技术大学航天科学与工程学院教授、博士生导师、科技委委员，国家 863 专家，军队战略规划咨询委员会委员，《国防科技》杂志编委。主要从事太空安全战略、新概念航天器和在轨服务技术等研究，获军队科技进步一等奖两项、二等奖三项，出版《航天器相对运动轨迹规划与控制》、*On-orbit Operations Optimization* 等学术专著和教材 8 部，在国内外学术期刊和会议上发表论文 100 余篇。

张元文 男，汉族，贵州安顺人，1983 年 8 月出生，2013 年 6 月于国防科学技术大学获得博士学位。现任国防科学技术大学航天科学与工程学院讲师，主要从事飞行器动力学与控制、航天器电磁对接与编队飞行、在轨服务与新概念航天器技术等研究，已分别在 Springer、Nova 出版社各出版专著 1 部，发表文章 30 余篇，其中 SCI 检索 10 篇，主持国家自然科学青年基金 1 项。

前　言

　　进入 21 世纪,国际空间领域战略态势呈现"拥挤、竞争、对抗"新特点,引领空间技术向"更快、更高、更强"目标发展。"更快"体现在发展快速响应空间系统,全方位推动快速进入与利用空间;"更高"体现在深空探测快速发展,空间对抗更加关注高轨目标,出现了更多智能化、多样化的新概念航天器;"更强"体现在追求空间系统价值创造和性能提升的新途径,大力发展集群飞行、在轨操控等新技术。灵活、高效、多样的航天器相对运动控制是实现空间技术"更快、更高、更强"发展目标的共性技术要求,因而也成为当前空间技术领域研究热点与前沿,代表了航天器动力学与控制研究新的发展方向。

　　航天器相对运动控制传统上主要依赖推力器系统,虽然技术上已完全成熟,但在应用中也带来了一些问题,如推进剂消耗限制了任务寿命,近距离喷流有可能污染目标航天器有效载荷,控制灵活性不足等。针对上述问题,科学家开始探索利用新的方式进行航天器相对运动控制,其中一个思路就是利用航天器之间产生的可控场力(包括静电场力、电磁场力等)来实现相对运动控制,而电磁场力是目前研究相对系统、应用更为明确的解决方案。从 2000 年开始,美国麻省理工学院、马里兰大学、华盛顿大学、得克萨斯大学和日本东京大学等国际知名大学陆续开展了星间电磁力作用动力学与控制研究,逐步发展形成了"航天器电磁对接与编队技术"这一新的研究方向。英国的《新科学家》杂志 2008 年曾预言:电磁编队技术在空间探测领域具有重要的科学与应用价值,将给未来航天器编队飞行技术带来彻底革新。近年来,随着航天器交会对接与编队飞行任务常态化发展,航天器电磁对接与编队技术研究正在从理论探索、技术攻关逐步深入到地面及在轨演示验证,工程应用步伐显著加快,NASA 约翰逊空间中心和戈达德空间飞行中心等工程部门立项支持该项技术研究就说明了这一点。

　　简单来说,电磁对接与编队就是利用通电线圈产生的电磁力/力矩来完成航天器交会对接与编队控制。与传统的喷气推进技术相比,电磁对接与编队技术具有以下几方面突出的优势:一是仅耗电能而不消耗燃料,提高了航天器系统运行寿命;二是消除了羽流效应,避免了对目标航天器有效载荷的不利影响;三是改变电流大小和方向,可以很容易实现连续和可逆控制,提高了控制的灵活性。从面向未来的发展来看,电磁力作用与控制在研制新型在轨自组装系统、新概念自适应薄膜成像系统、航天器抗空间辐射主动防护系统、空间站人造重力环境等方面具有突出的技术优势,潜力巨大。总体而言,电磁对接与编队技术优势明显、应用广泛,值得深入研究。2005 年,我们团队在国内最先提出开展电磁对接技术与系统研究,并于 2010 年在国内首次完成了电磁对接地面演示验证试验。此后进一步拓展到电磁编队技术,持续进行电磁对接与编队技术的系统研究,迄今已形成 2 篇博士论文和 3 篇硕士论文,并在国内外学术刊物和会议上发表了相关研究论文 30 余篇,产生了一定的学术影响。本书以 2 篇博士论文和我们在 *Journal of Guidance*, *Control*, *and Dynamics*、*Acta Astronautica*、*Journal of Aerospace Engineering* 等有一定影响的国际学术期刊上发表的论文为基础,系统介绍了我们在电磁对接与编队技术研究方面取得的成果,主要内容包括星间电磁作用基础、电磁对接/分离动力学与控制、电磁编队飞行动力学与控制、地面演示验证试验等。

　　本书共 10 章,各章节主要内容安排如下:第 1 章阐述航天器电磁对接、分离与编队飞行的基本概念与技术内涵,综合论述航天器动力学与控制技术国内外相关研究情况;第 2 章针对航天器电磁对接、分离与编队飞行的共性基础问题,阐述星间电磁力作用原理与特点,推导远场、近场两类电磁力/力矩数学模型,并对电磁力/力矩的耦合特性及其影响进行分析,进一步探讨模型误差与地磁场干扰问题;第 3～6 章以航天器电磁对接/分离为研究对象,系统介绍基于牛顿力学理论的动力学建模、自对接特性及其实现的磁矩条件、制导控制方法、考虑地磁场作用的角动量管理以及地面演示验证试验等内容;第 7～10 章以航天器电磁编队飞行为对象,系统介绍基于分析力学 Lagrange 方法、Kane 方法的动力学建模、六自由度相对平衡态特性、静止编队/自旋编队实现条件、编队构形保持与重构控制等内容。本书由杨乐平制定编写提纲,第 1 章由张元文、黄涣撰写,第 2～6 章由张元文撰写,第 7 章由黄涣、蔡伟伟撰写,第 8～10 章由黄涣撰写。全书由杨乐平统稿、朱彦伟审校。

　　本书是课题组集体智慧的结晶,部分内容参考了敖厚军博士在集群航天器动力学与控制方面的研究成果,戚大伟博士参与了相关地面试验工作,甄明博士、徐良硕士在文字校对、格式修改等方面做了有益工作。另外,国防科学技术大学张青斌副教授、刘新建副教授参与部分研究讨论,中国科学院力学研究所张珩研究员、北京邮电大学孙汉旭教授、中国航天科技集团公司第五研究院谭春林研究员对研究工作提出了有益建议,在此向他们致以由衷感谢!

　　本书研究工作得到国家自然科学基金项目支持,出版得到了"国防科学技术大学学术著作出版资助专项经费"的资助,在此一并深表谢意。

　　由于作者水平有限,书中不足之处在所难免,敬请读者批评指正。

作　者

2015 年 3 月于长沙

目　　录

第1章　绪　　论

随着空间科学技术的发展和协同操控需求的提出,航天器对接和编队飞行对星间相对位置/姿态的控制精度要求逐步提高,其科学问题可归结为航天器相对运动的六自由度高精度控制。采用传统推力器(特别是连续小推力装置)作用可实现该类控制,但存在推进剂消耗、羽流污染、燃料储箱抖振等固有不足,而采用星间可控磁场力作用实现航天器相对运动控制可有效克服推力器的这些不足,且具有连续、可逆以及同步控制能力,应用前景广阔。然而,星间可控磁场力作用同时也带来了动力学的强非线性耦合与不确定性等问题,需深入研究作用力/力矩、动力学等模型以及动力学特性,并在此基础上开展利用其特殊动力学特性的新颖控制方法及其验证研究。

1.1　问 题 描 述

1.1.1　基本原理

航天器电磁对接/编队飞行为利用星上电磁装置所主动产生磁场相互作用生成的力/力矩控制航天器间相对位置/姿态,属于星间电磁力/力矩作用的航天器近距离相对运动范畴。相对于传统推力器作用,星间电磁力/力矩作用的相对运动具有不消耗推进剂、无羽流污染以及非接触、连续、可逆、同步控制等能力,非常适合长期、高精度、近距离在轨操控任务,在编队飞行[图 1.1(a)]、非接触在轨组装[图 1.1(b)]、对接/分离[图 1.1(c)]等领域应用潜力巨大。

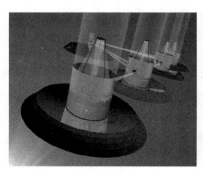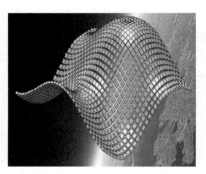

(a) 编队飞行　　　　　　　　　　　　　(b) 非接触在轨组装

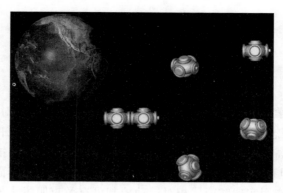

（c）对接/分离

图 1.1　星间电磁力/力矩作用相对运动的应用

　　航天器电磁对接和编队飞行属于星间电磁力/力矩作用相对运动的不同分支,前者所涵盖的相对运动间距逐渐减小,直至为 0;后者间距一般不会减小到 0,而是在一定距离范围内运动。因此,从任务角度和控制需求来说,航天器电磁对接与电磁编队飞行存在明显区别。然而,由于同属星间电磁力/力矩作用的近距离相对运动范畴,电磁对接和电磁编队飞行存在较多一致的、明显区别于传统推力器作用的本质属性,分析如下。

　　（1）电磁力/力矩矢量由相对位置/姿态、电流确定,且受外界环境影响。

　　由日常生活中永磁铁相吸/斥的物理现象可知,两永磁铁相距越近,两者间吸力或斥力越大,而且作用力矢量与两永磁铁摆放方位密切相关。已有研究表明,电磁力/力矩与电磁装置间相对位置/姿态强非线性耦合,即电磁力/力矩影响电磁装置间相对位置/姿态,同时电磁装置间位置/姿态也影响电磁力/力矩矢量。

　　另外,地球本身存在较强的地磁场,与在轨运行航天器所产生的星上电磁场相互作用进而影响航天器的运行轨道/姿态,而且该影响与航天器运行轨道/姿态密切相关。因此,航天器电磁对接/编队飞行需深入考虑地磁场作用。

　　（2）相对运动状态满足线动量、角动量和机械能守恒约束。

　　对于对接的两航天器或编队飞行的多航天器整体,星间电磁力/力矩属于内力/力矩作用范畴,相对运动状态满足线动量、角动量和机械能守恒约束。这些守恒约束一方面给航天器相对运动引入了一些限制,即限定了在轨操控任务类型,如航天器系统质心不能任意机动、各航天器运动需满足一定对称性等;然而,如果能有效利用这些守恒约束特性,可简化动力学模型和控制律设计,形成许多新颖的航天器系统在轨构形以完成特殊的操控任务,如不消耗推进剂的长期稳定“一”字形编队、旋转绕飞编队以及螺旋绕飞编队等。

（3）属于非接触空间操控领域,需考虑电磁屏蔽。

星间电磁力/力矩为电磁场相互作用产生的力/力矩,具有场力作用特性,如非接触、全维性、不受真空环境影响等,为未来新概念的非接触在轨操控提供了一种可行的手段与方法。另外,由于电磁场的全维性,在利用其产生作用力/力矩的同时,需要考虑其对星上电子的影响,采取相应的电磁屏蔽措施,如通过电磁装置设计及其在航天器上的布置使电磁场远离星上电子、电子器件屏蔽壳、反向电磁场抵消等。

需要说明的是,星间库仑力和磁通钉扎(flux-pinned)效应力的作用机理、动力学及控制需求与航天器电磁对接/编队飞行具有较多相似性,对后者动力学与控制的研究可借鉴前者相关成果。另外,针对该三种作用力的基本特性,本章有时以星间非接触内力这一概念统一描述这三种作用力。

1.1.2　电磁对接/分离

航天器电磁对接为星间电磁力/力矩作用下航天器相对位置/姿态减小为 0,如图 1.2 所示,存在自对准、自吸附等特性。

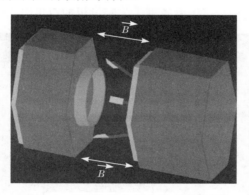

图 1.2　星间电磁力/力矩作用的对接

电磁对接的动力学与控制存在如下一些特殊问题。

（1）电磁对接伴随着航天器相对位置/姿态逐渐减小,直至为 0;后面将会介绍,目前用于对接动力学分析与控制设计的星间电磁力/力矩模型都为远场解析模型,该模型随电磁装置间相对位置的减小而逐渐增大。因此,对于电磁对接,电磁力/力矩远场模型误差对其动力学分析与控制设计的影响更加突出。

（2）航天器对接属于超近距离操控,对相对位置/姿态的控制精度要求较高。因此,对于电磁对接,控制更注重精度与鲁棒性需求。

（3）电磁力/力矩与相对距离的 3～4 次方成反比,随着相对距离的减小,其变化对电磁力/力矩大小的影响更突出,即电磁力/力矩与相对位置的非线性耦合特性更强,姿/轨耦合性也更强。因此,电磁对接控制需重点考虑如何解决该强非线性及耦合性问题。

(4)航天器电磁对接的目的是实现两航天器物理连接,则电磁装置形状、电磁装置与对接机械机构的匹配性、电磁装置在航天器上的布置等物理问题成为需要解决的理论研究及工程实际问题。

(5)就前面4点特性来说,电磁分离与电磁对接本质一致,而且在工程实际层面具有对称性;然而,两者的动力学特性具有较大差异,电磁对接具有收敛稳定性,而电磁分离具有发散失稳性。因此,在控制律设计时,两者的研究重点有所不同,这在后面会有所体现。

航天器电磁对接/分离技术可以为在轨组装、构形重构、在轨加注等未来在轨服务任务提供支撑,可满足长期性、超近距离性、高精度性等需求。

1.1.3　电磁编队飞行

电磁编队属于近距离的星间电磁力/力矩作用范畴,为几十至百米量级,重点研究如何利用星间电磁力/力矩更有效地控制多航天器间相对位置与姿态,实现编队构形的保持与重构。美国麻省理工学院设想的双星电磁编队如图1.3所示。

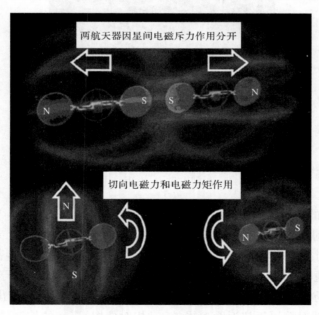

图 1.3　麻省理工学院设想的双星电磁编队

一般而言,航天器编队中星间距离都在几十米范围以外。在此距离条件下,航天器电磁编队的动力学分析与控制设计可采用远场电磁力/力矩模型,模型相对误差小于 10%。因此,航天器电磁编队对电磁装置的具体形状需求较少,动力学分析与控制设计时可将电磁装置以磁偶极子看待。另外,电磁编队重点研究星间电磁力/力矩作用下编队系统保持与重构的动力学与控制,主要包括构形稳定性、可控自由度、构形重构优化以及利用星间电磁力/力矩特性的控制策略与方法等。同时,需考虑地球引力场、地磁场等干扰因素的影响,研究如何利用或有效抑制的措施。

航天器电磁编队可为大型空间结构(如大孔径太空望远镜、多模块空间干涉仪)、分离模块航天器等新型空间操控任务提供动力与手段支撑,可满足长期性、高精度、安全性等需求。

1.2　国内外研究综述

1.2.1　动力学建模与特性分析

1. 动力学建模

航天器电磁对接/编队飞行的动力学建模具有统一性,都为星间电磁力/力矩作用下的航天器相对运动建模。因此,可基于两电磁航天器系统开展动力学建模研究,进而扩展到多航天器系统。星间电磁力与传统推力相比具有明显区别,即具有典型的内力特性,同时作用于多个航天器,具有几何与力学意义上的对称性,不影响整个系统的质心运动,满足动量守恒与动量矩守恒定律。因此,星间电磁力/力矩作用下的航天器相对运动建模与传统推力作用建模相比存在一定特殊性。目前来说,应用最广泛的动力学建模方法主要包括基于牛顿力学以及分析力学框架的方法,另外,多体动力学的建模也逐渐得到重视与研究。

基于牛顿力学框架的相对运动建模可分为两种思路[1,2]:一是从绝对位置矢量出发,通过动力学分析得到相对运动模型,称为代数法或动力学法;二是从轨道根数出发,通过空间几何关系得到相对运动模型,称为几何法或运动学法。动力学方法基于 C-W 方程或 T-H 方程建立相对运动模型,前者以地球中心引力体和圆参考轨道为假设,未包含摄动力影响,对于长周期或相对距离较大的任务存在明显误差;后者以真近点角为自变量,通过简化非线性相对运动方程得到,不受近圆轨道假设限制,但依然存在线性化误差和未包含摄动影响的缺陷。运动学方法基于两航天器绝对轨道根数或相对轨道根数表示相对运动模型,其未作任何近似,适于描述任意偏心率及相对距离的相对运动,但形式复杂不便于揭示相对运动规律。当两航天器相距较近或执行特定任务时,还必须考虑相对姿态运动,建立 6-DOF 相对运动模型[3,4]。针对星间电磁力作用的新概念航天器编队,Ahsun

等[5]基于相对运动原理，建立了圆轨道并考虑 J_2 项影响的电磁编队模型，同时考虑动量轮和电磁力矩作用建立了相对姿态的欧拉动力学方程；针对具有相似作用特性的双星库仑编队，Natarajan[6]基于 C-W 方程分别建立了三种编队模式下的线性化相对运动模型；Kim 等[7]建立了以差分轨道根数描述的编队相对运动模型，用以分析库仑力作用下编队的运动特性。

牛顿力学方法具有物理原理清晰、几何直观性强等优势，但较难应用于复杂力学问题的分析，并且由于各种假设和简化的引入，一定程度上降低了物理模型的真实性与精确性。以 Lagrange 方程为代表的分析力学方法有效弥补了牛顿力学方法的不足。对于航天器编队问题，除需进一步考虑摄动力以提高模型精度，对参考轨道的一般性提出了需求。Guibout 等[8]创造性地应用分析力学原理，建立了分布式卫星系统相对运动的 Hamilton 力学描述和求解方法，其优势在于能够统一考虑各阶摄动因素，同时适用于任何类型参考轨道；但该方法只能获得半解析解。吴文昭[9]建立了分布式卫星系统相对运动 Hamilton 力学模型，分析了相对运动的 Hamilton 函数近似阶数对求解精度的影响，并分析了相对运动 Hamilton 力学模型的生成函数近似求解方法以及求解的奇异性问题。Ahsun[10]分别针对深空探测及低地轨道任务背景，利用 Lagrange 方法推导了多星电磁编队非线性动力学模型。Inampudi 等[11]建立了地月平动点轨道径向的双星库仑编队动力学模型。

多体系统动力学[12,13]是在经典力学基础上，为研究由若干柔性和刚性物体连接的复杂系统动力学特性而逐渐发展起来的基础科学，典型的分析方法包括罗伯森-维滕堡（R/W）方法、牛顿-欧拉方法、变分方法、Kane 方法等。多体动力学方法在航天领域[14]，尤其刚柔耦合航天器[15]、变结构航天器[16]等复杂系统分析中具有广泛应用，对于编队飞行[17]亦有探索研究。其中 Kane 方法[12]是建立多自由度系统动力学方程的一种有效方法，其基本思想源于 Gibbs、Appell 的伪坐标概念，其特点是利用广义速率代替广义坐标作为独立变量来描述系统的运动，兼有矢量力学与分析力学的特点，直接利用 D'Alembert 原理建立动力学方程；并以代数运算取代函数求导，可有效降低自由度庞大的复杂系统建模难度。Elias 等[18]基于 Kane 方法建立了带刚性反作用动量轮的双星电磁编队动力学模型，并分析了线性化模型的稳定性；Norman[19]基于多体动力学理论建立了 flux-pinned 效应力作用下多星系统实现空间虚拟结构的一般数学模型，特别针对忽略力矩作用的简化二体问题，采用 Kane 方法建立了 flux-pinned 编队相对运动模型[20]，并分析了线性系统的被动稳定性。

2. 动力学特性分析

1）运动约束特性

就物理本质而言，星间电磁力/力矩属于一类场力/力矩作用，具有非接触、对称、连续及可逆控制等特性。同时,对星间电磁力/力矩作用的航天器系统来说,电磁力/力矩属于星间内力/力矩,且具有有势力特性。因此,根据理论力学的相关知识,对星间电磁力/力矩作用的相对运动系统来说,满足线动量(不影响系统质心运动规律)、角动量以及机械能守恒等定律。

针对星间内力作用的共面多航天器系统,Norman[21]理论推导了两类积分常数,包括系统总机械能、总角动量的存在性,并分析了该两类积分常数对系统运动状态,包括半长轴、偏心率等经典轨道根数,以及相对位置等的约束关系,建立了各变量间独立于时间的内在联系。Kim 和 Schaub[7]则从轨道根数出发,利用轨道根数偏差描述了库仑编队所需满足的运动状态约束关系。

2)自对接特性

受磁力线原理及地面电磁对接试验中模拟追踪星相对姿态自然对准现象启发,定义电磁对接的自对接性为:满足一定磁矩矢量条件下,两电磁装置相对位置/姿态自主减小为 0,即"自然对准,自主吸附"[22]。关于电磁对接的自对接性现象及其作用,国外也有一定论述。华盛顿大学的 OASiS 项目研究指出电磁对接存在"electromagnetic docking alignment"现象[23],得克萨斯大学的 EGADS 项目直接提出"electromagnetically guided autonomous docking and separation in microgravity"的设想并开展了初步研究[24],萨里大学的 EFDS 项目研究指出电磁吸力"tends to align the satellites prior to docking"[25]。然而,需要特别说明的是,电磁自对接性存在前提条件,即需满足一定磁矩矢量,如果磁矩条件不满足,则自对接性不成立,这可在永磁铁试验中观察到:正对的两永磁铁可自主吸附,但一旦两永磁铁方位改变,自主吸附可能不存在。

因此,如果能对航天器电磁对接的自对接性进行理论研究,得出电磁自对接所需满足的磁矩条件,可为后续电磁对接控制减负。电磁自对接性理论及条件研究的难点在于电磁力/力矩模型,电磁力/力矩属于场力作用类型,对其刻画存在一定近似性,且用于描述其特性的麦克斯韦方程组及相应的磁力/力矩求解公式非解析,难以用于自对接性理论分析。如果对非解析的精确模型进行解析化(如远场模型[26]),其模型虽可用于理论分析,但其模型精度随相对距离的减小而逐渐增大,而电磁对接过程恰恰又是一个相对距离逐渐减小的过程。所以,如何分析及求解电磁自对接的磁矩条件目前仍是一个难题,本书第 3 章基于远场电磁力/力矩模型相对其精确模型的方向一致性开展了相关研究,取得了一定成果。

3)平衡态特性

星间非接触内力作用的编队动力学特性,尤其是平衡态特性是编队飞行控制设计的重要依据。满足平衡态特性的编队存在不变构形,即保持恒定几何构形,在空间中类似刚体运动。不变构形具有两种情形:一种是相对轨道系静止,称为静态编队;另一种是绕编队质心自旋,称为自旋编队。这一特性使得编队保持更为容易,为更简便、可靠地开展高分辨率观测成像、非接触在轨组装、在轨服务等任务提供便利,具有显著的应用前景。从整个系统角度来看,内力作用是平衡力系,对有关传统刚体航天器相对平衡态研究[27,28]可提供一定参考,部分结论亦具有类比价值。针对 flux-pinned 效应力作用主要研究其相对平衡态的被动稳定性[29],并讨论在空间对接与在轨组装任务中的应用[30]。相对而言,目前有关库仑编队的相对平衡态研究较为完备,已取得一系列理论成果。

对于静态库仑编队,Schaub 等[31]建立了圆轨道约束下基于库仑力作用实现静态编队的必要条件;Berryman 等[32]进一步给出了实现双星/三星以及一般静态库仑编队的电荷解;Parker 等[33]针对 N 星库仑编队,给出了实现特定虚拟构形的航天器数目及其电荷设计策略;Natarajan 等[34,35]分别研究了双星库仑编队沿轨道径向、切向、法向分布三种相对平衡态下的线性稳定性与反馈控制;Vasavada[36]分别设计了四星库仑编队平面/三维静态不变构形,由于相对平衡态求解的复杂性,采用遗传算法进行计算;Alfaro 等[37]在深空背景下分析了三星库仑编队共线相对平衡态线性稳定的充要条件,并证明了任意三角形构形的存在性;Wang 等[38]进一步研究了三星三角构形库仑编队的稳定性与非线性控制策略。对于自旋库仑编队,Schaub 等[39]证明了自旋双星库仑构形具有被动稳定性;Hussein 等[40,41]在建立自旋三星库仑编队不变构形求解框架的基础上,给出了一系列常值电荷下的不变构形特解,并进一步推导了自旋三星库仑编队相对平衡态的一般性条件,证明了等质量共线构形解都是不稳定的;Hogan 等[42,43]证明了任意三星共线库仑编队存在无穷多组可行的电荷解,并给出多组常值电荷下的不变构形解集,最后分析了这些构形的线性稳定性;Jasch 等[44]则围绕三星共线自旋库仑编队的面外稳定性问题进行研究。

相对于库仑编队,电磁编队不受轨道高度限制,更重要的是考虑到耦合电磁力矩对相对姿态运动的影响,其相对平衡态是一个 6-DOF 问题。经典的 Earnshaw 定理[45]给出了一般电磁交互系统的稳定性条件,即必须施加主动控制;Miller 等[46]与 Kong 等[47]基于 TPF 背景,讨论了利用电磁力实现自旋五星共线编队的可行性;Hussein 等[48]初步分析了面内三星磁性编队的相对平衡态条件,给出了三种自旋编队特解,并证明其都是不稳定的;Wang 等[49]研究了多星共线对称电磁编队沿轨道法向的相对平衡态构形解与状态保持效率。上述研究大多围绕对称情形下的相对平衡态特解进行分析,并且简便起见常常忽略重力作用,因此电磁编队系统相对平衡态及其稳定性的研究目前还较初步,有必要进一步研究给出具有普适价值的一般性结论。

1.2.2　电磁作用控制

航天器电磁对接/编队飞行动力学具有强非线性及耦合性,体现为:远场电磁力/力矩模型与相对距离的 4 次方(3 次方)成反比,与相对姿态三角函数乘积的代数和成正比,即电磁力/力矩为相对位置/姿态的强非线性函数;电磁力/力矩由电磁装置磁场相互作用产生,调节任一航天器电磁装置磁矩矢量会同步改变所有航天器所受电磁力/力矩,即两航天器动力学耦合;由于电磁力/力矩耦合,单航天器轨控或姿控 3 通道间存在耦合,且轨/姿控耦合。另外,航天器电磁对接/分离控制设计采用基于磁偶极子假设得到的解析远场模型开展,当两航天器相对距离小于电磁线圈半径一定倍数时,远场模型是不准确的。对接过程中两航天器相对距离减小,远场模型误差逐渐增大,航天器电磁对接非线性解耦轨迹控制设计需考虑模型的不确定性。MIT 的 EMFF 项目综合采用电磁力与反作用飞轮力矩控制航天器编队飞行,虽然其研究重心与电磁对接/分离不一致,但作用机理相同——电磁力/力矩,因此也存在与电磁对接/分离类似的非线性解耦鲁棒控制问题。经过十余年发展,MIT 对电磁编队控制技术开展了深入研究,分别采用基于 Lyapunov 稳定性理论的自适应控制方法、综合人工势场与 LQR 方法、滑模变结构控制方法等设计了编队飞行控制律[50]。然而,由于编队航天器间距远大于电磁线圈半径,远场模型具有广泛的适用性,其控制律设计较少考虑远场电磁模型的不确定性。

总体来说,航天器电磁对接/编队飞行控制需重点解决强非线性、耦合性以及模型不确定性问题,下面介绍非线性鲁棒控制及协同控制等方法的特性、进展及这些控制方法在本领域的研究应用。

1. 非线性鲁棒控制

非线性鲁棒控制技术一直都是控制领域的研究热点,问题研究主要集中于控制律设计、鲁棒性及稳定性分析等[51,52]。非线性控制设计策略分为两类:一类将系统线性化后采用线性控制方法研究;另一类直接基于非线性系统采用非线性方法研究。线性化方法主要包括两种:一种为基于设计状态利用小偏差理论的线性化;另一种为基于状态同胚映射及输入变换的反馈线性化。基于设计状态线性化方法的研究较多,其适用前提为非线性动力学与设计轨迹偏差较小,当偏差较大时,该类方法不具有全局稳定性;反馈线性化方法可以得到全局精确解耦线性化,但要求精确的非线性动力学模型,在控制工程实际中很难满足。面向磁悬浮控制,刘恒坤等[53,54]研究了两种线性化方法的优缺点,指出被控对象动态特性大范围变化时反馈线性化具有较好的性能,但其控制设计必须考虑动力学模型误差。鲁棒 H_∞ 方法是解决模型不确定性的一种较好方法,其基于小增益定理设计对模型误差具有较强鲁棒性的控制律[55]。鲁棒 H_∞ 方法的设计难点在于加权函数阵选取,选取的好坏极大地影响控制律设计及闭环系统性能,许多学者对此提出了指导性意见[56~60]。因此,基于反馈线性化得到的线性模型开展鲁棒 H_∞ 控制设计,可保证一定程度模型不确定性下闭环系统稳定。

基于状态同胚映射及输入变换的反馈线性化设计提出了系统状态的观测需求,由于原非线性模型具有不确定性,经典的状态观测器方法存在不足[61]。扩张状态观测器(extended state observer,ESO)方法不依赖模型参数[62,63],可应用于模型未知或模型不确定系统的状态观测。另外,利用 ESO 还能估计系统未建模动态及外界干扰,目前已在航空航天、电力系统等领域得到广泛应用[64~66]。ESO设计的难点在于观测器的参数整定及收敛性分析,韩京清等[67,68]针对一般非线性不确定系统,依据设计经验给出了观测器参数整定及收敛性分析的初步结果。Huang 等针对二阶 ESO 的观测误差分析,提出了参数整定原则[69~73]。针对高阶ESO 需整定参数较多等问题,朱建鸿等[74]提出利用多级串联相同参数二阶跟踪-微分器替代高阶 ESO 的方法,并针对滤波性能进行了仿真比较。

针对航天器电磁对接/编队飞行对象,包括鲁棒 H_∞、APF/LQR 等方法得到研究与应用,解决了电磁卫星动力学部分强非线性、耦合性问题[75,76]。Elias 等[18]针对双星电磁编队标称状态的跟踪控制问题,在分析线性系统稳定性与能控性的基础上,采用 LQR 方法实现了期望状态的稳定保持;Ahsun 等[5]考虑模型误差与地磁场影响,基于 Lyapunov 稳定性理论设计了编队相对轨迹/姿态保持的自适应跟踪控制律。另外,Ahsun 等[77]利用人工势场法+切换策略的复合控制方法,使得航天器电磁编队构形重构具备碰撞避免、全局收敛、计算量小等优点;胡敏等[78]基于 Lyapunov 理论设计了用于编队保持的非线性反馈控制律;Buck[79]针对单线圈装置研究了非线性 Hamiltonian 最优控制问题;Zeng 等[80]采用鲁棒滑模控制方法解决了电磁编队的有限时间控制问题;苏建敏[81]基于"前馈+滑模控制"设计了考虑输入时延与不确定性的编队保持跟踪控制律。

2. 协同控制

航天器电磁对接和编队飞行的相对位置/姿态控制都需要航天器间协同,由于航天器数目多,电磁编队飞行的协同控制需求更加突出。协同性是航天器编队区别于传统单颗航天器的主要差别,尤其航天器数目的增加对协同性的需求更加显著。研究多航天器协同策略,对于实现编队轨迹规划与机动控制、更好发挥编队系统功能具有重要意义。在航天器相对运动轨迹规划技术[82,83]的基础上,近年来围绕编队协同规划,多种方法已得到成功应用,如 Hamilton 最优性原理[84]、混合整数线性规划[85]、Way-points 法[86]、快速搜索随机树[87]、伪谱法[88]、粒子群优化[89]、一致性理论[90]等。对于星间非接触内力作用的航天器编队,Wang 等[91]针对库仑编队提出了一种基于星间距离以及距离变化率测量信息的碰撞避免策略;Su 等[92]利用协方差方法实现碰撞预测,并采用类似的策略设计了电磁编队碰撞避免反馈控制律。然而,随着研究的不断深入,仅考虑碰撞避免的空间协同已不足以满足航天任务需求,时间协同需求[93,94]亦成为协同轨迹规划的重要发展方向。

Scharf 等[95]较为全面地总结了航天器编队协同的五种策略,包括多输入多输出策略(MIMO)、主从式(leader/follower)策略、虚拟结构(virtual structure)策略、基于行为(behavioral)策略和循环(cyclic)策略。其中,基于行为策略与循环策略作为典型的分布式协同机制,近年来在多航天器协同领域得到广泛关注。基于行为策略[95,96]主要用于处理具有冲突需求的问题,对于考虑多重交互影响的系统具有较好的适应性,尤其对于具有"群集性"的大规模航天器协同具有先天优势。Gazi 等[97,98]系统研究了行为策略下集群运动的稳定性与优化问题,并采用人工势函数表征编队中个体行为和外界环境影响;Sabatini 等[99]将航天器相对运动加速度定义为基于四种行为规则的控制量之和,实现了集群协同机动;Schlanbusch 等[100]采用基于 NSB(null-space based)的行为策略实现编队重构的碰撞避免;Izzo 等[101]通过定义三种行为速度来实现集群聚集,提出 ES(equilibrium shaping)机制,并设计反馈控制律跟踪运动轨迹;Nag 等[102]基于该机制进一步设计了多种卫星集群分散机动策略。对于电磁编队飞行,Ahsun[10]利用人工势场法解决了考虑碰撞避免的最优重构轨迹生成问题;苏建敏等[103]设计了基于人工势函数的电磁编队控制律,可实现各航天器之间的碰撞避免,并且研究了利用电磁力模仿鱼群行为实现集群聚拢[104]的可行性,取得了较好的效果。

循环策略类似传统的主从式策略[95],但各航天器所跟随的"主星"是不同的。循环追踪理论[105]是从生物个体相互追踪的行为中抽象总结而来的,仅依赖于局部测量信息就能实现整个系统的运行目标;基于循环矩阵可方便地设计出具有分布式协同以及同步特性的控制律,且在满足指数收敛与全局稳定性的同时可实现制导控制的一体化设计,对于编队重构控制应用优势明显。Gurfil 等[106]仅考虑视线方向测量信息,研究了循环追踪控制的编队稳定性与收敛条件;杨涛[107]和任仙海[108]将循环追踪控制算法应用于编队构形重构以及多航天器协同观测任务,取得了较好的效果;Ramirez-Riberos[109]系统研究了循环追踪算法在航天器编队控制中的应用,应用收缩理论分析该算法的稳定性与收敛性,初步讨论了其扩展到 EMFF 的可行性。但对于电磁编队控制还需要考虑姿/轨控协同,上述循环追踪研究主要针对相对轨迹运动,尚未扩展应用到 6-DOF 控制。Kim 等[110]针对空间目标捕获的俯仰/偏航运动,Pavone 等[111]针对平面内非完整机器人的平动/转动控制,分别设计了相应的循环追踪控制,研究思路值得借鉴。

此外,星间非接触内力作用下的航天器编队质心无法机动,其在轨应用受到一定限制,采用混合推力是实现该类编队系统在轨机动的必然选择,并能有效扩展其执行空间任务的能力。针对这一问题已有学者展开研究:Pettazzi 等[112]将库仑力作用与 ES 机制相结合,讨论了库仑力与混合推力作用下集群的轨迹规划与构形控制问题;Natarajan 等[113]利用 Bessel 函数给出了双星库仑编队沿轨道径向分布面外线性化运动的解析解,基于边界值分析了传统推力控制的必要性;Saaj

等[114]综合利用库仑力与电推进的混合推力方式,开展多星编队构形重构研究;
Schaub 等[115,116]与 Hogan 等[117]提出在一颗航天器上装配推力器,采用库仑力协
同作用实现了对主星运动轨道的辅助修正,并考虑扩展应用于碎片主动离轨;
Zhang 采用类似思想提出综合利用星间电磁力与推力器,开展轨道修正[118]与碎
片离轨[119]研究。

1.2.3　地面试验验证

　　基于地面演示验证试验可以方便地重复多次开展电磁对接/编队飞行机理分
析、动力学与控制算法可行性及性能验证,以及改进设计,相对于在轨试验,可大
大降低成本、提高可靠性。电磁对接/编队飞行地面演示验证试验的核心技术包
括电磁装置优化设计、试验系统设计与研制、电磁对接/编队飞行技术可行性及控
制算法性能验证试验等。

　　作为一类典型的地面演示验证试验,电磁对接/编队飞行可借鉴其他类型试
验的诸多共性技术,如气浮平台、测量、监控、电/气路系统设计、软件开发以及控
制算法验证等。针对航天器自主组装技术验证,Rodgers 等[120]和 Hilstad[121]搭建
了地面试验平台并开展了软/硬件接口设计;针对航天器自主对接技术验证,
Friedman[122]和 Romano 等[123,124]开发了地面演示验证试验系统,开展了十二边形
轨迹跟踪及"L"轨迹对接的闭环控制试验。为发展及完善航天器自主对接与重构
算法,基于 SWARM(synchronized wireless autonomous reconfigurable modules)
项目,MIT 的 Hoff 等[125]开展了模块化航天器自主接近、对接及重构的相对状态
估计及控制算法研究,并于 2006 年 7 月在 NASA 的马歇尔空间飞行中心进行了
地面试验验证。Andrade 等[126,127]基于地面试验验证了非线性自适应控制对平面
摩擦力的鲁棒性。另外,在类似磁力应用背景的地面演示验证试验中,包括监控
平台、模型辨识算法、嵌入式系统以及半实物仿真试验等技术已得到大量研究:郝
艳龙[128]设计了磁浮列车悬浮控制系统的监控平台,该平台在唐山试验线两辆
CMS-04 车上已得到实际应用;阮一高[129]研究了磁轴承的模型与参数辨识算法,
并开展了磁轴承数字控制平台研究;钟毅[130]详细研究了磁悬浮嵌入式控制系统
的基础理论与关键技术;杨国华[131]分析了空间对接半物理仿真试验的基本原理,
给出了仿真试验台大回路控制系统组成;张世杰等[132]研究了采用五自由度仿真
平台 MicroSim 验证交会对接 GNC 算法的可行性。

1.3　本书组织结构与主要内容

1.3.1　组织结构

　　围绕航天器电磁对接/编队飞行动力学与控制问题,本书主要内容分为 10

章,组织结构如图 1.4 所示。

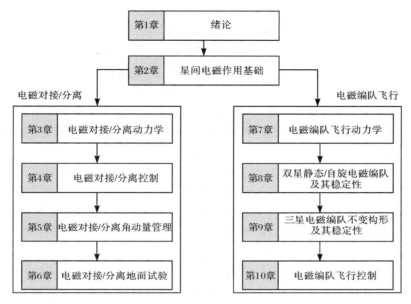

图 1.4　组织结构

1.3.2　主要内容

第 1 章:绪论。本章阐述航天器电磁对接/编队飞行的基本概念与内涵,包括星间电磁力/力矩作用相对运动的共性机理、电磁对接与编队飞行的特性与控制需求,论述相关动力学与控制技术的国内外研究现状,包括动力学建模与特性分析、电磁作用的非线性鲁棒及协同控制、地面试验验证等,梳理本书的研究内容与组织结构。

第 2 章:星间电磁作用基础。本章重点针对航天器电磁对接/编队飞行的共性问题——星间电磁作用基础进行阐述。推导电磁力/力矩模型(远场、近场)的数学表达式,并对电磁力/力矩的耦合特性及其影响进行分析。进而,针对星间电磁力/力矩的空间应用,分析干扰特性的影响,包括远场电磁力/力矩模型相较精确模型(近场模型)偏差、地磁场作用偏差,并给出模型的应用准则。

第 3 章:电磁对接/分离动力学。本章重点针对航天器电磁对接/分离动力学进行阐述。基于牛顿运动定律以及 Hill 模型的建模思路,推导双星电磁作用相对运动的动力学模型,给出相关的坐标系定义及坐标系间旋转矩阵。提出电磁对接的自对接性概念,并基于所建动力学模型开展地面一/二维、空间三维的电磁自对接性分析及对应的磁矩条件解算。基于数值仿真手段,给出 R-bar、V-bar 以及

H-bar 电磁分离特性,并进行对比分析。

第4章:电磁对接/分离控制。本章重点针对航天器电磁对接/分离控制进行阐述。基于柔性对接/安全分离需求,设计电磁对接/分离的控制框架;针对电磁对接动力学的强非线性、耦合性及远场模型不确定性问题,分别从鲁棒及自适应控制思路出发设计对接轨迹跟踪控制律,采用反馈线性化$+H_\infty$、反馈线性化$+H_\infty+$LQR、基于 Lyapunov 主稳定性的自适应等方法;针对电磁对接姿态控制的分散协同需求,研究采用 ESO 的自适应分散协同姿态控制律,并进行控制律的全局渐近稳定性分析;针对安全分离及后续任务需求,采用循环追踪理论设计电磁分离的制导控制律,并给出控制律的参数整定策略。

第5章:电磁对接/分离角动量管理。本章重点针对空间电磁对接/分离的角动量管理策略进行阐述。将地磁场以磁偶极子表征,给出地磁力矩及星间电磁力矩的表达式;根据姿控执行机构角动量累积情况,给出基于地磁场作用的角动量管理策略,包括"正常模式的动量管理"和"角动量卸载模式的动量管理";考虑轨迹控制以及其中一颗航天器的地磁力矩与星间电磁力矩相消需求,以 V-bar、R-bar 及 H-bar 对接为例研究"正常模式的动量管理"磁偶极子求解算法;针对航天器姿控执行机构角动量饱和情形,给出"角动量卸载模式的动量管理"磁偶极子求解算法;将姿控执行机构角动量看成系统状态或约束,设计空间电磁对接/分离的 ACMM 策略。

第6章:电磁对接/分离地面试验。本章重点针对地面试验系统的软/硬件设计以及关键技术的地面试验验证进行阐述。首先给出试验系统总体方案,包括软/硬件系统框架、所研制电磁装置的作用力/力矩估算、试验平台误差分析及处理措施等;其次给出硬件设计说明,包括结构、气路、测量、嵌入式控制以及执行等分系统;再次给出软件开发说明,包括上位机监控、PC104 主控以及单片机控制等软件;最后给出电磁对接可行性、初步性能的试验结果与分析。

第7章:电磁编队飞行动力学。本章重点针对航天器电磁编队的动力学建模与特性进行阐述。根据电磁编队的航天器数目多、作用力都为保守力、作用力具有对称性等特点,分别采用基于 Lagrange 方程、Kane 方程的方法开展动力学建模,建模的关键在于系统能量的计算以及广义坐标/速率的确定,并对两类模型的应用特性开展分析。最后,以 Kane 方法所建模型为基础,详细分析电磁编队的平衡态构形及其稳定性。

第8章:双星静态/自旋电磁编队及其稳定性。本章重点针对双星电磁编队相对平衡态构形进行阐述。针对双星电磁编队,考虑共线构形对 Kane 模型进行简化,分别推导双星径向、切向与法向分布的 6-DOF 非线性动力学模型;通过相对平衡态分析三种静态编队的电磁力作用方式与构形条件,给出可行的磁矩配置模式与求解策略,并基于线性系统理论研究各静态编队的耦合特性、控制需求以及开环稳定性；进一步考虑双星自旋电磁编队，分析常值磁矩作用下相对平衡态的存在性、构形条件与稳定性。

第 9 章：三星电磁编队不变构形及其稳定性。本章重点针对常值磁矩作用下的三星电磁编队不变构形及其稳定性进行阐述。由于三星电磁编队同时存在一维共线构形与二维三角形构形两种空间几何，类似第 8 章推导得到三星共线/三角形编队的六自由度 Kane 动力学模型；考虑两两磁偶极子的叠加耦合，基于相对平衡态的电磁力矩约束讨论共线不变构形存在的三种磁矩条件，进而分别针对切向分布与法向分布，分析不变构形解存在的磁矩、几何条件及其完备解析解集；对于三角形编队，基于角动量守恒条件分析该编队的不变构形约束，考虑到磁矩求解的非解析性，研究特定约束下的静态/自旋编队不变构形特解；采用线性系统理论以及数值方法讨论各种三星电磁编队不变构形的稳定性与能控性。

第 10 章：电磁编队飞行控制。本章重点针对航天器电磁编队构形保持与重构控制进行阐述。针对电磁编队保持问题，研究面向相对平衡态的构形保持，综合采用 LQR 和 ESO 的优势设计电磁编队的高精度构形保持控制律，并开展仿真算例研究；针对电磁编队构形重构问题，研究标称轨迹的跟踪控制，首先优化设计构形重构的标称轨迹，进而采用滑模理论设计重构轨迹跟踪的鲁棒控制律，并开展仿真算例研究。

参 考 文 献

[1] 安雪滢. 椭圆轨道航天器编队飞行动力学及应用研究[D]. 长沙：国防科学技术大学，2006.

[2] 朱彦伟. 航天器近距离相对运动轨迹规划与控制研究[D]. 长沙：国防科学技术大学，2009.

[3] 赵育善，师鹏. 航天器飞行动力学建模理论与方法[M]. 北京：北京航空航天大学出版社，2012.

[4] Gaulocher S. Modeling the coupled translational and rotational relative dynamics for formation flying control[C] // AIAA Guidance, Navigation, and Control Conference and Exhibit, San Francisco, 2005.

[5] Ahsun U, Miller D W, Ramirez J L. Control of electromagnetic satellite formations in near-earth orbits[J]. Journal of Guidance, Control and Dynamics, 2010, 33(6): 1883~1891.

[6] Natarajan A. A Study of Dynamics and Stability of Two-Craft Coulomb Tether Formations [D]. Blacksburg: Virginia Polytechnic Institute and State University, 2007.

[7] Kim M, Schaub H. Coulomb formation conservation laws using differential orbit elements [J]. Proceedings of the Institution of Mechanical Engineers, Part G: Journal of Aerospace Engineering, 2006, 220(5): 463~474.

[8] Guibout V M, Scheeres D J. Solving relative two-point boundary problems: Spacecraft formation flight transfers application[J]. Journal of Guidance, Control and Dynamics, 2004, 27(4):

693～704.

[9] 吴文昭. 分布式卫星系统构形调整规划研究[D]. 长沙：国防科学技术大学，2007.

[10] Ahsun U. Dynamics and Control of Electromagnetic Satellite Formations[D]. Cambridge：Massachusetts Institute of Technology，2007.

[11] Inampudi R，Schaub H. Orbit radial dynamic analysis of two-craft coulomb formation at libration points[C]// AIAA/AAS Astrodynamics Specialist Conference，Toronto，2010.

[12] 刘延柱，洪嘉振，杨海兴. 多刚体系统动力学[M]. 北京：高等教育出版社，1986.

[13] 齐朝晖. 多体系统动力学[M]. 北京：科学出版社，2008.

[14] Mettler E，Quadrelli M B. Multibody dynamics modeling of segmented booms of the mars express spacecraft[J]. Journal of Spacecraft and Rockets，2005，42(3)：523～529.

[15] 刘泽明. 航天器刚柔耦合动力学及多目标优化研究[D]. 长沙：国防科学技术大学，2010.

[16] Aslanov V，Kruglov G，Yudintsev V. Newton-euler equations of multibody systems with changing structures for space applications[J]. Acta Astronautica，2011，68：2080～2087.

[17] Udwadia F E，Schutte A D，Lam T. Formation flight of multiple rigid body spacecraft[C]// 48th AIAA/ASME/ASCE/AHS/ASC Structures，Structural Dynamics，and Materials Conference，Honolulu，2007.

[18] Elias L M，Kwon D W，Sedwick R J，et al. Electromagnetic formation flight dynamics including reaction wheel gyroscopic stiffening effects[J]. Journal of Guidance，Control，and Dynamics，2007，30(2)：499～511.

[19] Norman M C. Stationkeeping of a flux-pinned satellite network[C]// AIAA Guidance，Navigation and Control Conference and Exhibit，Honolulu，2008.

[20] Norman M C，Peck M A. Simplified model of a flux-pinned spacecraft formation[J]. Journal of Guidance，Control，and Dynamics，2010，33(3)：814～812.

[21] Norman M C，Peck M A. Integrals of motion for planar multibody formations with internal forces[J]. Journal of Guidance，Control，and Dynamics，2011，34(6)：1790～1797.

[22] 张元文. 空间电磁对接/分离动力学与控制研究[D]. 长沙：国防科学技术大学，2013.

[23] Bloom J. OASiS Project：Preliminary Design Review[R]. Washington：University of Washington，2000：1～224.

[24] Williams J，Franceschini J，Newman C. Electromagnetically Guided Autonomous Docking and Separation in Micro-gravity[R]. Texas：University of Texas at Austin，2005：1～32.

[25] Smail S，Underwood C I. Electromagnetic flat docking system for in-orbit self-assembly of small spacecraft[C]// AAS/AIAA Spaceflight mechanics Meeting，Savannah，2009.

[26] Schweighart S A. Electromagnetic Formation Flight Dipole Solution Planning[D]. Cambridge：Massachusetts Institute of Technology，2005.

[27] Garduno A H，Lawson J K，Marsden J E. Relative equilibria for the generalized rigid body [J]. Journal of Geometry and Physics，2005，53：259～274.

[28] Sanyal A K，Shen J，McClamroch N H，et al. Stability and stabilization of relative equilibria of dumbbell bodies in central gravity[J]. Journal of Guidance，Control，and Dynamics，2005，

28(5):833~842.

[29] Jones L L,Peck M A. Stability and control of a flux-pinned docking interface for spacecraft [C]// AIAA Guidance,Navigation,and Control Conference,Toronto,2010.

[30] Shoer J P,Peck M A. Sequences of passively stable dynamic equilibria for hybrid control of reconfigurable spacecraft[C]// AIAA Guidance,Navigation,and Control Conference,Chicago,2009.

[31] Schaub H,Hall C D,Berryman J. Necessary conditions for circularly-restricted static coulomb formations[J]. Journal of the Astronautical Sciences,2006,54(3):525~541.

[32] Berryman J,Schaub H. Analytical charge analysis for two- and three-craft coulomb formations[J]. Journal of Guidance,Control,and Dynamics,2007,30(6):1701~1710.

[33] Parker G G,King L B,Schaub H. Charge determination for specified shape coulomb force virtual structures[C]// The 47th AIAA/ASME/ASCE/AHS/ASC Structures, Structural Dynamics,and Materials Conference,Newport,2006.

[34] Natarajan A,Schaub H. Linear dynamics and stability analysis of a two-craft coulomb tether formation[J]. Journal of Guidance,Control,and Dynamics,2006,29(4):831~838.

[35] Natarajan A,Schaub H. Hybrid control of orbit normal and along-track two-craft coulomb tethers[J]. Aerospace Science and Technology,2009,13:183~191.

[36] Vasavada H A. Four-Craft Virtual Coulomb Structure Analysis for 1 to 3 Dimensional Geometries[D]. Blacksburg:Virginia Polytechnic Institute and State University,2007.

[37] Alfaro F,Chavela E P. Linear stability of relative equilibria in the charged three-body problem[J]. Journal of Differential Equations,2008,245:1923~1944.

[38] Wang S,Schaub H. Coulomb control of nonequilibrium fixed shape triangular three vehicle cluster[J]. Journal of Guidance,Control,and Dynamics,2011,34(1):259~270.

[39] Schaub H,Hussein I I. Stability and reconfiguration analysis of a circularly spinning two-craft coulomb tether[J]. IEEE Transactions on Aerospace and Electronic Systems,2010, 46(4):1675~1685.

[40] Hussein I I,Schaub H. Invariant shape solutions of the spinning three craft coulomb tether problem[J]. Celestial Mechanics and Dynamical Astronomy,2006,96:137~157.

[41] Hussein I I,Schaub H. Stability and control of relative equilibria for the three-spacecraft coulomb tether problem[J]. Acta Astronautica,2009,65:738~754.

[42] Hogan E A,Schaub H. Collinear invariant shapes for three-spacecraft coulomb formations [J]. Acta Astronautica,2012,72:78~89.

[43] Hogan E A,Schaub H. Linear stability and shape analysis of spinning three-craft coulomb formations[J]. Celestial Mechanics and Dynamical Astronomy,2012,112:131~148.

[44] Jasch P D,Hogan E A,Schaub H. Out-of-plane stability analysis of collinear spinning three-craft coulomb formations[J]. Acta Astronautica,2013,88:89~97.

[45] Reusch M F. A problem related to Earnshaw's theorem[J]. IEEE Transactions on Magnetics,1994,30(3):1324~1326.

[46] Miller D W, Sedwick R J, Kong E M, et al. Electromagnetic formation flight for sparse aperture telescopes[C]// Proceedings of the 2002 IEEE Aerospace Conference, Big Sky, 2002.

[47] Kong E M, Kwon D W, Schweighart S A, et al. Electromagnetic formation flight for multi-satellite arrays[J]. Journal of Spacecraft and Rockets, 2004, 41(4):659~666.

[48] Hussein I I, Bloch A M. Stability and control of relative equilibria of three-spacecraft magnetically tethered systems[C]// AIAA/AAS Astrodynamics Specialist Conference and Exhibit, Honolulu, 2008.

[49] Wang H Y, Zhao G W, Huang H, et al. Equilibrium and station-keeping efficiency of cross-track multi-satellite arrays using a micro-electromagnetic formation flight[J]. Proceedings of the Institution of Mechanical Engineers, Part G:Journal of Aerospace Engineering, 2013, 228(11):1937~1953.

[50] Miller D, Sedwick R, Elias L, et al. Electromagnetic Formation Flight[R]. Cambridge:Massachusatts Institute of Technology, 2006.

[51] 张涛. 非线性系统控制策略的研究[D]. 杭州:浙江大学, 2001.

[52] 原伟. 基于 Lyapunov 函数的非线性控制方法研究[D]. 广州:中山大学, 2008.

[53] 刘恒坤, 常文森. 磁悬浮系统的两种线性化控制方法[J]. 控制理论与应用, 2005, 24(1):14~17.

[54] 刘恒坤, 施晓红, 常文森. 磁悬浮系统的非线性控制[J]. 控制工程, 2007, 14(5):455~458.

[55] 周克敏, Doyle J C, Glover K. 鲁棒与最优控制[M]. 北京:国防工业出版社, 2002.

[56] 王曦, 曾庆福. 频域不确定性系统加权混合灵敏度函数频域整形[J]. 航空学报, 1999, 20(1):358~361.

[57] 张晓宇, 贺有智, 王子才. 基于 H_∞ 性能指标的质量矩拦截弹鲁棒控制[J]. 航空学报, 2007, 28(3):634~640.

[58] 赵山, 金玉华, 刘惠明. H_∞ 控制理论在 BTT 导弹驾驶仪中的应用[J]. 现代防御技术, 2007, 35(2):52~56.

[59] 刘玉玺, 周军, 周凤歧. 基于遗传算法的 H_∞ 混合灵敏度导弹解耦控制器及加权函数选择方法研究[J]. 航天控制, 2007, 25(3):28~32.

[60] 高云霞, 田沛, 李沁. H_∞ 混合灵敏度控制器在主气压系统中的应用[J]. 电力系统及其自动化学报, 2007, 19(1):92~95.

[61] 郑大钟. 线性系统理论[M]. 北京:清华大学出版社, 2005.

[62] 张鼎. 基于扩张状态观测器和非线性 PID 的数字式悬浮控制系统研究[D]. 长沙:国防科学技术大学, 2005.

[63] 韩京清. 自抗扰控制技术[J]. 前沿科学, 2007, 1:24~31.

[64] 余涛, 朱守真, 沈善德, 等. 基于扩张状态观测器的电力系统非线性鲁棒协调控制[J]. 中国电机工程学报, 2004, 24(4):1~5.

[65] 周黎妮, 唐国金, 李海阳. 航天器姿态机动的自抗扰控制器设计[J]. 系统工程与电子技术, 2007, 29(12):2122~2126.

[66] 李顺利, 李立涛, 杨旭. 柔性多体航天器自抗扰控制系统的研究[J]. 宇航学报, 2007,

28(4):845～850.

[67] 韩京清. 一类不确定对象的扩张状态观测器[J]. 控制与决策,1995,10(1):85～88.

[68] Sun L M,Jiang X Z,Li D H. Tuning of auto-disturbance-rejection controller for a class of nonlinear plants[J]. Acta Automatica Sinica,2004,30(2):251～254.

[69] Yoo D,Stephen S,Yau T,et al. On convergence of the linear extended state observer[C]// IEEE International Symposium on Intelligent Control,Munich,2006.

[70] Yang X X,Huang Y. Capabilities of extended state observer for estimating uncertainties[C]// American Control Conference,Missouri,2009.

[71] Choi Y,Yang K,Chung W K,et al. On the robustness and performance of disturbance observers for second-order systems[J]. IEEE Transactions on Automatic Control,2003, 48(2):315～320.

[72] Zheng Q,Gao L Q,Gao Z Q. On stability analysis of active disturbance rejection control for nonlinear time-varying plants with unknown dynamics[C]// The 46th IEEE Conference on Decision and Control,Louisiana,2007.

[73] 韩京清,张荣. 二阶扩张状态观测器的误差分析[J]. 系统科学与数学,1999,19(4): 465～471.

[74] 朱建鸿,张兆靖,杨慧中. 基于跟踪-微分器的扩张状态观测器[C]// 25th 中国控制会议,哈尔滨,2006.

[75] Kwon D W,Miller D W. Electromagnetic Formation Flight of Satellite Arrays[D]. Cambridge:Massachusetts Institute of Technology,2005.

[76] Sakaguchi A. Micro-Electromagnetic Formation Flight of Satellite Systems[D]. Cambridge:Massachusetts Institute of Technology,2007.

[77] Ahsun U,Miller D W,Ahmed S. A hybrid systems approach to closed-loop navigation of electromagnetically actuated satellite formations using potential functions[C]// Proceedings of the 17th World Congress of the International Federation of Automatic Control, Seoul,2008.

[78] 胡敏,曾国强,党朝晖. 近地轨道集群航天器电磁编队飞行非线性反馈控制方法[J]. 空间科学学报,2012,32(3):417～423.

[79] Buck A J. Path Planning and Position Control and of an Underactuated Electromagnetic Formation Flight Satellite System in the Near Field[D]. Cambridge:Massachusetts Institute of Technology,2013.

[80] Zeng G Q,Hu M. Finite-time control for electromagnetic satellite formations[J]. Acta Astronautica,2012,74:120～130.

[81] 苏建敏. 电磁卫星编队控制与空间非合作目标相对导航研究[D]. 北京:北京航空航天大学,2012.

[82] 杨乐平,朱彦伟,黄涣. 航天器相对运动轨迹规划与控制[M]. 北京:国防工业出版社,2010.

[83] 黄国强,陆宇平,南英. 飞行器轨迹优化数值算法综述[J]. 中国科学:技术科学,2012,

42(9):1016~1036.

[84] Campbell M E. Planning algorithm for multiple satellite clusters[J]. Journal of Guidance, Control, and Dynamics, 2003, 26(5):770~780.

[85] 黄海滨,马广富,庄宇飞. 编队卫星队形重构防碰撞最优轨迹规划[J]. 航空学报, 2010, 31(9):1818~1823.

[86] Sultan C, Seereram S, Mehra R K. Deep space formation flying spacecraft path planning[J]. The International Journal of Robotics Research, 2007, 26(4):405~430.

[87] Aoude G S. Two-Stage Path Planning Approach for Designing Multiple Spacecraft Reconfiguration Maneuvers and Application to SPHERES onboard ISS[D]. Cambridge: Massachusetts Institute of Technology, 2007.

[88] 丁洪波,田萨萨,蔡洪. 一种卫星编队整体机动的规划方法研究[J]. 宇航学报, 2009, 30(5):1848~1853.

[89] 黄海滨,马广富,庄宇飞,等. 深空环境下卫星编队飞行队形重构实时重规划[J]. 宇航学报, 2012, 33(3):325~333.

[90] Okoloko I. Path planning for multiple spacecraft using consensus with LMI avoidance constraints[C]// 2012 IEEE Aerospace Conference, Big Sky, 2012.

[91] Wang S, Schaub H. Spacecraft collision avoidance using coulomb forces with separation distance and rate feedback[J]. Journal of Guidance, Control, and Dynamics, 2008, 31(3):740~750.

[92] Su J M, Dong Y F. Electromagnetic satellite cluster collision prediction and avoidance[C]// International Conference on Intelligence Computing and Intelligent Systems, Xiamen, 2010.

[93] 王平,郭继峰,史晓宁,等. 基于时间状态的敏捷自主在轨服务航天器协同运动规划方法研究[J]. 控制与决策, 2011, 26(11):1699~1705.

[94] Ponda S S. Robust Distributed Planning Strategies for Autonomous Multi-Agent Teams[D]. Cambridge: Massachusetts Institute of Technology, 2012.

[95] Scharf D P, Hadaegh F Y, Ploen S R. A survey of spacecraft formation flying guidance and control (Part II):control[C]// Proceeding of the 2004 American Control Conference, Boston, 2004.

[96] 王祥科,李迅,郑志强. 多智能体系统编队控制相关问题研究综述[J]. 控制与决策, 2013, 28(11):1601~1613.

[97] Gazi V, Passino K M. Swarm Sability and Optimization[M]. Berlin: Springer Science Business Media, 2011.

[98] Badawy A, McInnes C R. Small spacecraft formation using potential functions[J]. Acta Astronautica, 2009, 65:1783~1788.

[99] Sabatini M, Palmerini G B. Collective control of spacecraft swarms for space exploration[J]. Celestial Mechanics and Dynamical Astronomy, 2009, 105:229~244.

[100] Schlanbusch R, Kristiansen R, Nicklasson P J. Spacecraft formation reconfiguration with collision avoidance[J]. Automatica, 2011, 47:1443~1449.

[101] Izzo D, Pettazzi L. Autonomous and distributed motion planning for satellite swarm[J].

Journal of Guidance, Control, and Dynamics, 2007, 30(2): 449~459.

[102] Nag S, Summerer L. Behaviour based, autonomous and distributed scatter manoeuvres for satellite swarms [J]. Acta Astronautica, 2013, 82: 95~109.

[103] 苏建敏, 董云峰. 利用人工势函数法的卫星电磁编队控制[J]. 北京航空航天大学学报, 2012, 38(2): 213~217.

[104] Su J M, Dong Y F. Gathering the fractionated electromagnetic satellites cluster by simulating fish school [J]. Aircraft Engineering and Aerospace Technology, 2012, 84(2): 115~119.

[105] Marshall J A. Coordinated Autonomy: Pursuit Formations of Multivehicle Systems[D]. Toronto: University of Toronto, 2005.

[106] Gurfil P, Mishne D. Cyclic spacecraft formations: Relative motion control using line-of-sight measurement only[J]. Journal of Guidance, Control, and Dynamics, 2007, 30(1): 214~226.

[107] 杨涛. 面向空间任务的追踪理论与应用研究[D]. 长沙: 国防科学技术大学, 2010.

[108] 任仙海. 航天器近距离观测任务规划研究[D]. 长沙: 国防科学技术大学, 2011.

[109] Ramirez-Riberos J L. New Decentralized Algorithms for Spacecraft Formation Control based on a Cyclic Approach[D]. Cambridge: Massachusetts Institute of Technology, 2010.

[110] Kim T H, Hara S, Hori Y. Cooperative control of multi-agent dynamical systems in target-enclosing operations using cyclic pursuit strategy[J]. International Journal of Control, 2010, 83(10): 2040~2052.

[111] Pavone M, Frazzoli E. Decentralized policies for geometric pattern formation and path coverage[J]. Transactions of the ASME: Journal of Dynamics System, Measurement and Control, 2007, 129: 633~643.

[112] Pettazzi L, Izzo D, Theil S. Swarm navigation and reconfiguration using electrostatic forces [C]//7th International Conference on Dynamics and Control of Systems and Structures in Space, Greenwich, 2006.

[113] Natarajan A, Schaub H. Oribit-nadir aligend coulomb tether reconfiguration analysis[C]// 18th AAS/AIAA Spaceflight Mechanics Meeting, Galveston, 2008.

[114] Saaj C M, Lappas V, Schaub H, et al. Hybrid propulsion system for formation flying using electrostatic forces[J]. Aerospace Science and Technology, 2010, 14: 348~355.

[115] Schaub H, Jasper L E. Orbit boosting maneuvers for two-craft coulomb formations[J]. Journal of Guidance, Control, and Dynamics, 2013, 36(1): 74~82.

[116] Schaub H, Sternovsky Z. Active space debris charging for contactless electrostatic disposal maneuvers[J]. Advances in Space Research, 2014, 53: 110~118.

[117] Hogan E A, Schaub H. Relative motion control for two-spacecraft electrostatic orbit corrections[J]. Journal of Guidance, Control, and Dynamics, 2013, 36(1): 240~249.

[118] Zhang Y W, Yang L P, Zhu Y W, et al. Dynamics and solutions for multispacecraft electro-magnetic orbit correction[J]. Journal of Guidance, Control, and Dynamics, 2014, 37(5):

1604～1610.

[119] Zhang Y W, Yang L P, Zhu Y W, et al. Disabled satellite removal by three coordinated electromagnetic spacecrafts[C]// The 65th International Astronautical Congress, Toronto, 2014.

[120] Rodgers L, Miller D W. Concepts and Technology Development for the Autonomous Assembly and Reconfiguration of Modular Space Systems[D]. Cambridge: Massachusetts Institute of Technology, 2005.

[121] Hilstad M O. A Multi-Vehicle Testbed and Interface Framework for the Development and Verification of Separated Spacecraft Control Algorithms[D]. Cambridge: Massachusetts Institute of Technology, 2002.

[122] Friedman D A. Laboratory Experimentation of Autonomous Spacecraft Docking Using Cooperative Vision Navigation[D]. California: Naval Postgraduate School, 2005.

[123] Romano M, Friedman D A, Shay T J. Laboratory experimentation of autonomous spacecraft approach and docking to a collaborative target[J]. Journal of Spacecraft and Rockets, 2007, 44(1): 164～173.

[124] Morris J C. Automated Spacecraft Docking Using A Vision-based Relative Navigation Sensor[D]. College Station: Texas A&M University, 2009.

[125] Hoff N R, Mohan S, Nolet S, et al. Docking and reconfiguration of modular spacecraft-preliminary SWARM testing at MSFC[C]// Proceedings of SPIE-Sensors and Systems for Space Applications, Orlando, 2007.

[126] Andrade C. Robust Control Applied to Consistent Rendezvous and Docking[D]. Cambridge: Massachusetts Institute of Technology, 2008.

[127] Andrade C, Ramirez-Mendoza R, Giacoman-Zarzar M, et al. Robust control applied towards rendezvous and docking[C]. ECC Conference, Budapest, 2009.

[128] 郝艳龙. 磁浮列车悬浮控制系统监控平台研究[D]. 长沙: 国防科学技术大学, 2010.

[129] 阮一高. 磁轴承参数辨识与数控平台研究长沙[D]. 长沙: 国防科学技术大学, 2010.

[130] 钟毅. 磁悬浮嵌入式控制系统基础理论和关键技术研究[D]. 武汉: 武汉理工大学, 2007.

[131] 杨国华. 空间对接综合试验台及其 Stewart 运动平台的轨迹规划研究[D]. 上海: 上海交通大学, 2006.

[132] 张世杰, 曹喜滨. 基于 MicroSim 仿真平台的航天器交会对接物理仿真系统[J]. 航天控制, 2006, 24(2): 63～68.

第2章　星间电磁作用基础

2.1　概　　述

本章针对电磁对接与电磁编队飞行的共性基础问题,即星间电磁力/力矩模型及其特性,开展理论研究与仿真分析。

星间电磁力/力矩属于场力作用范畴,相较传统推力器而言,电磁力/力矩作用的航天器相对运动具有本质区别,主要体现为力/力矩与航天器相对位置/姿态的强非线性耦合。描述星间电磁力/力矩作用特性的参数包括磁感应强度 B、磁场强度 H、磁场力 F 及力矩 τ 等,可基于麦克斯韦方程组和安培力公式联立求解得到。然而,如此得出的星间电磁力/力矩模型为多重积分形式,为一非闭合解,很难用于后续动力学分析与控制律设计。因此,目前一般采用基于磁偶极子假设推导得到的远场模型,其为精确模型的一阶泰勒展开近似,适用于两电磁装置间距大于一定阈值的情况。另外,地磁场会与星上电磁场相互作用产生干扰力和力矩,需要对地磁场影响开展分析。

本章首先基于磁偶极子假设给出远场电磁力/力矩矢量模型,进而选取适当坐标系,将矢量模型投影得到后续章节动力学分析与控制律设计的标量模型,并对电磁力/力矩的耦合性展开分析;进一步,考虑远场模型的简化假设,分析远场模型的误差特性,以及研究地磁场的影响,并给出电磁力/力矩模型的应用准则。

2.2　星间电磁力/力矩模型

精确的电磁力/力矩模型可基于毕奥-萨伐尔定律和安培力公式,采用多重积分方式得到,但该模型非解析,无法得到闭合解,较难应用于后续控制律设计。本书采用解析远场模型叠加修正项以近似精确模型。

2.2.1　电磁力/力矩模型

将星上电磁装置视为磁偶极子,建立远场电磁力/力矩模型为[1]

$$
\begin{cases}
\boldsymbol{F}_{\mathrm{TC}} = -\dfrac{3\mu_0}{4\pi}\left[\dfrac{\boldsymbol{\mu}_{\mathrm{T}} \cdot \boldsymbol{\mu}_{\mathrm{C}}}{r_{\mathrm{TC}}^5}\boldsymbol{r}_{\mathrm{TC}} + \dfrac{\boldsymbol{\mu}_{\mathrm{T}} \cdot \boldsymbol{r}_{\mathrm{TC}}}{r_{\mathrm{TC}}^5}\boldsymbol{\mu}_{\mathrm{C}} + \dfrac{\boldsymbol{\mu}_{\mathrm{C}} \cdot \boldsymbol{r}_{\mathrm{TC}}}{r_{\mathrm{TC}}^5}\boldsymbol{\mu}_{\mathrm{T}} - 5\,\dfrac{(\boldsymbol{\mu}_{\mathrm{T}} \cdot \boldsymbol{r}_{\mathrm{TC}})(\boldsymbol{\mu}_{\mathrm{C}} \cdot \boldsymbol{r}_{\mathrm{TC}})}{r_{\mathrm{TC}}^7}\boldsymbol{r}_{\mathrm{TC}}\right] \\[4mm]
\boldsymbol{\tau}_{\mathrm{TC}} = \dfrac{\mu_0}{4\pi}\boldsymbol{\mu}_{\mathrm{T}} \times \left[\dfrac{3\,\boldsymbol{r}_{\mathrm{TC}}(\boldsymbol{\mu}_{\mathrm{C}} \cdot \boldsymbol{r}_{\mathrm{TC}})}{r_{\mathrm{TC}}^5} - \dfrac{\boldsymbol{\mu}_{\mathrm{C}}}{r_{\mathrm{TC}}^3}\right]
\end{cases}
$$

$$(2\text{-}1)$$

式中，$\boldsymbol{F}$ 和 $\boldsymbol{\tau}$ 为远场电磁力/力矩矢量，其下标"TC"表示航天器"T"作用于航天器"C"的量；$\boldsymbol{r}$ 为相对距离矢量，其下标"TC"表示该矢量由"T"指向"C"；$\boldsymbol{\mu}$ 为磁矩矢量；$\mu_0 = 4\pi \times 10^{-7}\,\mathrm{T \cdot m/A}$ 为真空磁导率。

考虑磁矩矢量 $\boldsymbol{\mu}$ 在 $o_{\mathrm{CM}}x_{\mathrm{EM}}y_{\mathrm{EM}}z_{\mathrm{EM}}$ 系的两种表示方式，如图 2.1 所示，即直角坐标及极坐标形式，其投影分量为

$$
\begin{cases}
\boldsymbol{\mu}_{\mathrm{T}} = \begin{bmatrix} \mu_{\mathrm{T}x\mathrm{EM}} & \mu_{\mathrm{T}y\mathrm{EM}} & \mu_{\mathrm{T}z\mathrm{EM}} \end{bmatrix}^{\mathrm{T}} = \mu_{\mathrm{T}} \begin{bmatrix} \cos\alpha & \sin\alpha\cos\chi & \sin\alpha\sin\chi \end{bmatrix}^{\mathrm{T}} \\[2mm]
\boldsymbol{\mu}_{\mathrm{C}} = \begin{bmatrix} \mu_{\mathrm{C}x\mathrm{EM}} & \mu_{\mathrm{C}y\mathrm{EM}} & \mu_{\mathrm{C}z\mathrm{EM}} \end{bmatrix}^{\mathrm{T}} = \mu_{\mathrm{C}} \begin{bmatrix} \cos\beta & \sin\beta\cos\delta & \sin\beta\sin\delta \end{bmatrix}^{\mathrm{T}}
\end{cases}
$$

$$(2\text{-}2)$$

式中，(α,β) 为磁矩"N"极与 $o_{\mathrm{CM}}x_{\mathrm{EM}}$ 轴夹角，由 $o_{\mathrm{CM}}x_{\mathrm{EM}}$ 轴逆时针旋转为正；(χ,δ) 为磁矩矢量在 $o_{\mathrm{CM}}y_{\mathrm{EM}}z_{\mathrm{EM}}$ 平面投影与 $o_{\mathrm{CM}}y_{\mathrm{EM}}$ 轴夹角，由 $o_{\mathrm{CM}}y_{\mathrm{EM}}$ 轴逆时针旋转为正。

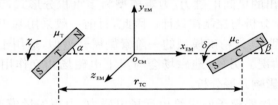

图 2.1　磁矩矢量表示

将式(2-2)代入式(2-1)，可得远场电磁力矢量模型投影到 $o_{\mathrm{CM}}x_{\mathrm{EM}}y_{\mathrm{EM}}z_{\mathrm{EM}}$ 系的两类标量形式，如式(2-3)和式(2-4)所示。需要注意两点：一是式(2-3)和式(2-4)为远场电磁力模型的不同标量形式，两模型之间完全等价，可根据任务需要选取；二是式(2-3)和式(2-4)为精确模型的一阶泰勒展开，截断误差的存在使其具有一定适用范围。MIT 的 EMFF 项目研究给出了其采用电磁装置构形的远场模型适用范围(模型相对误差小于 10%)：两电磁装置相对距离大于线圈半径的 6 倍[1]。同理，式(2-5)和式(2-6)为电磁力矩的两类标量类型。

$$
\begin{cases}
F_{\mathrm{T}x\mathrm{EM}} = \dfrac{3\mu_0}{4\pi r_{\mathrm{TC}}^4}\left(2\mu_{\mathrm{T}x\mathrm{EM}}\mu_{\mathrm{C}x\mathrm{EM}} - \mu_{\mathrm{T}y\mathrm{EM}}\mu_{\mathrm{C}y\mathrm{EM}} - \mu_{\mathrm{T}z\mathrm{EM}}\mu_{\mathrm{C}z\mathrm{EM}}\right) \\[3mm]
F_{\mathrm{T}y\mathrm{EM}} = -\dfrac{3\mu_0}{4\pi r_{\mathrm{TC}}^4}\left(\mu_{\mathrm{T}x\mathrm{EM}}\mu_{\mathrm{C}y\mathrm{EM}} + \mu_{\mathrm{T}y\mathrm{EM}}\mu_{\mathrm{C}x\mathrm{EM}}\right) \\[3mm]
F_{\mathrm{T}z\mathrm{EM}} = -\dfrac{3\mu_0}{4\pi r_{\mathrm{TC}}^4}\left(\mu_{\mathrm{T}x\mathrm{EM}}\mu_{\mathrm{C}z\mathrm{EM}} + \mu_{\mathrm{T}z\mathrm{EM}}\mu_{\mathrm{C}x\mathrm{EM}}\right) \\[3mm]
F_{\mathrm{C}x\mathrm{EM}} = -F_{\mathrm{T}x\mathrm{EM}}, \quad F_{\mathrm{C}y\mathrm{EM}} = -F_{\mathrm{T}y\mathrm{EM}}, \quad F_{\mathrm{C}z\mathrm{EM}} = -F_{\mathrm{T}z\mathrm{EM}}
\end{cases}
$$

$$(2\text{-}3)$$

$$
\begin{cases}
F_{\text{T}x\text{EM}} = \dfrac{3\mu_0\mu_\text{T}\mu_\text{C}}{4\pi r_{\text{TC}}^4}\big[2\cos\alpha\cos\beta - \cos(\delta-\chi)\sin\alpha\sin\beta\big] \\[2mm]
F_{\text{T}y\text{EM}} = -\dfrac{3\mu_0\mu_\text{T}\mu_\text{C}}{4\pi r_{\text{TC}}^4}(\cos\alpha\sin\beta\cos\delta + \sin\alpha\cos\beta\cos\chi) \\[2mm]
F_{\text{T}z\text{EM}} = -\dfrac{3\mu_0\mu_\text{T}\mu_\text{C}}{4\pi r_{\text{TC}}^4}(\cos\alpha\sin\beta\sin\delta + \sin\alpha\,\cos\beta\,\sin\chi) \\[2mm]
F_{\text{C}x\text{EM}} = -F_{\text{T}x\text{EM}}, \quad F_{\text{C}y\text{EM}} = -F_{\text{T}y\text{EM}}, \quad F_{\text{C}z\text{EM}} = -F_{\text{T}z\text{EM}}
\end{cases}
\tag{2-4}
$$

$$
\begin{cases}
\tau_{\text{T}x\text{EM}} = \dfrac{\mu_0}{4\pi r_{\text{TC}}^3}(-\mu_{\text{T}y\text{EM}}\mu_{\text{C}z\text{EM}} + \mu_{\text{T}z\text{EM}}\mu_{\text{C}y\text{EM}}) \\[2mm]
\tau_{\text{T}y\text{EM}} = \dfrac{\mu_0}{4\pi r_{\text{TC}}^3}(2\mu_{\text{T}z\text{EM}}\mu_{\text{C}x\text{EM}} + \mu_{\text{T}x\text{EM}}\mu_{\text{C}z\text{EM}}) \\[2mm]
\tau_{\text{T}z\text{EM}} = -\dfrac{\mu_0}{4\pi r_{\text{TC}}^3}(\mu_{\text{T}x\text{EM}}\mu_{\text{C}y\text{EM}} + 2\mu_{\text{T}y\text{EM}}\mu_{\text{C}x\text{EM}}) \\[2mm]
\tau_{\text{C}x\text{EM}} = \dfrac{\mu_0}{4\pi r_{\text{TC}}^3}(-\mu_{\text{T}z\text{EM}}\mu_{\text{C}y\text{EM}} + \mu_{\text{T}y\text{EM}}\mu_{\text{C}z\text{EM}}) \\[2mm]
\tau_{\text{C}y\text{EM}} = \dfrac{\mu_0}{4\pi r_{\text{TC}}^3}(2\mu_{\text{T}x\text{EM}}\mu_{\text{C}z\text{EM}} + \mu_{\text{T}z\text{EM}}\mu_{\text{C}x\text{EM}}) \\[2mm]
\tau_{\text{C}z\text{EM}} = -\dfrac{\mu_0}{4\pi r_{\text{TC}}^3}(\mu_{\text{T}y\text{EM}}\mu_{\text{C}x\text{EM}} + 2\mu_{\text{T}x\text{EM}}\mu_{\text{C}y\text{EM}})
\end{cases}
\tag{2-5}
$$

$$
\begin{cases}
\tau_{\text{T}x\text{EM}} = -\dfrac{\mu_0\mu_\text{T}\mu_\text{C}}{4\pi r_{\text{TC}}^3}\big[\sin\alpha\sin\beta\sin(\delta-\chi)\big] \\[2mm]
\tau_{\text{T}y\text{EM}} = \dfrac{\mu_0\mu_\text{T}\mu_\text{C}}{4\pi r_{\text{TC}}^3}\big[\cos\alpha\sin\beta\sin\delta + 2\sin\alpha\cos\beta\sin\chi\big] \\[2mm]
\tau_{\text{T}z\text{EM}} = -\dfrac{\mu_0\mu_\text{T}\mu_\text{C}}{4\pi r_{\text{TC}}^3}\big[\cos\alpha\sin\beta\cos\delta + 2\sin\alpha\cos\beta\cos\chi\big] \\[2mm]
\tau_{\text{C}x\text{EM}} = -\dfrac{\mu_0\mu_\text{T}\mu_\text{C}}{4\pi r_{\text{TC}}^3}\big[\sin\alpha\sin\beta\sin(\chi-\delta)\big] \\[2mm]
\tau_{\text{C}y\text{EM}} = \dfrac{\mu_0\mu_\text{T}\mu_\text{C}}{4\pi r_{\text{TC}}^3}(\cos\beta\sin\alpha\sin\chi + 2\sin\beta\cos\alpha\sin\delta) \\[2mm]
\tau_{\text{C}z\text{EM}} = -\dfrac{\mu_0\mu_\text{T}\mu_\text{C}}{4\pi r_{\text{TC}}^3}(\cos\beta\sin\alpha\cos\chi + 2\sin\beta\cos\alpha\cos\delta)
\end{cases}
\tag{2-6}
$$

2.2.2 特性分析

基于远场模型分析可知星间电磁力/力矩具有内力/力矩特性,且与星上两电磁装置间相对位置/姿态、磁矩强非线性耦合。

1）内力/力矩特性

对于对接/分离或编队飞行航天器系统，星间电磁力/力矩属于内力/力矩范畴，具有不改变系统质心运动，惯性线动量、角动量、机械能守恒等特性。

2）与相对位置/姿态、磁矩强非线性耦合

电磁力/力矩与两电磁装置间相对位置/姿态强非线性耦合体现为：电磁力/力矩分别与相对距离的 4 次或 3 次方成反比；电磁力/力矩与两电磁装置磁矩乘积成正比；电磁力/力矩为两电磁装置磁矩矢量方位角的非线性三角函数。

总体来说，电磁力/力矩作用具有"牵一发而动全身"的特性，即无论是电磁装置间相对位置/姿态变化，还是电磁装置磁矩矢量变化，都会引起星间电磁力大小和方向变化。

2.3　干扰特性分析

2.3.1　远场模型乘性误差

给定两电磁线圈的空间几何如图 2.2 所示，基于此分析远场电磁力模型的误差特性，其误差体现为对磁势［如式(2-7)所示］的一阶泰勒展开。

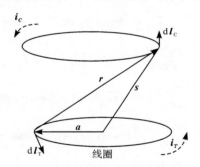

图 2.2　电磁线圈及其空间几何

$$A(s) = \frac{\mu_0 Ni}{4\pi} \oint \frac{1}{|s - a|} dl \qquad (2\text{-}7)$$

式中，N 为线圈绕线匝数；i 为线圈电流；其余参数含义见图 2.2。

根据泰勒展开原理以及 $1/|s - a|$ 的绝对值性质，分析得出远场电磁力/力矩模型相较近场模型具有如下特性：正负号一致；偏差具有乘性特性。以正对两电磁线圈电磁力的精确模型及远场模型为例，通过仿真算例验证上述特性。其中，精确模型由下式表征：

$$\boldsymbol{F}_{TC} = \frac{\mu_0 i_T i_C}{4\pi} \oiint d\boldsymbol{l}_T \times (d\boldsymbol{l}_C \times \bar{\boldsymbol{r}}) \qquad (2\text{-}8)$$

式中，$\bar{r}$ 表示 r 的单位矢量。

线圈半径取为 0.25m，匝数为 1000，线圈电流为 1A，仿真结果如图 2.3 所示，可以看出远场电磁力模型偏差的两条特性都得到验证。基于此，定义电磁力的精确模型与远场模型关系为

$$F_{TC} = F_{TCF}(1 + \Delta) \tag{2-9}$$

式中，F_{TCF} 表示远场电磁力模型；偏差 Δ 为电磁装置间相对位置/姿态的函数。

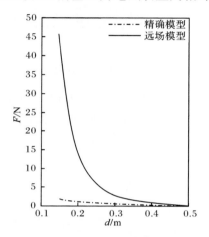

图 2.3 远场电磁力模型误差特性

2.3.2 地磁场作用干扰

1. 地磁场模型分析

地磁场随时间缓慢变化，其磁场强度矢量由两部分组成，即

$$B_{EM}(r) = B_{EM\_M}(r) + B_{EM\_C}(r) \tag{2-10}$$

式中，$B_{EM\_M}(r)$ 表示主磁场，主要由地球内部物质结构确定；$B_{EM\_C}(r)$ 为次磁场，主要由近地空间电离层的带电粒子以及太阳风对地磁层的影响等确定，最大幅值可达主磁场的 10%。

一般而言，地磁场模型的分类和应用如图 2.4 所示。目前较通用的主磁场模型包括 IGRF(international geomagnetic reference field) 和 WMM(world magnetic model) 两种。

1) 主磁场偶极子假设磁场强度模型

将地磁场假设为中心在地心、S 级指向地理坐标点 (71.78°W, 79.74°N)、磁矩幅值为 $\mu_{EM} = 8.0 \times 10^{22} A \cdot m^2$ 的磁偶极子。建立地磁坐标系 $o_E x_{EM} y_{EM} z_{EM}$，其中 $o z_{EM}$ 与地磁偶极子方向相反，指向地理坐标点 (71.78°W, 79.74°N)，$o_F x_{EM}$ 和 $o y_{EM}$

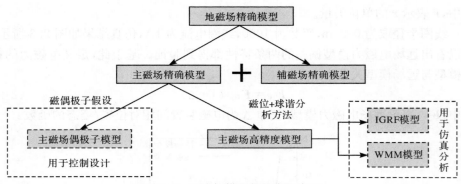

图 2.4　地磁场模型的分类及应用

由地球固连坐标系(earth centered earth fixed,ECEF)$o_E x_E y_E z_E$ 的 $o_E x_E$ 和 $o_E y_E$ 轴旋转而得($o_E x_E$ 轴指向格林尼治子午线,$o_E z_E$ 轴指向地球旋转轴,$o_E y_E$ 轴与 $o_E x_E$、$o_E z_E$ 构成右手系)。$o_E x_{EM} y_{EM} z_{EM}$ 与 $o_E x_E y_E z_E$ 的坐标系转换如图 2.5 所示。

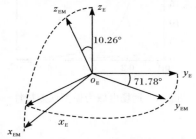

图 2.5　地固坐标系与地磁坐标系转换

　　上述地磁偶极子大小及方向数据由 WMM2005 模型给出,该模型以 5 年为一周期进行更新。

　　设航天器 i 位置矢量在地磁坐标系投影为

$$\boldsymbol{r}_{i\_EM} = \begin{bmatrix} x_{i\_EM} & y_{i\_EM} & z_{i\_EM} \end{bmatrix}^T \tag{2-11}$$

地磁偶极子磁矩在地磁坐标系投影为

$$\boldsymbol{\mu}_E = \begin{bmatrix} 0 & 0 & -\mu_{EM} \end{bmatrix}^T \tag{2-12}$$

地磁偶极子场在追踪航天器处的磁场强度矢量为

$${}^{EM}\boldsymbol{B}(\boldsymbol{r}_{i\_EM}) = \frac{\mu_0}{4\pi}\left(\frac{3\boldsymbol{\mu}_E \cdot \boldsymbol{r}_{i\_EM}}{r_{i\_EM}^5}\boldsymbol{r}_{i\_EM} - \frac{\boldsymbol{\mu}_E}{r_{i\_EM}^3}\right) \tag{2-13}$$

将式(2-11)和式(2-12)代入式(2-13),得到 $\boldsymbol{B}(\boldsymbol{r}_{i\_EM})$ 在地磁坐标系的投影为

$${}^{EM}\boldsymbol{B}(\boldsymbol{r}_{i\_EM}) = -\frac{3\mu_0\mu_{EM}}{4\pi r_{i\_EM}^5}\begin{bmatrix} x_{i\_EM} z_{i\_EM} \\ y_{i\_EM} z_{i\_EM} \\ z_{i\_EM}^2 - \dfrac{r_{i\_EM}^2}{3} \end{bmatrix} \tag{2-14}$$

地磁坐标系到航天器系统质心参考系的转换矩阵推导如下。

（1）地磁坐标系到地固坐标系

$$^{\mathrm{EM}}\boldsymbol{T}^{\mathrm{ECEF}}=\boldsymbol{M}_2\left[\lambda_{\mathrm{MP}}\right]\boldsymbol{M}_3\left[\phi_{\mathrm{MP}}\right] \tag{2-15}$$

式中，λ_{MP} 为地磁余纬（10.26°）；ϕ_{MP} 为负地磁经度（−71.78°）。

（2）地心惯性系到地固坐标系

$$^{\mathrm{ECEF}}\boldsymbol{T}^{\mathrm{ECI}}=\boldsymbol{M}_3\left[\phi_{\mathrm{e}}\right] \tag{2-16}$$

式中，ϕ_{e} 为格林尼治赤经，$\phi_{\mathrm{e}}=\phi_0+\omega_{\mathrm{e}}t$，$\phi_0$ 为 $t=0$ 时刻的格林尼治赤经，$\omega_{\mathrm{e}}=7.2722\times10^{-5}\,\mathrm{rad/s}$ 为地球自转速度。

（3）地心惯性系到组合航天器质心参考系

$$^{\mathrm{CM}}\boldsymbol{T}^{\mathrm{ECI}}=\boldsymbol{M}_3\left[u\right]\boldsymbol{M}_1\left[i\right]\boldsymbol{M}_3\left[\Omega\right] \tag{2-17}$$

式中，i 为轨道倾角；Ω 为轨道升交点赤经；$u=u_0+\omega_{\mathrm{CM}}t$ 为纬度辐角，u_0 为 $t=0$ 时刻的纬度辐角，ω_{CM} 为组合航天器质心轨道角速度。

根据式（2-15）~式（2-17）的坐标转换矩阵，可进一步将 $\boldsymbol{B}(\boldsymbol{r}_{\mathrm{C\_EM}})$ 投影到航天器系统质心参考系，满足

$$^{\mathrm{CM}}\boldsymbol{B}(\boldsymbol{r}_{i\_\mathrm{EM}})=(^{\mathrm{CM}}\boldsymbol{T}^{\mathrm{ECI}}\,(^{\mathrm{ECEF}}\boldsymbol{T}^{\mathrm{ECI}})^{-1}\,(^{\mathrm{EM}}\boldsymbol{T}^{\mathrm{ECEF}})^{-1})^{\mathrm{EM}}\boldsymbol{B}(\boldsymbol{r}_{i\_\mathrm{EM}}) \tag{2-18}$$

2）较精确的主磁场强度模型

航天器 i 处地磁势 V_{i_EM} 满足拉普拉斯方程

$$\nabla^2 V_{i\_\mathrm{EM}}=0 \tag{2-19}$$

将式（2-19）在地心球坐标系投影，得

$$\frac{1}{\boldsymbol{r}_i}\frac{\partial^2(\boldsymbol{r}_i V_{i\_\mathrm{EM}})}{\partial\boldsymbol{r}_i^2}+\frac{1}{\boldsymbol{r}_i^2\sin\theta_i}\frac{\partial}{\partial\theta_i}\left(\sin\theta_i\,\frac{\partial V_{i\_\mathrm{EM}}}{\partial\theta_i}\right)+\frac{1}{\boldsymbol{r}_i^2\,\sin^2\theta_i}\frac{\partial^2 V_{i\_\mathrm{EM}}}{\partial\phi_i^2}=0 \tag{2-20}$$

式中，θ_i 为余纬；ϕ_i 为经度；$\boldsymbol{r}_i$ 为地心矢径。

对式（2-20）采用分离变量法求解，得地磁势 V_{i_EM} 的数学表达式为

$$V_{i\_\mathrm{EM}}=a\sum_{n=1}^{\infty}\sum_{m=0}^{n}\left(\frac{a}{\boldsymbol{r}_i}\right)^{n+1}\left[g_n^m\cos(m\phi_i)+h_n^m\sin(m\phi_i)\right]\mathrm{P}_n^m(\theta_i) \tag{2-21}$$

式中，$a=6371.2\,\mathrm{km}$ 为标准地磁参考半径；g_n^m 和 h_n^m 为高斯系数，具有缓慢时变性；$\mathrm{P}_n^m(\theta_i)$ 为 θ_i 的缔合勒让德多项式。

基于式（2-21），航天器 i 处地磁强度矢量为

$$\boldsymbol{B}(\boldsymbol{r}_i)=-\nabla V_{i\_\mathrm{EM}} \tag{2-22}$$

取式（2-21）的前 3 项，由式（2-22）所得模型即为磁偶极子模型

$$\begin{cases}\mu_{\mathrm{EM}}=\dfrac{4\,\sqrt{(g_1^0)^2+(g_1^1)^2+(h_1^1)^2}\,\pi a^3}{\mu_0}\\[4mm]\lambda_{\mathrm{MP}}=-\arctan\left[\dfrac{\sqrt{(g_1^1)^2+(h_1^1)^2}}{g_1^0}\right]\\[4mm]\phi_{\mathrm{MP}}=\arctan\left(\dfrac{h_1^1}{g_1^0}\right)\end{cases} \tag{2-23}$$

式中,基于 WMM2005 地磁场模型数据,$g_1^0 = -29556.8$,$g_1^1 = -1671.7$,$h_1^1 = 5079.8$。

2. 地磁干扰力/力矩数量级分析

地磁场对航天器电磁对接/编队飞行会产生干扰力及力矩。由于地磁场与两航天器相距较远,可将地磁场看成一磁偶极子,地磁偶极子与航天器电磁偶极子相互作用产生干扰力及力矩。

分析航天器 i 所受偶极子电磁力模型 $\boldsymbol{F}_{i\_EM} = \nabla(\boldsymbol{B}_{EM} \cdot \boldsymbol{\mu}_i)$ 可知,当电磁偶极子矢量 $\boldsymbol{\mu}_i$ 与地磁偶极子矢量平行时所受干扰力幅值最大,为

$$F_{i\_EM} \approx \frac{3\mu_0}{2\pi} \frac{\mu_i \mu_E}{r_i^4} \qquad (2\text{-}24)$$

同理,当两航天器电磁偶极子平行时所产生的电磁力也最大,为

$$F_{ij\_EM} \approx \frac{3\mu_0}{2\pi} \frac{\mu_i \mu_j}{d_{ij}^4} \qquad (2\text{-}25)$$

取两航天器间相对距离从 $0 \sim 2\text{m}$ 变化,作用力幅值限定为 $0.001 \sim 8\text{N}$,取轨道高度为 500km,研究地磁干扰力与电磁力的比值与两航天器间相对距离、电磁力的关系,如图 2.6 所示。

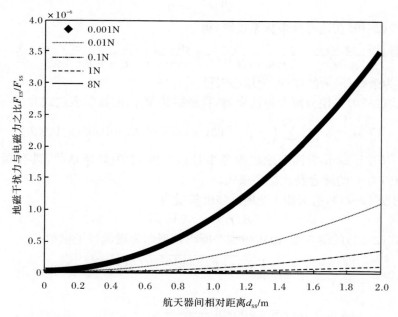

图 2.6　地磁干扰力与电磁力比值随航天器相对距离及作用力数值的变化

分析图 2.6 可知,地磁场所产生的干扰力远小于星间电磁力,控制设计可忽略不计。同理,得到地磁干扰力矩与电磁力矩比值曲线如图 2.7 所示。

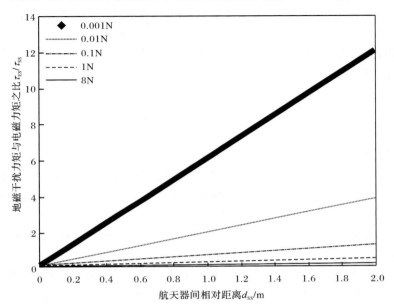

图 2.7　地磁干扰力矩与电磁力矩比值随航天器相对距离及作用力数值的变化

分析图 2.7 可知,地磁干扰力矩与星间电磁力矩为同一数量级或者还高 1 个数量级;地磁干扰力矩在控制设计中不能忽略,必须予以消除或加以利用。

2.3.3　模型应用准则

模型应用准则主要讨论针对特定背景如何选用电磁作用力/力矩模型,具体涉及远场模型、中场模型和近场模型的选取,以及如何选用地磁场作用模型,具体涉及磁偶极子模型、主磁场模型和精确模型。

1) 电磁力/力矩模型

从空间任务类型来说,对于航天器电磁编队飞行任务,由于航天器间相对距离数值较大,一般为几十米以上,可采用远场模型,模型误差低于 10%;对于航天器电磁对接/分离任务,由于航天器间相对距离数值较小,一般为十米以内,此阶段必须考虑远场模型误差,可采用远场模型叠加修正项或直接采用近场模型(或中场模型)等策略。

从科学研究来说,由于远场模型代表了近场模型的部分特性,其力/力矩方向与近场模型的一致,且具有闭合解析解,在动力学特性分析中可考虑远场模型的代表性,采用远场模型进行理论分析。

2) 地磁力/力矩模型

地磁力数值较小,一般控制设计中可不予考虑。然而,由于地磁场的引入,增加了一定控制自由度,可考虑利用地磁力实现星间电磁力所不具备的航天器系统质心运动特性改变等,此阶段可采用磁偶极子作用力模型。

地磁力矩数值较大,控制设计需重视。控制设计中地磁力矩模型选取可参考传统的磁力矩器应用方式。

2.4　小　　结

本章针对航天器电磁对接/编队飞行的星间电磁作用基础,建立了星间电磁力/力矩数学模型并分析了模型的内力/力矩及强耦合特性,进而针对模型所存在的干扰特性开展了理论分析,包括远场模型乘性误差、地磁场作用误差,并给出了模型应用准则。本章研究得出以下结论。

(1) 电磁力/力矩模型的复杂度与参考坐标系选取密切相关,关键在于相对距离矢量的投影。

(2) 电磁力/力矩作用属于星间内力/力矩范畴,且存在强非线性和耦合性。

(3) 远场电磁力/力矩模型与近场模型的偏差具有乘性特性,地磁干扰力可忽略,但地磁干扰力矩的影响需重视。

参 考 文 献

[1] Schweighart S A. Electromagnetic Formation Flight Dipole Solution Planning[D]. Cambridge: Massachusetts Institute of Technology, 2005.

第3章 电磁对接/分离动力学

3.1 概　述

在星间电磁力/力矩作用层面,电磁对接/分离与编队飞行具有共性基础,但在动力学层面两者存在一定差别,包括动力学建模、动力学特性以及控制需求。本章研究电磁对接/分离的动力学建模与特性分析,为后续第4、5章内容研究奠定动力学基础。

传统航天器对接/分离的动力学建模一般以目标航天器质心轨道系为参考,并采用 Hill 方程组表征。星间电磁力作用的对接/分离与传统推力器作用存在本质区别,其同时作用于目标航天器和追踪航天器,使得目标航天器圆轨道假设不成立。因此,如何选取动力学建模参考系至关重要。另外,航天器电磁对接具有一些传统航天器对接所不具备的动力学特性,如自对接性等。

本章首先定义航天器相对运动状态描述坐标系并推导相关旋转矩阵表达式,以对接/分离系统质心轨道系为参考,基于 Hill 建模原理,推导建立目标航天器和追踪航天器相对系统质心、目标航天器相对追踪航天器的动力学模型;给出电磁对接的自对接性定义,并开展地面一维、二维以及空间三维自对接所需满足的磁矩条件研究;利用数值仿真分析手段,研究特殊方向(R-bar、V-bar 以及 H-bar)的电磁分离特性。

3.2　基于牛顿运动定律的动力学建模

3.2.1　运动状态描述

1. 坐标系定义

为方便表述,令下标"T"或"C"分别表示目标或追踪航天器。空间电磁对接动力学建模主要涉及 6 类参考坐标系,具体定义如下。

1) 地心惯性坐标系 $O_E X_I Y_I Z_I$(earth centered inertial,ECI)

原点位于地心,$O_E X_I$ 指向平春分点,$O_E Z_I$ 垂直于赤道面指向地球北极,$O_E Y_I$ 与 $O_E X_I$、$O_E Z_I$ 形成右手坐标系。

2）地固坐标系 $O_E X_E Y_E Z_E$（earth centered fixed，ECF）

原点位于地心，$O_E X_E$ 位于赤道面内并指向格林尼治子午线与赤道面的交点，$O_E Z_E$ 垂直于赤道面指向地球北极，$O_E Y_E$ 与 $O_E X_E$、$O_E Z_E$ 形成右手坐标系。

3）"CM"轨道系 $o_{CM} x_{CM} y_{CM} z_{CM}$

原点位于航天器系统质心（以"CM"表示），$o_{CM} x_{CM}$ 沿"CM"地心矢径方向，$o_{CM} z_{CM}$ 沿"CM"轨道面法向，$o_{CM} y_{CM}$ 与 $o_{CM} x_{CM}$、$o_{CM} z_{CM}$ 形成右手坐标系。

4）目标航天器质心轨道系 $o_T x y z$

原点位于目标航天器质心，$o_T x$ 沿目标航天器地心矢径方向，$o_T z$ 沿目标航天器轨道面法向，$o_T y$ 与 $o_T x$、$o_T z$ 形成右手坐标系。

5）电磁力/力矩计算坐标系 $o_{CM} x_{EM} y_{EM} z_{EM}$

坐标系 $o_{CM} x_{EM} y_{EM} z_{EM}$ 的引入主要为了电磁力/力矩投影计算的简便，原点位于"CM"，$o_{CM} x_{EM}$ 沿两航天器质心连线方向，由目标航天器指向追踪航天器，$o_{CM} y_{EM}$ 根据电磁力投影需求不同而相应定义，$o_{CM} z_{EM}$ 与 $o_{CM} x_{EM}$、$o_{CM} y_{EM}$ 形成右手坐标系。$o_{CM} y_{EM}$ 的定义分为两类：平行于地球赤道面且垂直于 $o_{CM} x_{EM}$，或位于"CM"轨道面且垂直于 $o_{CM} x_{EM}$。"CM"惯性系及轨道系与计算系的空间几何如图 3.1 所示。

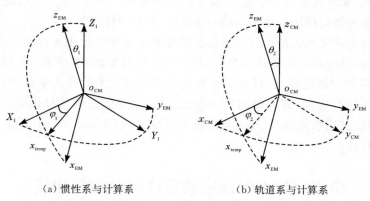

（a）惯性系与计算系　　　　　（b）轨道系与计算系

图 3.1　"CM"惯性系及轨道系与电磁力/力矩计算系的空间几何

从"CM"惯性系及轨道系到 $o_{CM} x_{EM} y_{EM} z_{EM}$ 系旋转都采用 3-2 转序，转角分别为 φ_1、θ_1 和 φ_2、θ_2，推导如下：

$$\begin{cases} \varphi_1 = \arctan\left(\dfrac{Y}{X}\right), & \varphi_2 = \arctan\left(\dfrac{y}{x}\right) \\[2mm] \theta_1 = -\arcsin\left(\dfrac{Z}{|\boldsymbol{r}|}\right), & \theta_2 = -\arcsin\left(\dfrac{z}{|\boldsymbol{r}|}\right) \end{cases} \tag{3-1}$$

式中，$\boldsymbol{r}$ 为航天器相对于"CM"的距离矢量；(X,Y,Z) 为 $\boldsymbol{r}$ 在"CM"惯性系的投影分量；(x,y,z) 为 $\boldsymbol{r}$ 在"CM"轨道系的投影分量。

6) 航天器体坐标系

包括目标和追踪航天器体坐标系 $o_T x_{Tb} y_{Tb} z_{Tb}$ 及 $o_C x_{Cb} y_{Cb} z_{Cb}$,原点位于各自航天器质心,坐标轴与惯量主轴平行。

5 类参考坐标系(不含目标航天器质心轨道系)之间的空间几何关系如图 3.2 所示,$\boldsymbol{d}_{ET}$、$\boldsymbol{d}_{EC}$、$\boldsymbol{d}_{ECM}$ 分别为目标及追踪航天器、"CM"的地心矢径,$\boldsymbol{r}_{TC}$ 为两航天器间相对距离矢量,由目标航天器指向追踪航天器。

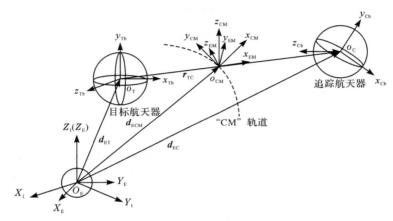

图 3.2 参考坐标系及其空间几何

2. 旋转矩阵

图 3.2 所示 5 类坐标系之间存在 4 种基本旋转矩阵,任两坐标系之间的旋转都可由该 4 种旋转矩阵组合而成。推导常用的 4 种基本旋转矩阵如下。

1) ECI 系与 ECF 系

ECI 系绕 $O_E Z_1$ 轴正向旋转 $\phi_E = \phi_0 + \omega_E t$ 与 ECF 系重合,其中 ϕ_0 为 0 时刻 $O_E X_E$ 与 $O_E X_1$ 夹角,ω_E 为地球自转角速度。从 ECI 系到 ECF 系的旋转矩阵为

$$
{}^F\boldsymbol{T}^I = \begin{bmatrix} \cos\phi_E & \sin\phi_E & 0 \\ -\sin\phi_E & \cos\phi_E & 0 \\ 0 & 0 & 1 \end{bmatrix} \tag{3-2}
$$

式中,上标"I"表示 ECI 系;"F"表示 ECF 系;${}^F\boldsymbol{T}^I$ 表示从"I"系到"F"系的旋转矩阵,下面旋转矩阵类似定义,不再赘述。

ECF 系到 ECI 系的旋转矩阵为 ${}^F\boldsymbol{T}^I$ 的逆或转置。

2) ECI 系与"CM"轨道系

ECI 系与"CM"轨道系间旋转采用 3-1-3 转序,从 ECI 系到"CM"轨道系的旋转矩阵 ${}^{CM}\boldsymbol{T}^I$ 为

$${}^{CM}\boldsymbol{T}^{I}=\boldsymbol{R}_3\,(u)\boldsymbol{R}_1\,(i)\boldsymbol{R}_3\,(\Omega)$$

$$=\begin{bmatrix} \cos\Omega\cos u-\sin\Omega\sin u\cos i & \sin\Omega\cos u+\cos\Omega\sin u\cos i & \sin u\sin i \\ -\cos\Omega\sin u-\sin\Omega\cos u\cos i & -\sin\Omega\sin u+\cos\Omega\cos u\cos i & \cos u\sin i \\ \sin\Omega\sin i & -\cos\Omega\sin i & \cos i \end{bmatrix} \quad (3\text{-}3)$$

式中,Ω 为升交点赤经;i 为"CM"轨道倾角;$u=u_0+nt$ 为纬度辐角;n 为"CM"轨道角速度;u_0 为 0 时刻纬度辐角。

3)"CM"轨道系与"CM"电磁力/力矩计算系

根据 3.2.1 节定义,"CM"轨道系可按 3-2 转序旋转到"CM"电磁力/力矩计算系,旋转矩阵 ${}^{EM}\boldsymbol{T}^{CM}$ 为

$${}^{EM}\boldsymbol{T}^{CM}=\boldsymbol{R}_2\,(\theta_2)\boldsymbol{R}_3\,(\varphi_2)=\begin{bmatrix} \cos\theta_2\cos\varphi_2 & \cos\theta_2\sin\varphi_2 & -\sin\theta_2 \\ -\sin\varphi_2 & \cos\varphi_2 & 0 \\ \sin\theta_2\cos\varphi_2 & \sin\theta_2\sin\varphi_2 & \cos\theta_2 \end{bmatrix} \quad (3\text{-}4)$$

4)ECI 系与航天器体坐标系

给定目标和航天器对应 3-2-1 转序的绝对欧拉姿态角分别为 $(\psi_{Ta},\theta_{Ta},\varphi_{Ta})$ 和 $(\psi_{Ca},\theta_{Ca},\varphi_{Ca})$,则 ECI 系到航天器体坐标系的旋转矩阵可用其绝对姿态角表示。以目标航天器为例,为

$${}^{Tb}\boldsymbol{T}^{I}=\boldsymbol{R}_1\,(\varphi_{Ta})\boldsymbol{R}_2\,(\theta_{Ta})\boldsymbol{R}_3\,(\psi_{Ta}) \quad (3\text{-}5)$$

3.2.2 动力学模型

根据 2.2.3 节分析可知,星间电磁力同时改变目标和追踪航天器运动状态,目标航天器轨道运动不满足 Hill 模型假设。因此,选取"CM"轨道坐标系为建模参考系且假设其沿圆轨道运动。由于星间电磁力不影响系统质心运动状态,"CM"运动轨迹可认为一直保持为圆轨道。

令目标和追踪航天器相对于"CM"轨道系的位置矢量为

$$\boldsymbol{r}_T=\begin{bmatrix} x_T & y_T & z_T \end{bmatrix}^T, \quad \boldsymbol{r}_C=\begin{bmatrix} x_C & y_C & z_C \end{bmatrix}^T \quad (3\text{-}6)$$

则追踪航天器相对目标航天器的位置、速度及加速度矢量满足

$$\begin{cases} \boldsymbol{r}_{TC}=\begin{bmatrix} x_{TC} & y_{TC} & z_{TC} \end{bmatrix}^T=\begin{bmatrix} x_C-x_T & y_C-y_T & z_C-z_T \end{bmatrix}^T \\ \boldsymbol{v}_{TC}=\begin{bmatrix} v_{xTC} & v_{yTC} & v_{zTC} \end{bmatrix}^T=\begin{bmatrix} \dot{x}_C-\dot{x}_T & \dot{y}_C-\dot{y}_T & \dot{z}_C-\dot{z}_T \end{bmatrix}^T \\ \boldsymbol{a}_{TC}=\begin{bmatrix} a_{xTC} & a_{yTC} & a_{zTC} \end{bmatrix}^T=\begin{bmatrix} \ddot{x}_C-\ddot{x}_T & \ddot{y}_C-\ddot{y}_T & \ddot{z}_C-\ddot{z}_T \end{bmatrix}^T \end{cases} \quad (3\text{-}7)$$

两航天器间相对距离为米量级,且"CM"轨迹为圆轨道,即目标和追踪航天器相对于"CM"轨道系的运动满足 Hill 模型假设。基于 Hill 模型分别建立目标和追踪航天器相对"CM"轨道系的动力学模型,即

$$
\begin{cases}
\ddot{x}_T - 2n\dot{y}_T - 3n^2 x_T = -\dfrac{F_{CxCM}}{m_T} + f_{Tdx} \\[2mm]
\ddot{y}_T + 2n\dot{x}_T = -\dfrac{F_{CyCM}}{m_T} + f_{Tdy} \\[2mm]
\ddot{z}_T + n^2 z_T = -\dfrac{F_{CzCM}}{m_T} + f_{Tdz}
\end{cases}
\tag{3-8}
$$

$$
\begin{cases}
\ddot{x}_C - 2n\dot{y}_C - 3n^2 x_C = \dfrac{F_{CxCM}}{m_C} + f_{Cdx} \\[2mm]
\ddot{y}_C + 2n\dot{x}_C = \dfrac{F_{CyCM}}{m_C} + f_{Cdy} \\[2mm]
\ddot{z}_C + n^2 z_C = \dfrac{F_{CzCM}}{m_C} + f_{Cdz}
\end{cases}
\tag{3-9}
$$

式(3-8)与式(3-9)中，m_T、m_C 分别为目标和追踪航天器质量；f_{Tdx}、f_{Tdy}、f_{Tdz}、f_{Cdx}、f_{Cdy}、f_{Cdz} 为等效干扰加速度；F_{**CM} 表示远场电磁力模型在"CM"轨道系的投影分量。

将式(3-8)和式(3-9)代入式(3-7)，可得追踪航天器相对目标航天器运动的动力学模型，或空间电磁对接/分离动力学模型为

$$
\begin{cases}
\ddot{x}_{TC} - 2n\dot{y}_{TC} - 3n^2 x_{TC} = F_{CxCM}\left(\dfrac{1}{m_C} + \dfrac{1}{m_T}\right) + (f_{Cdx} - f_{Tdx}) \\[2mm]
\ddot{y}_{TC} + 2n\dot{x}_{TC} = F_{CyCM}\left(\dfrac{1}{m_C} + \dfrac{1}{m_T}\right) + (f_{Cdy} - f_{Tdy}) \\[2mm]
\ddot{z}_{TC} + n^2 z_{TC} = F_{CzCM}\left(\dfrac{1}{m_C} + \dfrac{1}{m_T}\right) + (f_{Cdz} - f_{Tdz})
\end{cases}
\tag{3-10}
$$

分析式(3-10)可知，其与式(3-8)或式(3-9)具有类似形式，区别在于方程右侧控制加速度变为两航天器相应矢量之差。

3.3　对接特性分析

受磁力线原理及地面电磁对接试验中模拟追踪星相对姿态自对准现象启发，定义电磁对接的自对接性为：满足一定磁矩矢量条件下，两电磁装置相对位置/姿态自主减小为 0。本节从地面和空间对接情形出发，理论分析及证明电磁对接的自对接性，并给出其可实现的电磁装置条件。

3.3.1　一维自对接性

将远场电磁力/力矩模型简化到一维，如图 3.3 和式(3-11)所示。

$$
\begin{cases}
F_{TxEM} = \dfrac{3\mu_0 \mu_T \mu_C}{2\pi d^4}, \quad F_{CxEM} = -F_{TxEM} \\[2mm]
\tau_{TxEM} = \tau_{CxEM} = 0
\end{cases}
\tag{3-11}
$$

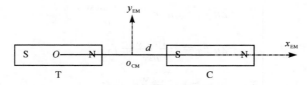

图 3.3　地面一维电磁对接

假设电磁装置尺寸(图 3.3 所示条形磁铁长度)为 $2l$,不考虑摩擦等干扰的地面一维电磁对接相平面分析如图 3.4 所示,分析可知地面一维电磁对接具有两种运动模式:对接或分离。当两电磁装置间为吸力时,如图 3.5 所示,两电磁装置自主对接;当两电磁装置间为斥力时,两电磁装置逐渐远离,直至形成匀速分离运动。根据远场电磁力模型式(3-11)及图 3.4 分析可知,对接或分离加速度与 $\mu_T\mu_C$ 成正比。

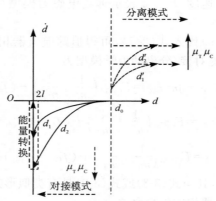

图 3.4　地面一维电磁对接的相平面

根据磁偶极子对称性,可以得出,图 3.3 所示磁偶极子构形的对称形式具有自对接性;地面一维电磁对接情形下满足自对接性条件的磁偶极子构形如图 3.5 所示。

(a) 构形1　　　　　　　　　　　　　　　(b) 构形2

图 3.5　地面一维电磁对接的自对接构形

3.3.2　二维自对接性

为方便地面二维电磁对接特性分析,引入对接系统质心惯性坐标系 $o_{CM}x_Iy_Iz_I$,如图 3.6 所示。

图中,$o_{CM}x_I$ 指向对接初始相对距离矢量 $\boldsymbol{d}_0$,$o_{CM}y_I$ 位于对接平面内且垂直于

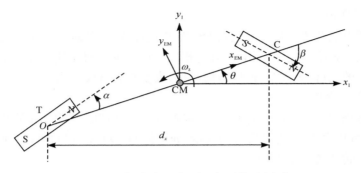

图 3.6　质心惯性坐标系及相对位置/姿态

$o_{CM}x_I$。θ 为 $o_{CM}x_{EM}$ 和 $o_{CM}x_I$ 间夹角,由 $o_{CM}x_I$ 逆时针旋转到 $o_{CM}x_{EM}$ 为正,表征两电磁装置系统在对接平面内的旋转运动,$\omega_z = \dot{\theta}$ 为旋转角速度。

星间电磁力/力矩作用下,两电磁装置在对接平面内的运动分解如图 3.7 所示,包括两电磁装置质心连线的转动、电磁装置沿质心连线的平动以及两电磁装置各自的姿态转动。不考虑平面摩擦力等外界干扰,二维对接平面内两电磁装置仅受电磁力作用,满足动量守恒(无外力)、动量矩守恒(无外力矩)以及机械能守恒(无耗散力)定律。

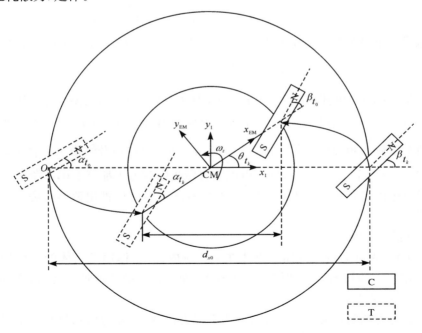

图 3.7　地面二维电磁对接的运动分解

1) 动量守恒

假设两电磁装置质量相等且初始时刻线速度为 0,根据动量守恒定律可知,t_k 时刻两电磁装置线速度大小相等,方向相反。这一推论对于质量相异的两电磁装置也是适用的,具体表现为:速度方向相反,大小与质量成反比。

2) 动量矩守恒

统一考虑对"CM"的动量矩,电磁装置 T 或 C 对"CM"的动量矩由两部分组成:一为质量集中于 T 或 C 质心的动量 mv_T 或 mv_C 对"CM"的矩;二为 T 或 C 绕水平面法向转动的动量矩,即

$$\begin{cases} L_T = L_{T1} + L_{T2} = r_T \times m v_T + I_{Tz} \boldsymbol{\omega}_{Tz} = r_T \times m v_T + I_{Tz}(\dot{\alpha} + \dot{\theta}) o_{CM} z_I \\ L_C = L_{C1} + L_{C2} = r_C \times m v_C + I_{Cz} \boldsymbol{\omega}_{Cz} = r_C \times m v_C + I_{Cz}(\dot{\beta} + \dot{\theta}) o_{CM} z_I \end{cases} \tag{3-12}$$

式中,I_z 为电磁装置对于 $o_{CM} z_I$ 的转动惯量。

假设两电磁装置质量相等且初始时刻角速度为 0,根据动量矩守恒可知 $L_T + L_C = 0$,即

$$L_T + L_C = r_T \times m v_T + r_C \times m v_C + I_{Tz}(\dot{\alpha} + \dot{\theta}) o_{CM} z_I + I_{Cz}(\dot{\beta} + \dot{\theta}) o_{CM} z_I = 0 \tag{3-13}$$

根据动量守恒定律,任意时刻两电磁装置相对于"CM"的位置/速度大小相等且方向相反,则式(3-13)可整理为

$$2 r_T \times m v_T + I_{Tz}(\dot{\alpha} + \dot{\theta}) + I_{Cz}(\dot{\beta} + \dot{\theta}) = 0 \tag{3-14}$$

假定两电磁装置转动惯量相等,即 $I_{Tz} = I_{Cz} = I_z$,代入式(3-14)将其简化为

$$\dot{\alpha} + \dot{\beta} + 2\dot{\theta} = -2m r_T \times \frac{v_T}{I_z} \tag{3-15}$$

分析式(3-15)可知,当相对位置为 0,即两电磁装置到达系统质心"CM"时,式(3-15)等价于 $\dot{\alpha} + \dot{\beta} + 2\dot{\theta} = 0$,对其两边求导可得 $\ddot{\alpha} + \ddot{\beta} + 2\ddot{\theta} = 0$。由于两电磁装置所受电磁力矩方向一致,即 $\ddot{\alpha} + \ddot{\theta}$ 与 $\ddot{\beta} + \ddot{\theta}$ 正负号相同,由 $\ddot{\alpha} + \ddot{\beta} + 2\ddot{\theta} = 0$ 可得 $\ddot{\alpha} + \ddot{\theta} = 0$ 和 $\ddot{\beta} + \ddot{\theta} = 0$,即两电磁装置所受电磁力矩都等于 0,等价于 $\alpha = \beta = 0$,此时两电磁装置正对。因此,只要相对位置能减小到 0,两电磁装置姿态就能同步对准。

3) 机械能守恒

势力场(保守力场)[1]:如果物体在某力场内运动,作用于物体的力所做的功只与力作用点的初始位置和终了位置有关,而与该点的轨迹形状无关,这种力场称为势力场,或保守力场。

根据势力场的定义可知电磁力属于有势力范畴,电磁力做功只与初末时刻的位置有关。对接模式下,定义对接接触面为零势能面,则对接过程即为磁势能转化为电磁装置动能的过程。

　　综上分析可知,电磁对接模态下两电磁装置能实现自对接,即相对位置/姿态同步减小为 0。下面分析电磁对接模态可实现条件。

4) 电磁对接模态可实现条件

　　上述理论分析指出只要两电磁装置相对位置减小为 0,则相对姿态具有跟随性,基此定义电磁对接模态为 $\dot{d}<0$。

　　将三维电磁力/力矩模型式(2-3)简化到二维平面,得

$$
\begin{cases}
F_{\mathrm{T}x\mathrm{EM}}=\dfrac{3\mu_0\mu_\mathrm{T}\mu_\mathrm{C}}{4\pi d^4}(2\cos\alpha\cos\beta-\sin\alpha\sin\beta)\\[2mm]
F_{\mathrm{T}y\mathrm{EM}}=-\dfrac{3\mu_0\mu_\mathrm{T}\mu_\mathrm{C}}{4\pi d^4}(\cos\alpha\sin\beta+\sin\alpha\cos\beta)\\[2mm]
F_{\mathrm{C}x\mathrm{EM}}=-F_{\mathrm{T}x\mathrm{EM}},\quad F_{\mathrm{C}y\mathrm{EM}}=-F_{\mathrm{T}y\mathrm{EM}}\\[2mm]
\tau_{\mathrm{T}z\mathrm{EM}}=-\dfrac{\mu_0\mu_\mathrm{T}\mu_\mathrm{C}}{4\pi d^3}(\cos\alpha\sin\beta+2\sin\alpha\cos\beta)\\[2mm]
\tau_{\mathrm{C}z\mathrm{EM}}=-\dfrac{\mu_0\mu_\mathrm{T}\mu_\mathrm{C}}{4\pi d^3}(\cos\beta\sin\alpha+2\sin\beta\cos\alpha)
\end{cases}
\tag{3-16}
$$

　　根据牛顿第二定律,建立 T 和 C 相对于"CM"的动力学模型如下:

$$
\begin{cases}
m\dfrac{\mathrm{d}^2\boldsymbol{d}_\mathrm{T}}{\mathrm{d}t^2}=\boldsymbol{F}_{\mathrm{TEM}}\\[3mm]
m\dfrac{\mathrm{d}^2\boldsymbol{d}_\mathrm{C}}{\mathrm{d}t^2}=\boldsymbol{F}_{\mathrm{TEM}}
\end{cases}
\tag{3-17}
$$

式中,$\boldsymbol{d}_\mathrm{T}$、$\boldsymbol{d}_\mathrm{C}$ 分别为 T 和 C 相对于"CM"的距离矢量,由"CM"指向 T 或 C。

　　将式(3-17)的子式 2 减去子式 1,并引入 $\boldsymbol{d}=\boldsymbol{d}_\mathrm{C}-\boldsymbol{d}_\mathrm{T}$,$\boldsymbol{F}_{\mathrm{TEM}}=-\boldsymbol{F}_{\mathrm{CEM}}$,推导可得 C 相对于 T 的轨迹动力学模型如下:

$$
m\dfrac{\mathrm{d}^2\boldsymbol{d}}{\mathrm{d}t^2}=2\boldsymbol{F}_{\mathrm{CEM}}
\tag{3-18}
$$

　　根据绝对导数和相对导数的关系,将式(3-18)展开为

$$
\dfrac{\mathrm{d}^2\boldsymbol{d}}{\mathrm{d}t^2}=\dfrac{\partial^2\boldsymbol{d}}{\partial t^2}+2\,\boldsymbol{\omega}_z\times\boldsymbol{v}+\boldsymbol{\omega}_z\times(\boldsymbol{\omega}_z\times\boldsymbol{d})+\dot{\boldsymbol{\omega}}_z\times\boldsymbol{d}=\dfrac{2\boldsymbol{F}_{\mathrm{CEM}}}{m}
\tag{3-19}
$$

式中,$\boldsymbol{v}=\partial\boldsymbol{d}/\partial t$。

　　将式(3-19)向坐标系 $o_{\mathrm{CM}}x_{\mathrm{EM}}y_{\mathrm{EM}}z_{\mathrm{EM}}$ 投影,并引入式(3-20)可得 C 相对于 T 轨迹运动的标量模型如式(3-21)所示。

$$
\boldsymbol{d}=\begin{bmatrix}d&0&0\end{bmatrix}^\mathrm{T},\quad
\boldsymbol{\omega}_z=\begin{bmatrix}0&0&\omega_z\end{bmatrix}^\mathrm{T},\quad
\dot{\boldsymbol{\omega}}_z=\begin{bmatrix}0&0&\dot{\omega}_z\end{bmatrix}^\mathrm{T},\quad
\boldsymbol{v}=\begin{bmatrix}\dot{d}&0&0\end{bmatrix}^\mathrm{T}
\tag{3-20}
$$

$$
\begin{cases}
m\ddot{d}=2F_{\mathrm{C}x\mathrm{EM}}+m\omega_z^2 d\Rightarrow\ddot{d}=2\dfrac{F_{\mathrm{C}x\mathrm{EM}}+m\omega_z^2 d/2}{m}=2\dfrac{F_{\mathrm{C}x\mathrm{EM}}+F_{\mathrm{centripetal}}}{m}\\[4mm]
m(2\omega_z\dot{d}+\dot{\omega}_z d)=2F_{\mathrm{C}y\mathrm{EM}}\Rightarrow\dot{\omega}_z=\dfrac{1}{d/2}\dfrac{F_{\mathrm{C}y\mathrm{EM}}-m\omega_z\dot{d}}{m}
\end{cases}
\tag{3-21}
$$

分析式(3-21)可知,C 相对于 T 的轨迹运动可由沿轴向平动和绕 $o_{CM}z_1$ 轴转动表征。假定初始相对速度 $\dot{d}_0=0$,要使得 $\dot{d}<0$,可使 $\ddot{d}<0$,即使 $F_{C,rEM}+F_{centripetal}<0$,利用电磁力抵消旋转离心力并引导两装置对接。将式(3-16)代入 $F_{C,rEM}+F_{centripetal}<0$,推导得到

$$\mu_T\mu_C(2\cos\alpha\cos\beta-\sin\alpha\sin\beta)>\frac{2\pi m\omega_z^2 d^5}{3\mu_0} \tag{3-22}$$

式(3-22)所示自对接的实现条件也可由磁偶极子的电荷二元性理论定性分析得出。磁偶极子可由一对"＋""－"电荷表征,如图 3.8 所示。从图中可以看出,磁偶极子 T 的"＋"电荷与磁偶极子 C 的"－"电荷相距最近,根据库仑力与相对距离的 2 次方呈反比关系可知 T 与 C 之间的作用主要体现为"＋""－"电荷的吸力,两航天器相吸;磁偶极子 T 对磁偶极子 C 的作用可由其"＋"电荷表征,分析可知其使磁偶极子 C 顺时针旋转,根据对称性可知,C 也使 T 顺时针旋转,其结果使得两航天器相对姿态减小为 0。

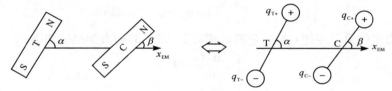

图 3.8　磁偶极子的电荷二元性表示

下面,进一步开展相对姿态的变化特性分析。首先,推导得出 T 和 C 的姿态动力学模型如下:

$$\begin{cases} \ddot{\alpha}=-\dfrac{\mu_0\mu_T\mu_C}{4\pi d^3 I_z}(2\sin\alpha\cos\beta+\cos\alpha\sin\beta)-\ddot{\theta} \\[2mm] \ddot{\beta}=-\dfrac{\mu_0\mu_T\mu_C}{4\pi d^3 I_z}(\sin\alpha\cos\beta+2\cos\alpha\sin\beta)-\ddot{\theta} \end{cases} \tag{3-23}$$

选取状态变量 $z_1=\alpha-\beta$,$z_2=\dot{\alpha}-\dot{\beta}$,基于式(3-23)推导得到 z_1、z_2 的状态方程为

$$\begin{cases} \dot{z}_1=z_2 \\[2mm] \dot{z}_2=\dfrac{-c\sin z_1}{d^3} \end{cases} \tag{3-24}$$

式中,$c=\dfrac{\mu_0\mu_T\mu_C}{4\pi I_z}$。

设初始状态为 $z_{10}=z_{10}$,$z_{20}=0$,不考虑 d 的时变性,求解得到式(3-24)的通解为

$$z_2^2=\frac{2c\cos z_1-\cos z_{10}}{d^3} \tag{3-25}$$

分析式(3-25)可知,由于 $c > 0, d > 0$,要使得式(3-25)成立,z_1 满足 $|z_1| < |z_{10}|$,得出 z_1、z_2 相平面如图 3.9 所示。

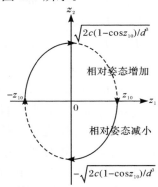

图 3.9　相对姿态偏差的相平面分析(d 不变)

分析图 3.9 可知,不考虑 d 的时变性时 z_1、z_2 相平面曲线是闭合的,当相对姿态偏差为 0 时,姿态偏差角速度最大,其绝对值为 $\sqrt{2c(1 - \cos z_{10})/d^3}$。对接过程中 d 逐渐减小,进一步考虑 d 时变性的影响,分析式(3-25)得出,d 时变不影响 z_1、z_2 的变化趋势,仅影响 z_1、z_2 变化的快慢,此时 z_1、z_2 相平面曲线不再闭合。

3.3.3　三维自对接性

以目标电磁装置为例,其相对坐标系 $o_{CM}x_{EM}y_{EM}z_{EM}$ 的姿态可用 α 和 χ 表征,如图 3.10 所示,对应的旋转矩阵($o_{CM}x_{EM}$ 轴旋转到与电磁装置磁矩矢量方向重合)可表示为

$$^{Tb}\boldsymbol{T}^{EM} = \boldsymbol{M}_3[\alpha]\boldsymbol{M}_1[\chi] \tag{3-26}$$

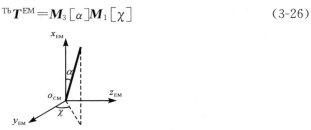

图 3.10　电磁装置的姿态表示

同理,追踪电磁装置姿态的旋转矩阵 $^{Cb}\boldsymbol{T}^{EM}$ 也可类似表示,只是姿态角变为 β 和 δ。

以目标和追踪电磁装置体坐标系为计算参考系,并假设两电磁装置的体轴均为惯量主轴。根据动力学方程推导,可得目标和追踪电磁装置的绝对姿态动力学模型分别为

$$\begin{cases} I_{Tx}(\dot{\omega}_{Trx1}+\dot{\omega}_{Trx2})+(I_{Tz}-I_{Ty})(\omega_{Try1}+\omega_{Try2})(\omega_{Trz1}+\omega_{Trz2})=L_{Tx} \\ I_{Ty}(\dot{\omega}_{Try1}+\dot{\omega}_{Try2})+(I_{Tx}-I_{Tz})(\omega_{Trx1}+\omega_{Trx2})(\omega_{Trz1}+\omega_{Trz2})=L_{Ty} \\ I_{Tz}(\dot{\omega}_{Trz1}+\dot{\omega}_{Trz2})+(I_{Ty}-I_{Tx})(\omega_{Trx1}+\omega_{Trx2})(\omega_{Try1}+\omega_{Try2})=L_{Tz} \end{cases} \quad (3\text{-}27)$$

$$\begin{cases} I_{Cx}(\dot{\omega}_{Crx1}+\dot{\omega}_{Crx2})+(I_{Cz}-I_{Cy})(\omega_{Cry1}+\omega_{Cry2})(\omega_{Crz1}+\omega_{Crz2})=L_{Cx} \\ I_{Cy}(\dot{\omega}_{Cry1}+\dot{\omega}_{Cry2})+(I_{Cx}-I_{Cz})(\omega_{Crx1}+\omega_{Crx2})(\omega_{Crz1}+\omega_{Crz2})=L_{Cy} \\ I_{Cz}(\dot{\omega}_{Crz1}+\dot{\omega}_{Crz2})+(I_{Cy}-I_{Cx})(\omega_{Crx1}+\omega_{Crx2})(\omega_{Cry1}+\omega_{Cry2})=L_{Cz} \end{cases} \quad (3\text{-}28)$$

式中，$(\omega_{Trx1},\omega_{Try1},\omega_{Trz1})$ 和 $(\omega_{Crx1},\omega_{Cry1},\omega_{Crz1})$ 分别为目标和追踪电磁装置相对坐标系 $o_{CM}x_{EM}y_{EM}z_{EM}$ 的姿态角速度在各自体坐标系的投影；$(\omega_{Trx2},\omega_{Try2},\omega_{Trz2})$ 和 $(\omega_{Crx2},\omega_{Cry2},\omega_{Crz2})$ 为坐标系 $o_{CM}x_{EM}y_{EM}z_{EM}$ 相对惯性系的姿态角速度 ω_{r2} 分别在目标和追踪电磁装置体坐标的投影；(L_{Tx},L_{Ty},L_{Tz}) 和 (L_{Cx},L_{Cy},L_{Cz}) 分别为目标和追踪电磁装置所受电磁力矩在各自体坐标系的投影。

由式（3-26）可知，$(\omega_{Trx1},\omega_{Try1},\omega_{Trz1})$ 和 $(\omega_{Crx1},\omega_{Cry1},\omega_{Crz1})$ 满足

$$\begin{bmatrix} \omega_{Trx1} \\ \omega_{Try1} \\ \omega_{Trz1} \end{bmatrix} = \begin{bmatrix} 0 \\ 0 \\ \dot{\alpha} \end{bmatrix} + \begin{bmatrix} \cos\alpha & \sin\alpha & 0 \\ -\sin\alpha & \cos\alpha & 0 \\ 0 & 0 & 1 \end{bmatrix} \begin{bmatrix} \dot{\chi} \\ 0 \\ 0 \end{bmatrix} = \begin{bmatrix} \dot{\chi}\cos\alpha \\ -\dot{\chi}\sin\alpha \\ \dot{\alpha} \end{bmatrix} \quad (3\text{-}29)$$

$$\begin{bmatrix} \omega_{Crx1} \\ \omega_{Cry1} \\ \omega_{Crz1} \end{bmatrix} = \begin{bmatrix} 0 \\ 0 \\ \dot{\beta} \end{bmatrix} + \begin{bmatrix} \cos\beta & \sin\beta & 0 \\ -\sin\beta & \cos\beta & 0 \\ 0 & 0 & 1 \end{bmatrix} \begin{bmatrix} \dot{\delta} \\ 0 \\ 0 \end{bmatrix} = \begin{bmatrix} \dot{\delta}\cos\beta \\ -\dot{\delta}\sin\beta \\ \dot{\beta} \end{bmatrix} \quad (3\text{-}30)$$

另外，坐标系 $o_{CM}x_{EM}y_{EM}z_{EM}$ 相对惯性系的姿态角速度 ω_{r2} 可根据轨迹运动确定。根据图 3.11 所示的两电磁装置空间几何表示，两电磁装置对准可定义为：$\alpha=\beta=0$ 及 $\chi=\delta=0$，故自主对准特性分析即为分析系统是否具有向该指标收敛的趋势。

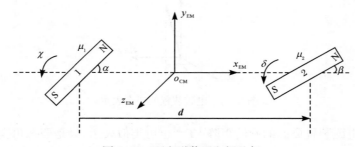

图 3.11　两电磁装置空间几何

将式（3-29）和式（3-30）分别代入式（3-27）和式（3-28）并整理，得

$$\begin{cases} \ddot{\alpha} = \dfrac{1}{I_{Tz}} \Big[L_{Tz}(\alpha,\beta,\chi,\delta) - I_{Tz}\dot{\omega}_{Trz2} - L_{Tz\_A}(\dot{\chi}\cos\alpha, \omega_{Trz2}, -\dot{\chi}\sin\alpha, \omega_{Try2}) \Big] \\[2mm] \ddot{\beta} = \dfrac{1}{I_{Cz}} \Big[L_{Cz}(\alpha,\beta,\chi,\delta) - I_{Cz}\dot{\omega}_{Crz2} - L_{Cz\_A}(\dot{\beta}\cos\delta, \omega_{Trz2}, -\dot{\beta}\sin\delta, \omega_{Try2}) \Big] \\[2mm] \ddot{\chi} = \dfrac{1}{I_{Tx}\cos\alpha} \Big[L_{Tx}(\alpha,\beta,\chi,\delta) + I_{Tx}\dot{\chi}\dot{\alpha}\sin\alpha - I_{Tx}\dot{\omega}_{Trz2} - L_{Tx\_A}(-\dot{\chi}\sin\alpha, \omega_{Try2}, \dot{\alpha}, \omega_{Trz2}) \Big] \\[2mm] \ddot{\delta} = \dfrac{1}{I_{Cx}\cos\beta} \Big[L_{Cx}(\alpha,\beta,\chi,\delta) + I_{Cx}\dot{\delta}\dot{\beta}\sin\beta - I_{Cx}\dot{\omega}_{Crz2} - L_{Cx\_A}(-\dot{\delta}\sin\beta, \omega_{Cry2}, \dot{\beta}, \omega_{Crz2}) \Big] \end{cases}$$

$$(3\text{-}31)$$

式中，$L_{Tx\_A}(\,\cdot\,)$、$L_{Cx\_A}(\,\cdot\,)$、$L_{Tz\_A}(\,\cdot\,)$ 和 $L_{Cz\_A}(\,\cdot\,)$ 为

$$\begin{cases} L_{Tx\_A}(\,\cdot\,) = (I_{Tz} - I_{Ty})(\omega_{Try1} + \omega_{Try2})(\omega_{Trz1} + \omega_{Trz2}) \\[1mm] L_{Cx\_A}(\,\cdot\,) = (I_{Cz} - I_{Cy})(\omega_{Cry1} + \omega_{Cry2})(\omega_{Crz1} + \omega_{Crz2}) \\[1mm] L_{Tz\_A}(\,\cdot\,) = (I_{Ty} - I_{Tx})(\omega_{Trx1} + \omega_{Trx2})(\omega_{Try1} + \omega_{Try2}) \\[1mm] L_{Cz\_A}(\,\cdot\,) = (I_{Cy} - I_{Cx})(\omega_{Crx1} + \omega_{Crx2})(\omega_{Cry1} + \omega_{Cry2}) \end{cases}$$

$$(3\text{-}32)$$

假定两电磁装置物性参数一致，可将式(3-31)进一步整理为

$$\begin{cases} A_1 = \dot{\delta}^2\sin\beta\cos\beta - \dot{\chi}^2\sin\alpha\cos\alpha + \omega_{Try2}(\dot{\chi}\cos\alpha - \dot{\delta}\cos\beta) + \omega_{Trz2}(\dot{\delta}\sin\beta - \dot{\chi}\sin\alpha) \\[1mm] A_2 = \dot{\delta}\dot{\beta}\sin\beta - \dot{\chi}\dot{\alpha}\sin\alpha + \omega_{Trz2}(\dot{\delta}\sin\beta - \dot{\chi}\sin\alpha) + \omega_{Try2}(\dot{\alpha} - \dot{\beta}) \\[1mm] \ddot{\alpha} - \ddot{\beta} = \dfrac{1}{I_z}\Big[{}^{\text{Tbody}}(L_{T_z} - L_{C_z}) - (I_y - I_x)A_1 \Big] \\[2mm] \ddot{\chi} - \ddot{\delta} = \dfrac{1}{I_x\cos\alpha}\Big[{}^{\text{Tbody}}(L_{Tx} - L_{Cx}) + I_x(\dot{\chi}\dot{\alpha}\sin\alpha - \dot{\delta}\dot{\beta}\sin\beta) + (I_z - I_y)A_2 \Big] \end{cases}$$

$$(3\text{-}33)$$

分析式(3-33)可知，$\ddot{\alpha} - \ddot{\beta}$ 和 $\ddot{\chi} - \ddot{\delta}$ 的正负不但与电磁力矩相关，还与角度变化率($\dot{\alpha},\dot{\chi},\dot{\beta},\dot{\delta}$)相关。以共面任务为例，基于式(3-33)分析得出电磁对接具有自对准特性，稳定的对准构形如图 3.12 所示。

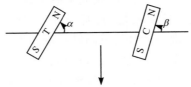

(a) $\alpha = \beta = 0$ (b) $\alpha = \beta = \pi$

图 3.12 共面稳定对准构形

3.4　分离特性分析

　　航天器在轨分离目前主要采用两类方式[2]：基于冷气推力器的分离以及基于压缩弹簧和爆炸螺栓（或者形状记忆合金）的分离。冷气推力器分离方式满足大多数在轨释放需求，但存在推进剂消耗、羽流污染等问题。压缩弹簧分离方式可避免推力器固有不足，但存在一次性、强物理冲击等问题。基于星间电磁力实现在轨释放能有效避免冷气推力器和弹簧分离方式存在的问题，具有可多次重复分离、对接/分离系统一体化等优势。为了与一般在轨分离[3~5]概念统一，本节将执行空间电磁分离操作的两颗航天器分别命名为主星和伴星：主星为存放伴星的航天器，伴星为释放出来的航天器。针对空间电磁分离，首先区分分离与释放的概念：对于一般在轨分离，分离与释放表述同一概念，即伴星与主星物理分离；对于空间电磁分离，星间电磁力是通过场作用体现的，分离与释放表述不同含义，分离指伴星与主星物理分离，而释放指伴星脱离星间电磁力作用。本节中，下标"S"和"R"分别表示分离与释放状态，"M"和"P"表示主星和伴星参数，图 3.13 给出以 R-bar 释放为例的空间电磁分离过程。

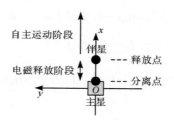

图 3.13　空间电磁释放过程

　　面向伴星在轨释放背景，本章假设主星质量远大于伴星质量，即 $m_M \gg m_P$。对于执行在轨电磁分离的两航天器系统，星间电磁力属于内力，同时作用于主星和伴星。由于主星质量远大于伴星质量，其所受等效电磁加速度远小于伴星，可忽略不计。因此，空间电磁分离特性分析及制导控制律设计均不考虑星间电磁力对主星运动的影响，并且假设主星沿近圆轨道运动。假定在轨分离的初始相对位置满足远场模型适用条件，基于远场电磁力模型开展分离特性分析及制导控制律设计。空间电磁分离是一个相对距离逐渐增大的过程，由电磁力幅值与相对距离的非线性关系可知星间电磁力作用范围有限。电磁装置磁矩不能无限增大，磁矩限幅为 μ_{max}。另外，本章仅研究空间电磁分离特性及制导控制律设计，认为姿态控制是理想的。

　　考虑两类伴星后续任务：对主星或其他航天器进行自然椭圆近距离绕飞观

测,如图 3.14 所示。

从第 2 章分析可知,星间电磁力与相对位置/姿态强非线性耦合,空间电磁分离具有特殊性质。本节首先给出空间电磁分离的基本假设;其次考虑主/伴星恒定磁矩矢量模式,分析 H-bar、V-bar 及 R-bar 分离特性,推导伴星分离运动特征参数与电磁装置磁矩的近似代数关系。

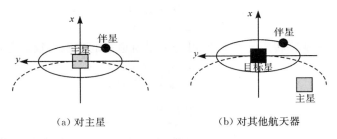

图 3.14 伴星后续任务

3.4.1 V-bar 分离

V-bar 分离的电磁装置磁矩矢量方向设定如图 3.15 所示,坐标系 $ox_{EM}y_{EM}z_{EM}$ 与主星轨道系间可通过绕 oz 轴旋转 $\varphi - \pi/2$ 角得到,旋转矩阵如式(3-34)所示,主/伴星磁矩矢量方向角 α、β 由式(3-35)计算。

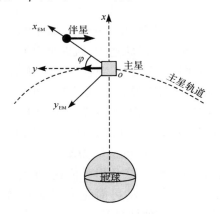

图 3.15 V-bar 分离的磁矩矢量方向

$$^{\text{Hill}}\boldsymbol{T}^{\text{EM}} = \begin{bmatrix} \sin\varphi & -\cos\varphi & 0 \\ \cos\varphi & \sin\varphi & 0 \\ 0 & 0 & 1 \end{bmatrix} \tag{3-34}$$

式中,$\varphi = \arctan\left(\dfrac{x}{y}\right)$。

$$\alpha = \varphi, \quad \beta = \varphi - \pi \tag{3-35}$$

将式(3-35)及 φ 的表达式代入远场电磁力模型,得到坐标系 $ox_{EM}y_{EM}z_{EM}$ 的电磁力投影分量为

$$\begin{cases} F_{PxEM} = -\dfrac{3\mu_0\mu_M\mu_P(x^2-2y^2)}{4\pi(x^2+y^2)^3} \\[4mm] F_{PyEM} = -\dfrac{3\mu_0\mu_M\mu_P xy}{2\pi(x^2+y^2)^3} \end{cases} \tag{3-36}$$

式(3-36)左乘旋转矩阵 $^{Hill}T^{EM}$,可得主星轨道系的电磁力投影分量为

$$\begin{cases} F_{PxHill} = -\dfrac{3\mu_0\mu_M\mu_P(x^3-4xy^2)}{4\pi(x^2+y^2)^{3.5}} \\[4mm] F_{PyHill} = -\dfrac{3\mu_0\mu_M\mu_P(3x^2y-2y^3)}{4\pi(x^2+y^2)^{3.5}} \end{cases} \tag{3-37}$$

综合式(3-37)及 Hill 相对运动模型,推导 V-bar 电磁分离动力学模型为

$$\begin{cases} \ddot{x} - 2n_M\dot{y} - 3n_M^2 x - \dfrac{l_1(x^3-4xy^2)}{(x^2+y^2)^{3.5}} = 0 \\[4mm] \ddot{y} + 2n_M\dot{x} - \dfrac{l_1(3x^2y-2y^3)}{(x^2+y^2)^{3.5}} = 0 \end{cases} \tag{3-38}$$

式中, $l_1 = -3\mu_0\mu_M\mu_P/(4\pi m)$。

初始分离条件设计为

$$\boldsymbol{X}_{VS} = \begin{bmatrix} x & \dot{x} & y & \dot{y} \end{bmatrix}^T = \begin{bmatrix} 0 & 0 & 0.1m & 0 \end{bmatrix}^T \tag{3-39}$$

仿真结果如图 3.16～图 3.18 所示。分析仿真结果可知,V-bar 电磁分离方式下伴星能从主星安全释放,相对运动轨迹为"跳跃型"曲线,沿 oy 轴负向逐渐远离主星。对比分析图 3.16 和图 3.17 可知,"跳跃型"轨迹的高度及跨度与电磁装置磁矩成正比,可通过电磁装置磁矩设计对其控制。根据 V-bar 电磁分离的伴星"跳跃型"相对运动特点,可通过调节电磁装置磁矩使伴星实现对 oy 轴负半平面目标逼近。图 3.17 中,左/右纵坐标分别表征 x/y 刻度,分析可知 oy 轴相对位置/速度远大于 ox 轴,释放点状态可近似取为 $\boldsymbol{X}_{VR} = \begin{bmatrix} 0 & 0 & y_R & \dot{y}_R \end{bmatrix}^T$;电磁释放段 oy 轴电磁加速度远大于 ox 轴。综合相对位置/速度、控制加速度仿真结果可合理假设 V-bar 电磁分离的伴星运动可简化为仅受 oy 轴电磁力作用的单轴运动,可根据式(3-47)和式(3-48)类似计算 $\boldsymbol{X}_{VR}$。初始状态为 $\boldsymbol{X}_{VR}$ 的伴星自由相对运动为"跳跃型"轨迹[6,7],如图 3.19 所示,轨迹周期与 n_M 一致,高度 Δh 及跨度 Δl 与初始状态、n_M 的关系为

$$\Delta l = \frac{6\pi\dot{y}_R}{n_M}, \quad \Delta h = \frac{4\dot{y}_R}{n_M} \tag{3-40}$$

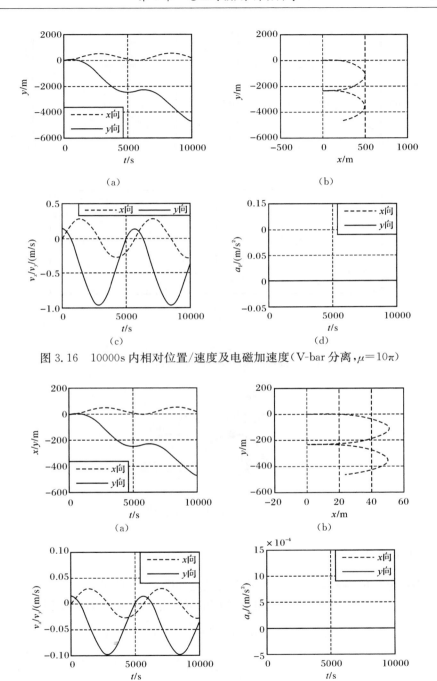

图 3.16　10000s 内相对位置/速度及电磁加速度（V-bar 分离，$\mu = 10\pi$）

图 3.17　10000s 内相对位置/速度及电磁加速度（V-bar 分离，$\mu = \pi$）

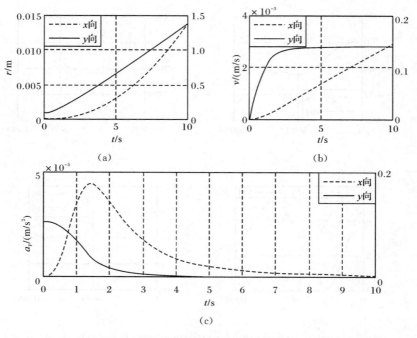

图 3.18 10s 内相对位置/速度及电磁加速度（V-bar 分离，$\mu=10\pi$）

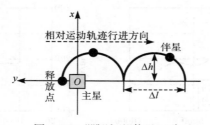

图 3.19 "跳跃型"伴星运动

3.4.2 R-bar 分离

R-bar 分离的电磁装置磁矩矢量方向设定如图 3.20 所示。

类似于 3.4.1 节推导，R-bar 电磁分离的伴星相对运动动力学模型为

$$
\begin{cases}
\ddot{x} - 2n_{\mathrm{M}}\dot{y} - 3n_{\mathrm{M}}^2 x - \dfrac{n_1(3xy^2 - 2x^3)}{(x^2+y^2)^{3.5}} = 0 \\[3mm]
\ddot{y} + 2n_{\mathrm{M}}^2\dot{x} - \dfrac{n_1(y^3 - 4x^2 y)}{(x^2+y^2)^{3.5}} = 0
\end{cases}
\tag{3-41}
$$

仿真参数与 3.4.1 节一致，初始分离条件设计为

$$
\boldsymbol{X}_{\mathrm{RS}} = \begin{bmatrix} x & \dot{x} & y & \dot{y} \end{bmatrix}^{\mathrm{T}} = \begin{bmatrix} 0.1\mathrm{m} & 0 & 0 & 0 \end{bmatrix}^{\mathrm{T}}
\tag{3-42}
$$

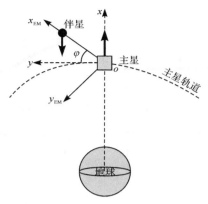

图 3.20　R-bar 分离的磁矩矢量方向

仿真结果如图 3.21～图 3.25 所示。由图 3.21 可看出,基于星间电磁斥力同样可以将伴星沿 R-bar 安全释放,释放速度/距离与电磁装置磁矩成正比。无外力作用的 Hill 方程解析解指出,伴星相对运动包括螺旋椭圆、一般椭圆、定点 3 种类型[8]。分析 R-bar 电磁分离下伴星相对运动类型的判别条件如图 3.23 所示,可以看出 $\dot{y}_R + 2nx_R \approx 0$,而 $\dot{y}_R - 2\dot{x}_R/n$ 幅值较大,根据 Hill 方程解析解可知伴星相对运动近似为中心在 oy 轴的闭环椭圆,长半轴为 oy 轴且为短半轴的 2 倍。图 3.24 验证了该判别条件,图中“□”表示伴星初始分离位置,“○”表示仿真末时刻伴星位置,“◇”表示主星位置。此外,从图 3.24 可以看出伴星椭圆逐渐向 oy 负向偏移,根据图 3.23 的 $\dot{y}_R + 2nx_R$ 数值估算知每一周期内椭圆约偏移 3m,即主伴星间相对距离增加 3m。因此,由于星间电磁力与相对距离的 4 次方成反比,一旦伴星释放出去,虽然其能沿近似椭圆绕回主星附近,但相对距离至少大于 3m,星间电磁力作用可忽略,这也可以从图 3.22 直接看出。分析图 3.25 可得类似3.4.1节结论:R-bar电磁分离可看成仅受 ox 电磁力的单轴相对运动,释放状态为 $\boldsymbol{X}_{RR} = \begin{bmatrix} x_R & \dot{x}_R & 0 & 0 \end{bmatrix}^T$。同样,$\boldsymbol{X}_{RR}$ 可根据式(3-47)和式(3-48)类似求解。

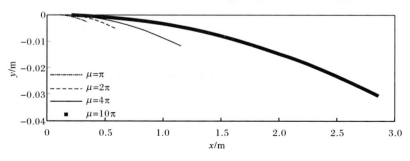

(a)

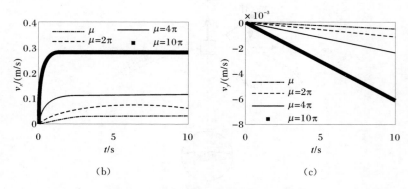

图 3.21　相对位置/速度(R-bar 分离)

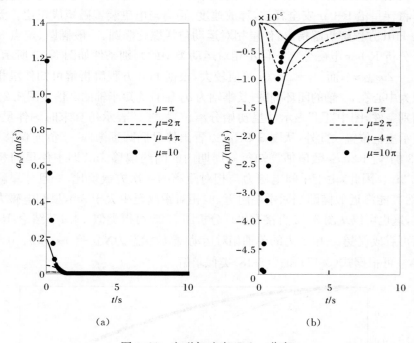

图 3.22　电磁加速度(R-bar 分离)

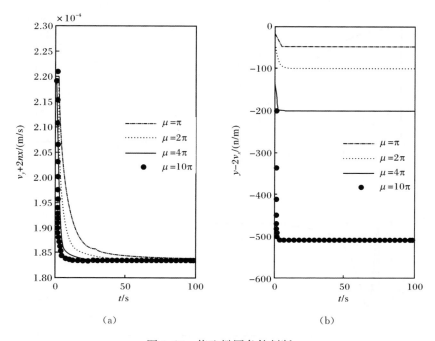

(a)   (b)

图 3.23 绕飞椭圆条件判断

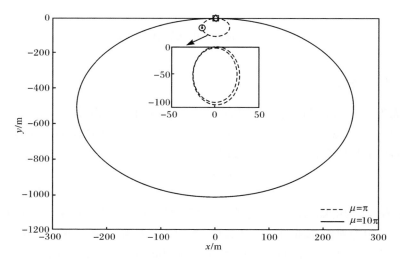

图 3.24 R-bar 向电磁分离的周期运动

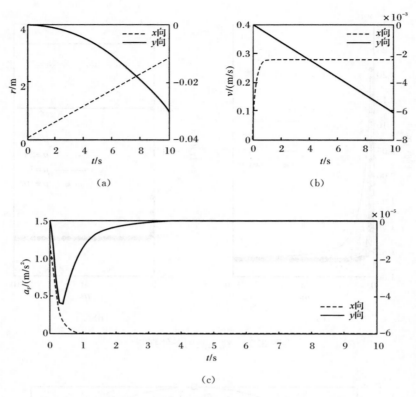

图 3.25　10s 内相对位置/速度及电磁加速度（R-bar 分离，$\mu=10\pi$）

3.4.3　H-bar 分离

由无外力作用的 Hill 模型解析解可知，轨道面内与面外运动是解耦的。取 $\alpha=\beta=\delta=\chi=0$ 代入式（2-4），将 $F_{PxEM}=F_{PxCM}$ 代入轨道面外动力学模型，可得 H-bar 分离方式下伴星动力学模型如下：

$$\ddot{z}+n_M^2 z=\frac{3\mu_0\mu_M\mu_P}{2\pi m z^4}+f_{dz}=a_F+f_{dz} \tag{3-43}$$

式中，a_F 和 f_{dz} 为电磁及干扰加速度；m 为伴星质量；n_M 为主星轨道角速度。

式（3-43）为典型的非线性常微分方程，解析求解复杂。本节采用数值仿真分析其特性，主星轨道高度取 500km，m 为 5kg，分离状态为 $\boldsymbol{X}_{HS}=\begin{bmatrix} z & \dot{z} \end{bmatrix}^T=\begin{bmatrix} 0.1m & 0 \end{bmatrix}^T$，仿真结果如图 3.26 和图 3.27 所示。

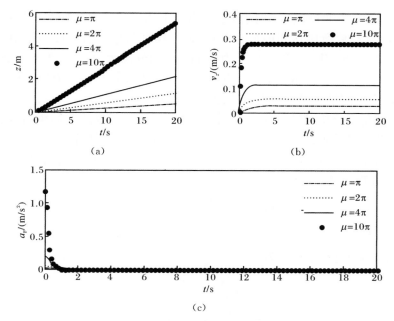

图 3.26　20s 内相对位置/速度及电磁加速度（H-bar 分离）

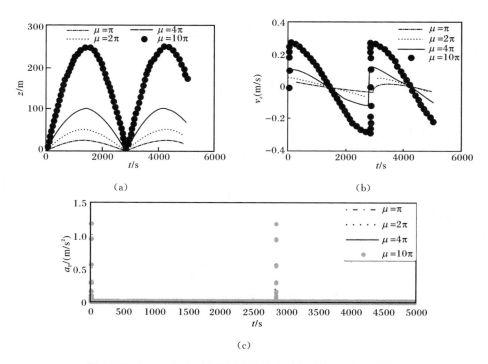

图 3.27　5000s 内相对位置/速度及电磁加速度（H-bar 分离）

　　分析图 3.26 可知,基于星间电磁斥力的 H-bar 分离方式能实现伴星从主星安全释放,且释放所能达到的最远距离/最大速度与电磁装置磁矩幅值成正比。分析图 3.27 可知,基于星间电磁斥力的 H-bar 向分离运动为"上半正弦曲线",周期约为 π/n_M,主伴星间相对距离一直保持大于 0;H-bar 分离具有"自回归"性,可以基此实现伴星的"廉价回收",减少推进剂消耗。

　　由上述仿真分析可知 H-bar 电磁分离是可行的,释放的最远距离/最大速度可通过调节电磁装置磁矩幅值设计。设电磁释放点的相对位置/速度为 z_R、$\dot{z}_R$,当相对距离大于 z_R 时,星间电磁力可忽略,此阶段伴星的相对运动满足无外力作用下的 Hill 方程,其解析解为

$$\begin{cases} z(t)=\dfrac{\dot{z}_R\sin n_M t}{n_M}+z_R\cos n_M t \\[2mm] \dot{z}(t)=-n_M z_R\sin n_M t+\dot{z}_R\cos n_M t \end{cases} \tag{3-44}$$

将式(3-44)进一步整理为

$$\begin{cases} z(t)=\sqrt{\left(\dfrac{\dot{z}_R}{n_M}\right)^2+z_R^2}\sin(n_M t+\vartheta_1) \\[3mm] \dot{z}(t)=\sqrt{\dot{z}_R^2+n_M^2 z_R^2}\sin(n_M t+\vartheta_2) \end{cases} \tag{3-45}$$

式中,$\cos\vartheta_1=\dot{z}_R/(n_M\sqrt{(\dot{z}_R/n_M)^2+z_R^2})$;$\cos\vartheta_2=-z_R/\sqrt{(\dot{z}_R/n_M)^2+z_R^2}$。

　　由式(3-45)可知,H-bar 分离的最远距离/最大速度由释放点相对运动状态决定,为

$$\begin{cases} z_{max}=\sqrt{\left(\dfrac{\dot{z}_R}{n_M}\right)^2+z_R^2} \\[3mm] \dot{z}_{max}=n_M z_{max} \end{cases} \tag{3-46}$$

　　假定当电磁加速度小于 a_{Fmin} 时可忽略电磁力作用,则可由远场电磁力的等效加速度公式 $a_F=3\mu_0\mu_M\mu_P/(2\pi m z^4)$ 求出释放点相对位置为

$$z_R=\left(\frac{3\mu_0\mu_M\mu_P}{2\pi m a_{Fmin}}\right)^{0.25} \tag{3-47}$$

　　考虑理想情况 $f_{dz}=0$,对式(3-43)积分一次,并将 $z(t)=z_R$ 代入可得释放点相对速度为

$$\begin{aligned} \dot{z}_R &=-\frac{n_M^2 z_R^2}{2}+\frac{0.01 n_M^2}{2}+\int_0^t\left(\frac{3\mu_0\mu_M\mu_P}{2\pi m z^4}\right)(\tau)\mathrm{d}\tau \\[2mm] &=-\frac{n_M^2 z_R^2}{2}+\frac{0.01 n_M^2}{2}+\frac{c_2}{z^3}\Big|_{0.1}^{z_R} \\[2mm] &=\frac{c_2}{z_R^3}+\frac{0.01 n_M^2}{2}-1000 c_2-\frac{n_M^2 z_R^2}{2} \end{aligned} \tag{3-48}$$

式中,磁矩参数 $c_2=-\mu_0\mu_M\mu_P/(2\pi m)$。

将式(3-47)和式(3-48)代入式(3-46),推导可得 z_{max} 与 c_2、n_M 的关系为

$$z_{max}=\sqrt{\left[\frac{0.01n_M^2/2+c_2/\left(-\frac{3c_2}{a_{Fmin}}\right)^{0.75}-1000c_2-n_M^2\left(-\frac{3c_2}{a_{Fmin}}\right)^{0.5}/2}{n_M}\right]^2+\left(-\frac{3c_2}{a_{Fmin}}\right)^{0.5}}$$

(3-49)

因此,理想情况下可根据任务需求给定的最大释放距离 z_{max} 以及主星轨道角速度 n,依据式(3-49)快速求出恒稳磁矩模式下 H-bar 分离的电磁装置磁矩数值。

将星间电磁力看成控制量 u_F,则式(3-43)从形式上变为线性系统,由线性系统理论分析可知伴星相对运动可分解为零输入和零状态响应。采用图3.27中的参数对零输入及零状态响应开展仿真分析,结果如图3.28所示。图中,ez 为相对位置的“零输入响应”＋“零初态响应”与“伴星运动”之差,而 ev_z 为相对速度偏差。

分析仿真结果可知,伴星相对运动的零输入及零初态响应之和与图3.27几乎无差别,偏差量级为 10^{-12}。另外,零输入响应,即伴星自由分离对其相对运动的贡献较小,伴星相对运动几乎等同于其零初态响应。

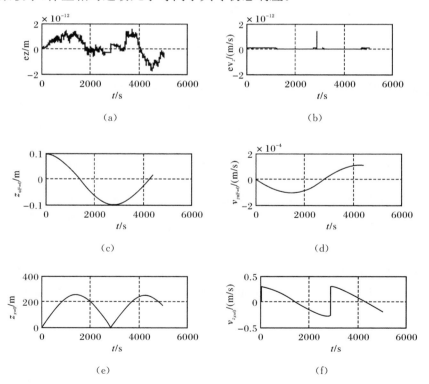

图 3.28　伴星相对运动的零输入及零初态响应($\mu=10\pi$)

3.5 小　结

　　本章针对航天器电磁对接/分离动力学开展研究,建立了描述对接/分离运动状态的坐标系,并推导了各坐标系间旋转矩阵,进而基于对接/分离系统质心轨道系以及采用 Hill 模型建模思路推导得到空间电磁对接/分离动力学模型;基于所建动力学模型,开展了电磁对接的自对接特性以及电磁分离的分离特性研究。本章研究得出以下结论。

　　(1)以空间电磁对接/分离系统质心轨道系为参考系,采用 Hill 模型建模思路推导空间电磁对接/分离动力学模型具有物理意义明确、建模简单等优势,可作为牛顿力学框架下可控星间场力作用相对运动的建模思路。

　　(2)电磁对接具有自对接性,体现为自对准、自收敛,但对接速度过大,需对对接接触速度采取主动控制。

　　(3)电磁分离具有发散特性,分离位置/速度影响后续双星系统的相对运动,后者可通过对电磁力/力矩设计得以实现。

参 考 文 献

[1] 孙世贤,黄圳圭. 理论力学教程[M]. 长沙:国防科学技术大学出版社,1999.

[2] Yan X J,Zhang K. Development of a small reusable space release device using SMA[C]// Sensors and Smart Structures Technologies for Civil,Mechanical,and Aerospace Systems, San Diego,2007.

[3] 杜新明,高惠婷,杨新. 在轨释放伴随卫星方法与仿真分析[J]. 计算机仿真,2009,26(10): 39~43.

[4] 王功波. 小卫星在轨释放有关问题研究[D]. 长沙:国防科学技术大学,2006.

[5] 王志刚,袁建平,陈士橹. 伴随卫星最优小推力释放与回收控制[J]. 西北工业大学学报, 2003,21(3):294~297.

[6] 朱彦伟. 航天器近距离相对运动轨迹规划与控制研究[D]. 长沙:国防科学技术大学,2009.

[7] 杨乐平,朱彦伟,黄涣. 航天器相对运动轨迹规划与控制[M]. 北京:国防工业出版社,2010.

[8] 郗晓宁,王威,高玉东. 近地航天器轨道基础[M]. 长沙:国防科学技术大学出版社,2003.

第 4 章　电磁对接/分离控制

4.1　概　　述

针对柔性电磁对接轨迹跟踪以及安全电磁分离可控需求,以第 3 章所建动力学模型为基础,本章开展电磁对接/分离的姿/轨控制方法研究。

星间电磁力/力矩作用具有连续及可逆特性,具备实现柔性对接控制的能力;通过控制电磁分离处的位置/速度可实现后续无控期望相对运动,并确保被动安全性。另外,由于星间电磁力与电磁力矩耦合,电磁航天器的相对位置与相对姿态相互影响,需将该影响作为干扰因素分别引入对接轨迹、姿态的控制律设计。

本章采用反馈线性化＋鲁棒 H_∞、反馈线性化＋ESO＋LQR、基于 Lyapunov主稳定性理论的自适应方法开展空间电磁对接的轨迹跟踪控制律设计;采用自适应分散协同＋ESO 方法开展对接姿态控制律设计,并分析闭环系统的渐近稳定性;采用循环追踪理论开展空间电磁分离的制导控制律一体化设计,并进行控制律参数整定分析。

4.2　对接轨迹的鲁棒及自适应控制

关于航天器柔性对接的速度阈值目前还没有统一的定义,不失一般性,假定柔性对接的速度阈值为 2mm/s,基此需求开展对接期望轨迹设计。采取 V-bar 对接方式,期望对接轨迹设计策略为:主对接轴 $o_{CM}y$ 向采用 glideslope 方法设计,其他两轴仅考虑偏差消除,不设计偏差收敛轨迹。采用 glideslope 方法设计对接轨迹具有设计直观、安全性高、易于执行以及计算需求低等优势,基此方法设计 $o_{CM}y$向对接轨迹的位置-速度关系如图 4.1 所示,包括加速段、匀速段 1、减速段以及匀速段 2。其中,加速段及匀速段 1 为相对距离快速减小段,减速段为速度减小到柔性对接需求段,匀速段 2 为自由逼近对接段。

图 4.1 中,ρ 和 $\dot\rho$ 为 $o_{CM}y$ 向相对位置/速度,ρ_0 和 $\dot\rho_0$ 表示初始值,$\rho_i(i=1,2,3)$和 $\dot\rho_j(j=1,2)$ 为待设计的相对位置/速度切换变量,位置-速度关系的数学表达式为

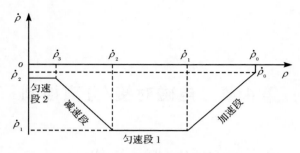

图 4.1　期望对接轨迹的位置-速度关系

$$\dot\rho=\begin{cases}k_1(\rho-\rho_0)+\dot\rho_0, & \rho>\rho_1\\ \dot\rho_1, & \rho_2<\rho\leqslant\rho_1\\ k_2(\rho-\rho_3)+\dot\rho_2, & \rho_3<\rho\leqslant\rho_2\\ \dot\rho_2, & \rho\leqslant\rho_3\end{cases}\tag{4-1}$$

式中，k_1、k_2 分别为加、减速段斜率，其表达式为

$$k_1=\frac{\dot\rho_1-\dot\rho_0}{\rho_1-\rho_0},\quad k_2=\frac{\dot\rho_1-\dot\rho_2}{\rho_2-\rho_3}\tag{4-2}$$

基于式(4-1)，推导得到期望对接位置、速度、加速度与时间的关系式为

$$\begin{cases}\rho(t)=\begin{cases}\dfrac{1}{k_1\dot\rho_0}(e^{k_1t}-1)+\rho_0, & 0\leqslant t\leqslant t_1\\[2mm] \rho(t_1)+\dot\rho_1(t-t_1), & t_1<t\leqslant t_2\\[2mm] \dfrac{\rho(t_2)+1}{k_2\dot\rho_1}(e^{k_2(t-t_2)}-1), & t_2<t\leqslant t_3\\[2mm] \rho(t_3)+\dot\rho_2(t-t_3), & t>t_3\end{cases}\\[12mm] \dot\rho(t)=\begin{cases}\dot\rho_0e^{k_1t}, & 0\leqslant t\leqslant t_1\\ \dot\rho_1, & t_1<t\leqslant t_2\\ \dot\rho_1e^{k_2(t-t_2)}, & t_2<t\leqslant t_3\\ \dot\rho_2, & t>t_3\end{cases}\\[12mm] \ddot\rho(t)=\begin{cases}\dot\rho_0k_1e^{k_1t}, & 0\leqslant t\leqslant t_1\\ 0, & t_1<t\leqslant t_2\\ \dot\rho_1k_2e^{k_2(t-t_2)}, & t_2<t\leqslant t_3\\ 0, & t>t_3\end{cases}\end{cases}\tag{4-3}$$

式中，特征时间点 t_1、t_2、t_3 的表达式为

$$\begin{cases} t_1 = \dfrac{1}{k_1}\ln\left(\dfrac{\dot{\rho}_1}{\dot{\rho}_0}\right) \\[3mm] t_2 = t_1 + \dfrac{\rho_2 - \rho_1}{\dot{\rho}_1} \\[3mm] t_3 = t_2 + \dfrac{1}{k_1}\ln\left(\dfrac{\dot{\rho}_2}{\dot{\rho}_1}\right) \end{cases} \tag{4-4}$$

将式(4-3)代入空间电磁对接/分离动力学模型式(3-10),推导得到前馈控制加速度 $\boldsymbol{u}_E = [\, u_{Ex} \quad u_{Ey} \quad u_{Ez} \,]^T$,其中各分量为

$$u_{Ex} = -2n \cdot \begin{cases} \dot{y}_{TC0}\, e^{k_1 t}, & 0 \leqslant t < t_1 \\ \dot{y}_{TC1}, & t_1 \leqslant t < t_2 \\ \dot{y}_{TC1}\, e^{k_2(t-t_2)}, & t_2 \leqslant t < t_3 \\ \dot{y}_{TC2}, & t \geqslant t_3 \end{cases}$$

$$u_{Ey} = \begin{cases} \dot{y}_{TC0}\, k_1 e^{k_1 t}, & 0 \leqslant t < t_1 \\ 0, & t_1 \leqslant t < t_2 \\ \dot{y}_{TC1}\, k_2 e^{k_2(t-t_2)}, & t_2 \leqslant t < t_3 \\ 0, & t \geqslant t_3 \end{cases}, \quad u_{Ez} = 0 \tag{4-5}$$

综上可知,柔性对接期望轨迹设计归纳为参数 $\rho_i\,(i=1,2,3)$ 和 $\dot{\rho}_j\,(j=1,2)$ 的设计;空间电磁对接轨迹跟踪问题可转化为前馈控制＋跟踪偏差反馈鲁棒控制问题。

轨迹跟踪控制设计框架如图 4.2 所示,考虑空间电磁对接动力学的强非线性、耦合性及不确定性,本节分别采用鲁棒控制理论和基于 Lyapunov 稳定性理论的自适应控制方法设计跟踪偏差的反馈控制律。

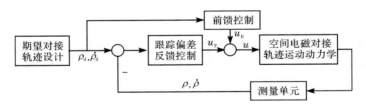

图 4.2　轨迹运动控制框架

将目标航天器电磁线圈磁矩矢量固定,即 $\mu_T = c$ 及 $\alpha = \chi = 0$,通过调节追踪航天器磁矩矢量来控制轨迹运动,则远场电磁力模型简化为

$$\begin{cases} F_{TxEM} = \dfrac{3c\mu_0\mu_C}{2\pi r_{TC}^4}\cos\beta \\[2mm] F_{TyEM} = \dfrac{-3c\mu_0\mu_C}{4\pi r_{TC}^4}\sin\beta\cos\delta \\[2mm] F_{TzEM} = \dfrac{-3c\mu_0\mu_C}{4\pi r_{TC}^4}\sin\beta\sin\delta \\[2mm] F_{CxEM} = -F_{TxEM}, \quad F_{CyEM} = -F_{TyEM}, \quad F_{CzEM} = -F_{TzEM} \end{cases} \tag{4-6}$$

4.2.1　反馈线性化＋鲁棒 H_∞

为简化分析,下面轨迹跟踪偏差反馈控制设计中默认前馈控制已引入,不再特别指明。基于反馈线性化的鲁棒 H_∞ 控制按内外环架构(图 4.3)进行设计,内环对非线性模型进行解耦伪线性化,外环采用鲁棒 H_∞ 方法设计控制律。

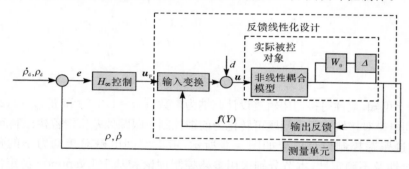

图 4.3　基于反馈线性化的鲁棒 H_∞ 控制框架

1. 反馈线性化理论的基本概念

反馈线性化理论[1]:通过状态变换、输入变换以及输出反馈等手段,将可控非线性系统转化为相应的、同样可控的伪线性系统,然后按线性系统理论开展控制设计。

反馈线性化理论的研究对象为一类比较典型的非线性系统,即仿射非线性系统,其数学表达式如下:

$$\begin{cases} \dot{X}(t) = f(X(t)) + g(X(t))U(t) \\ Y(t) = h(X(t)) \end{cases} \tag{4-7}$$

式中,X 为 n 维状态向量;f、g 分别为 n 维和 $n \times m$ 维函数向量;U、Y 分别为 m 维输入和输出向量。

反馈线性化理论中,李导数和相对阶是两个很重要的概念,其定义分别如下。

李导数定义[1]:给定向量 $X = [x_1 \ x_2 \cdots x_{n-1} \ x_n]$ 的标量函数 $\lambda(X)$ 和向量场

$f(\boldsymbol{X}) = [f_1 \quad f_2 \quad \cdots \quad f_{n-1} \quad f_n]^{\mathrm{T}}$，下列运算：

$$L_f \lambda(\boldsymbol{X}) = \frac{\partial \lambda(\boldsymbol{X})}{\partial \boldsymbol{X}} \cdot \boldsymbol{f}(\boldsymbol{X}) = \sum_{i=1}^{n} \frac{\partial \lambda(\boldsymbol{X})}{\partial x_i} f_i(\boldsymbol{X}) \tag{4-8}$$

所得到的标量函数 $L_f\lambda(\boldsymbol{X})$ 定义为函数 $\lambda(\boldsymbol{X})$ 沿向量场 $\boldsymbol{f}(\boldsymbol{x})$ 的导数，称为李导数。

相对阶定义[1]：对于如式(4-7)所示多输入多输出仿射非线性系统的某一输出 $y_i(t)$，相对阶 r_i 定义为使至少一个输入在 $y_i^{r_i}(t)$ 中出现的最小整数，即在

$$y_i^{r_i}(t) = L_f^{r_i} h_i + \sum_{j=1}^{m} L_{g_j} L_f^{r_i-1} h_i u_j \tag{4-9}$$

式中，至少有一个 j 在某域内满足 $L_{g_j} L_f^{r_i-1} h_i \neq 0$。

对每个 $y_i(t)$ 都按照上述步骤推导，得到如式(4-10)所示等式。如果矩阵 $\boldsymbol{E}$ 满足可逆条件，则称系统输出在该域内具有相对阶 $(r_1, \cdots, r_m)$，且系统总相对阶 r 满足 $r_1 + \cdots + r_m = n$。

$$\begin{bmatrix} y_1^{(r_1)} \\ \vdots \\ y_m^{(r_m)} \end{bmatrix} = \begin{bmatrix} L_f^{r_1} h_1(\boldsymbol{X}) \\ \vdots \\ L_f^{r_m} h_m(\boldsymbol{X}) \end{bmatrix} + \begin{bmatrix} L_{g_1} L_f^{r_1-1} h_1(\boldsymbol{X}) & \cdots & L_{g_m} L_f^{r_1-1} h_1(\boldsymbol{X}) \\ \vdots & & \vdots \\ L_{g_1} L_f^{r_m-1} h_m(\boldsymbol{X}) & \cdots & L_{g_m} L^{-1} h_m(\boldsymbol{X}) \end{bmatrix} \boldsymbol{U}$$

$$= \begin{bmatrix} L_f^{r_1} h_1(\boldsymbol{X}) \\ \vdots \\ L_f^{r_m} h_m(\boldsymbol{X}) \end{bmatrix} + \boldsymbol{E} \boldsymbol{U} \tag{4-10}$$

此时系统输入可以表示为状态和输出的函数，如式(4-11)所示，系统可实现输入-状态或者输入-输出线性化。

$$\boldsymbol{U} = \boldsymbol{E}^{-1} \begin{bmatrix} y_1^{(r_1)} - L_f^{r_1} h_1(\boldsymbol{X}) \\ \vdots \\ y_m^{(r_m)} - L_f^{r_m} h_m(\boldsymbol{X}) \end{bmatrix} \tag{4-11}$$

2. 鲁棒 H_∞ 控制的基本概念

鲁棒 H_∞ 控制设计策略如图 4.4 所示，$\boldsymbol{W}_i(i=1,2,3)$ 分别为对跟踪偏差、控制变量及系统输出的加权矩阵，z_i 为设计输出，$z=(z_1^{\mathrm{T}}, z_2^{\mathrm{T}}, z_3^{\mathrm{T}})^{\mathrm{T}}$，$r_1$ 为包含期望输入 r 及干扰输入的综合向量，y 为实际输出，$\boldsymbol{G}$ 和 $\boldsymbol{P}$ 分别为被控对象和增广对象的传递函数矩阵，$\boldsymbol{K}$ 为待设计鲁棒 H_∞ 控制律。鲁棒 H_∞ 控制设计思路为[2]：首先根据期望控制性能设计加权矩阵 $\boldsymbol{W}_i$，然后将闭环系统整理为标准鲁棒 H_∞ 控制框架，基此设计控制律 $\boldsymbol{K}$ 使闭环系统内稳定且满足如式(4-12)所示次优性能指标。

$$\| \boldsymbol{T}_{zr_1} \|_\infty < \gamma > 0 \tag{4-12}$$

矩阵 $\boldsymbol{T}_{zr_1}$ 为从 r_1 到 z 的传递函数矩阵，其无穷范数定义如下：

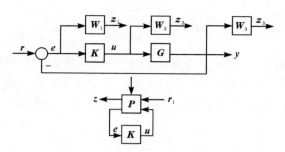

$$\text{图 4.4 \quad 鲁棒 } H_\infty \text{ 控制策略}$$

$$\| \boldsymbol{T}_{zr_1} \|_\infty = \max_{1 \leqslant i \leqslant m} \sum_{j=1}^{n} | T_{zr_1 ij} | \qquad (4\text{-}13)$$

式中，$\boldsymbol{T}_{zr_1}$ 为矩阵 $\boldsymbol{T}_{zr_1}$ 的第 i 行第 j 列元素。

因此，鲁棒 H_∞ 控制设计的关键在于加权矩阵 $\boldsymbol{W}_i$ 及次优性能指标 γ 的选取。

3. 控制律设计与仿真分析

假设两航天器质量相等且为 m，空间电磁对接/分离动力学模型式(3-10)简化为

$$\begin{cases} \ddot{x}_{\text{TC}} - 2\,n\dot{y}_{\text{TC}} - 3n^2 x_{\text{TC}} = \dfrac{2F_{\text{C}x\text{CM}}}{m} + \Delta_x \\[2mm] \ddot{y}_{\text{TC}} + 2\,n\dot{x}_{\text{TC}} = \dfrac{2F_{\text{C}y\text{CM}}}{m} + \Delta_y \\[2mm] \ddot{z}_{\text{TC}} + n^2 z_{\text{TC}} = \dfrac{2F_{\text{C}z\text{CM}}}{m} + \Delta_z \end{cases} \qquad (4\text{-}14)$$

选取式(4-14)的状态、输出及控制变量为

$$\begin{cases} \boldsymbol{X} = \begin{bmatrix} x_{\text{TC}} & \dot{x}_{\text{TC}} & y_{\text{TC}} & \dot{y}_{\text{TC}} & z_{\text{TC}} & \dot{z}_{\text{TC}} \end{bmatrix}^{\text{T}} \\[1mm] \boldsymbol{Y} = \begin{bmatrix} x_{\text{TC}} & y_{\text{TC}} & z_{\text{TC}} \end{bmatrix}^{\text{T}} \\[1mm] \boldsymbol{U} = \begin{bmatrix} \mu_{\text{C}}\sin\beta\cos\delta & -\mu_{\text{C}}\cos\beta & \mu_{\text{C}}\sin\beta\sin\delta \end{bmatrix}^{\text{T}} \end{cases} \qquad (4\text{-}15)$$

将式(4-14)整理为标准仿射非线性系统形式，其 $\boldsymbol{f}(\boldsymbol{X}(t))$、$\boldsymbol{g}(\boldsymbol{X}(t))$ 和 $\boldsymbol{h}(\boldsymbol{X}(t))$ 的表达式如下：

$$\boldsymbol{f}(\boldsymbol{X}(t)) = \begin{bmatrix} x_2 \\ 2nx_4 + 3n^2 x_1 \\ x_4 \\ -2nx_2 \\ x_6 \\ -n^2 x_5 \end{bmatrix}$$

$$g(\boldsymbol{X}(t)) = \frac{3c\mu_0}{2\pi m\,(x_1^2 + x_3^2 + x_5^2)^2} \begin{bmatrix} 0 & 0 & 0 \\ 1 & 0 & 0 \\ 0 & 0 & 0 \\ 0 & -2 & 0 \\ 0 & 0 & 0 \\ 0 & 0 & 1 \end{bmatrix} \tag{4-16}$$

$$\boldsymbol{h}(\boldsymbol{X}(t)) = \begin{bmatrix} x_1 \\ x_3 \\ x_5 \end{bmatrix}$$

根据式(4-10)和式(4-16)推导矩阵 $\boldsymbol{E}$ 的表达式如下:

$$\boldsymbol{E} = \frac{3c\mu_0}{2\pi m\,(x_1^2 + x_3^2 + x_5^2)^2} \begin{bmatrix} 1 & & \\ & -2 & \\ & & 1 \end{bmatrix} \tag{4-17}$$

分析式(4-17)可知,只要电磁装置一直工作,即满足 $c \neq 0$,矩阵 $\boldsymbol{E}$ 可逆。当电磁装置不工作时,式(4-14)本身就是线性模型,无需开展线性化。

由式(4-16)可知其已满足状态变量线性化条件,仅需作输入变换即可实现对非线性动力学模型式(4-14)线性化。考虑 3 通道解耦控制需求,设计输入变换为

$$v_x = 2\left(\frac{F_{C x CM}}{m} + n x_4\right), \quad v_y = 2\left(\frac{F_{C y CM}}{m} - n x_2\right), \quad v_z = \frac{2 F_{C z CM}}{m} \tag{4-18}$$

将输入变换式(4-18)代入式(4-14),可将空间电磁对接动力学模型解耦线性化为独立的 3 通道状态方程,即

$$\begin{cases} \dot{x}_1 = x_2 \\ \dot{x}_2 = 3n^2 x_1 + v_x + \Delta_x \end{cases}, \quad \begin{cases} \dot{x}_3 = x_4 \\ \dot{x}_4 = v_y + \Delta_y \end{cases}, \quad \begin{cases} \dot{x}_5 = x_6 \\ \dot{x}_6 = -n^2 x_5 + v_z + \Delta_z \end{cases} \tag{4-19}$$

基于式(4-16)和式(4-18)推导得到输入逆变换为

$$\begin{bmatrix} u_x \\ u_y \\ u_z \end{bmatrix} = \frac{2\pi m\,(x_1^2 + x_3^2 + x_5^2)^2}{3c\mu_0} \begin{bmatrix} 1 & & \\ & -0.5 & \\ & & 1 \end{bmatrix} \begin{bmatrix} v_x - 2n x_4 \\ v_y + 2n x_2 \\ v_z \end{bmatrix} \tag{4-20}$$

由于相对距离不断减小,远场电磁力模型不确定性成为轨迹控制设计需考虑的主要干扰,控制需求为如何抑制该模型误差。3 通道的鲁棒 H_∞ 控制律设计类似,不失一般性,以主对接轴 $o_{CM} y$ 为例开展研究,控制结构如图 4.5 所示,$G_y = 1/s^2$,y_d 为期望对接轨迹。

取 y_d 和 Δ_y 组成输入 r_1,测量输出为 e,设计输出为 z_1、z_2,控制输入为 v_y,将图 4.5 转化为鲁棒 H_∞ 控制设计的标准结构,如图 4.6 所示。

图 4.6 中,广义被控对象 $\boldsymbol{P}$ 为

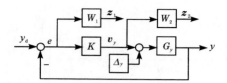

图 4.5　主对接轴向轨迹控制框架

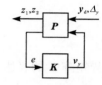

图 4.6　主对接轴向鲁棒 H_∞ 控制框架

$$\boldsymbol{P}=\begin{bmatrix} W_1 & -W_1G_y & -W_1G_y \\ 0 & 0 & W_2 \\ 1 & -G_y & -G_y \end{bmatrix} \tag{4-21}$$

W_1 和 W_2 设计为

$$W_1(s)=1.3\times\frac{s^2+1.8s+10}{s^2+8s+0.01}, \quad W_2(s)=2\times10^{-2} \tag{4-22}$$

仿真参数设计如表 4.1 所示,仿真结果如图 4.7 和图 4.8 所示。

表 4.1　仿真参数(柔性对接轨迹控制)

参数	取值	参数	取值
轨道高度	500km	航天器质量	100kg
目标航天器磁矩幅值	$5000\pi(\text{A}\cdot\text{m}^2)$	对接初始状态	$[0\ 0\ 5\text{m}\ 0\ 0\ 0]^{\text{T}}$ +测量误差(高斯白噪声)
Δ/t	0.25/750		

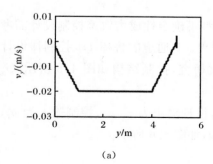

(a)

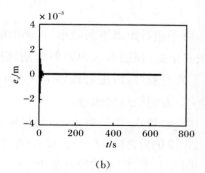

(b)

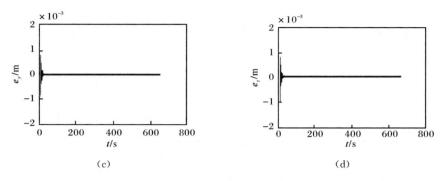

（c）　　　　　　　　　　　　　　　（d）

图 4.7　位置-速度曲线及轨迹控制偏差（鲁棒 H_∞）

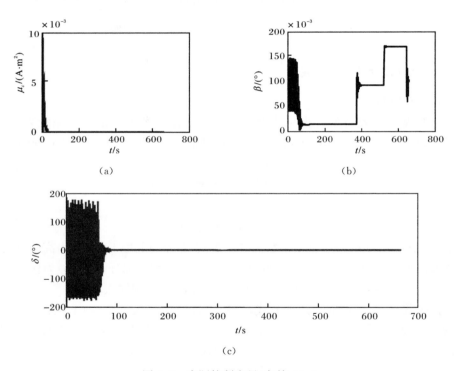

（a）　　　　　　　　　　　　　　　（b）

（c）

图 4.8　实际控制变量（鲁棒 H_∞）

可以看出，对接轨迹/速度跟踪性能良好，相对位置偏差为毫米量级，相对速度满足柔性对接需求，磁矩幅值适当且变化平缓。

4.2.2　反馈线性化＋ESO＋LQR

基于反馈线性化及 ESO 的 LQR 控制同样采用内外环结构，如图 4.9 所示。

设计策略为采用 ESO 估计系统状态及模型不确定性,形成等效补偿控制,反馈引入控制回路以抵消模型误差,提高闭环控制系统的鲁棒性。其中,ESO 的参数整定、LQR 的状态及控制输入加权矩阵选取是控制律设计重点。

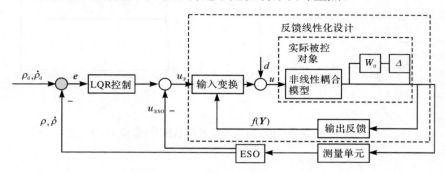

图 4.9　基于反馈线性化及 ESO 的 LQR 控制框架

1. ESO 设计及参数整定

1) ESO 设计

控制领域研究对象大多可用存在模型不确定性及外扰的二阶系统表示,如式(4-23)或式(4-24)所示,两式区别在于控制输入 u 是否与状态变量 x 解耦。

$$\begin{cases} \dot{x}_1 = x_2 \\ \dot{x}_2 = f_1(\boldsymbol{x}) + \Delta(\boldsymbol{x}, v) + bu \end{cases} \tag{4-23}$$

$$\begin{cases} \dot{x}_1 = x_2 \\ \dot{x}_2 = f_2(\boldsymbol{x}, u) + \Delta(\boldsymbol{x}, v) \end{cases} \tag{4-24}$$

式中,$f_1(\boldsymbol{x})$ 和 $f_2(\boldsymbol{x}, u)$ 为已知函数。若系统式(4-23)或式(4-24)为由高阶耦合系统解耦得到的二阶系统,则 $f_1(\boldsymbol{x})$ 和 $f_2(\boldsymbol{x}, u)$ 可包含耦合部分,$\Delta(\boldsymbol{x}, v)$ 为包含模型不确定性及外界干扰的未知函数,v 为外界干扰,b 为控制输入增益。

扩张状态 x_3 的选取有两种方式,一种包含控制输入,另一种不包含,即 $x_3 = f_1(\boldsymbol{x}) + \Delta(\boldsymbol{x}, v)$ 或 $x_3 = f_2(\boldsymbol{x}, u) + \Delta(\boldsymbol{x}, v)$。引入扩张状态 x_3,二阶系统式(4-23)或式(4-24)扩张为三阶系统,如式(4-25)和式(4-26)所示。

$$\begin{cases} \dot{x}_1 = x_2 \\ \dot{x}_2 = x_3 + bu \\ \dot{x}_3 = w_1 \\ y = x_1 \end{cases} \tag{4-25}$$

$$\begin{cases} \dot{x}_1 = x_2 \\ \dot{x}_2 = x_3 \\ \dot{x}_3 = w_2 \\ y = x_1 \end{cases} \tag{4-26}$$

式中，w_1 和 w_2 为扩张状态对时间的导数，为

$$\begin{cases} w_1 = \dfrac{\partial \Delta(\boldsymbol{x}, v)}{\partial \boldsymbol{x}} \dot{\boldsymbol{x}} + \dfrac{\partial \Delta(\boldsymbol{x}, v)}{\partial v} \dot{v} + \dfrac{\partial f_1(\boldsymbol{x})}{\partial \boldsymbol{x}} \dot{\boldsymbol{x}} \\ w_2 = \left(\dfrac{\partial \Delta(\boldsymbol{x}, v)}{\partial \boldsymbol{x}} + \dfrac{\partial f_2(\boldsymbol{x}, u)}{\partial \boldsymbol{x}} + \dfrac{\partial f_2(\boldsymbol{x}, u)}{\partial u} \dfrac{\partial u}{\partial \boldsymbol{x}} \right) \dot{\boldsymbol{x}} \\ \quad + \dfrac{\partial \Delta(\boldsymbol{x}, v)}{\partial v} \dot{v} + \dfrac{\partial f_2(\boldsymbol{x}, u)}{\partial u} \dfrac{\partial u}{\partial t} \end{cases} \tag{4-27}$$

分析式(4-27)可知，扩张状态的选取影响 w_1 和 w_2 的大小，进一步影响估计误差性能。因此，选取扩张状态需要综合考虑多方面因素，包括所得扩张状态方程复杂性、w_1 和 w_2 幅值、估计误差等，在满足其他约束前提下应尽量减小 w_1 和 w_2 幅值。

针对式(4-25)，设计扩张状态观测器如下[3]：

$$\begin{cases} e_1 = z_1 - y = z_1 - x_1 \\ \dot{z}_1 = z_2 - \beta_{01} e_1 \\ \dot{z}_2 = z_3 + bu - \beta_{02} \mathrm{fal}(e_1, \alpha_1, \delta) \\ \dot{z}_3 = -\beta_{03} \mathrm{fal}(e_1, \alpha_2, \delta) \end{cases} \tag{4-28}$$

式中，$z_i(i = 1, 2, 3)$ 为状态 x_i 的估计值；β_{0i} 为待整定观测器参数；$\mathrm{fal}(e, \alpha, \delta)$ 具有如下形式：

$$\mathrm{fal}(e, \alpha, \delta) = \begin{cases} |e|^{\alpha} \mathrm{sign}(e), & |e| > \delta \\ \dfrac{e}{\delta^{1-\alpha}}, & |e| \leqslant \delta \end{cases} \tag{4-29}$$

式中，α、δ 为待整定参数，满足 $0 < \alpha < 1$，$\delta > 0$。

式(4-28)减去式(4-25)，令 $e_2 = z_2 - x_2$，$e_3 = z_3 - x_3$，得到扩张状态观测器式(4-28)的估计误差模型如下：

$$\begin{cases} \dot{e}_1 = e_2 - \beta_{01} e_1 \\ \dot{e}_2 = e_3 - \beta_{02} \mathrm{fal}(e_1, \alpha_1, \delta) \\ \dot{e}_3 = -w_1 - \beta_{03} \mathrm{fal}(e_1, \alpha_2, \delta) \end{cases} \tag{4-30}$$

函数 $\mathrm{fal}(e, \alpha, \delta)$ 是扩张状态观测器的核心，其特性决定了扩张状态观测器是连续非光滑的。α、δ 影响函数 $\mathrm{fal}(e, \alpha, \delta)$ 的特性，本节通过数值仿真分析 α、δ 与 $\mathrm{fal}(e, \alpha, \delta)$ 的关系，得出 α、δ 设计的一定规律。仿真结果如图 4.10 所示，由于 δ 取值较小，四幅图的仿真曲线基本相似。根据仿真结果，得出 α、δ 与 $\mathrm{fal}(e, \alpha, \delta)$ 的关

系如下。

（1）δ 影响 fal(e,α,δ)的线性段斜率，δ 越大，斜率越小。

（2）α 影响 fal(e,α,δ)幅值：当$|e|\leqslant\delta$ 时，α 越小，等偏差 e 条件下 $|$fal(e,α,δ)$|$越大；当$|e|>\delta$ 时，根据幂函数特性，若$|e|<1$，则 α 越小，等偏差 e 条件下 $|$fal(e,α,δ)$|$越大，若$|e|>1$，则 α 越小，等偏差 e 条件下 $|$fal(e,α,δ)$|$越小，若$|e|=1$，则 fal(e,α,δ)相等。

（3）非线性段曲率比线性段斜率小，这也可基于式(4-29)理论推导得出，函数 fal(e,α,δ)的特性关于 $e=0$ 对称，不失一般性，取 $e>0$ 部分开展分析：当 $e\leqslant\delta$ 时，曲线斜率为 $1/\delta^{1-\alpha}$，当 $e>\delta$ 时，曲线变化率为 $\alpha/e^{1-\alpha}$；由于 $1-\alpha>0$，根据幂函数在 $e>0$ 部分的递增性质，满足 $1/e^{1-\alpha}<1/\delta^{1-\alpha}$，又由于 $0<\alpha<1$，则进一步分析可得 $\alpha/e^{1-\alpha}<1/\delta^{1-\alpha}$，即非线性段曲率比线性段斜率小，表征函数 fal(e,α,δ)特有的偏差处理特性：小偏差，大增益；大偏差，小增益[4]。

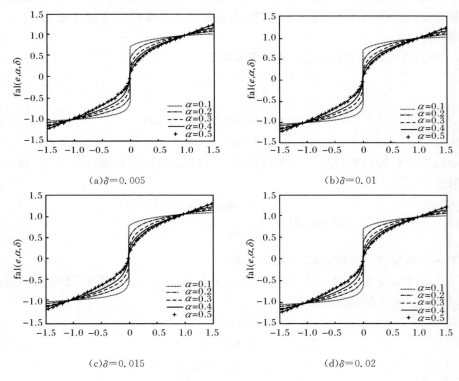

$(a)\delta=0.005$　　　　　　　　　　$(b)\delta=0.01$

$(c)\delta=0.015$　　　　　　　　　　$(d)\delta=0.02$

图 4.10　函数 fal(e,α,σ)与 α 和 δ 的关系

2）非线性二阶 ESO 参数的优化整定

针对如式(4-31)所示非线性二阶 ESO 观测误差方程，韩京清等[5,6]提出一类

参数整定规律,如式(4-32)所示,且证明了观测误差将最终收敛到以 r_0 和 $\beta=\beta_{01}-\varepsilon$ 表征的闭环区域 5 内,如图 4.11 所示。

$$
\begin{cases}
\dot{e}_1 = e_2 - \beta_{01} e_1 \\
\dot{e}_2 = -w_1 - \beta_{02} |e_1|^{\alpha} \mathrm{sign}(e_1)
\end{cases} \tag{4-31}
$$

$$
\begin{cases}
0 < \alpha < 1 \\
\dfrac{\beta_{01}^2}{4} > \beta_{02} > w_0
\end{cases} \tag{4-32}
$$

式中,w_0 为 $|w_1(t)|$ 的上确界;$\varepsilon > 0$ 为一无穷小量,r_0 为

$$
r_0 = \max\left\{ \left(\frac{w_0}{\beta_{02}}\right)^{1/\alpha}, \frac{4w_0}{\beta_{01}^2} + \left(\frac{4\beta_{02}}{\beta_{01}^2}\right)^{1/(1-\alpha)} \alpha^{\alpha/(1-\alpha)} (1-\alpha) \right\} \tag{4-33}
$$

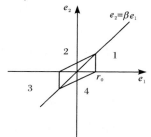

图 4.11　估计误差平面划分

根据幂函数特性,由式(4-33)可知,保持 α 不变且增大 $\beta_{01}^2/4 > \beta_{02} > w_0$ 使 r_0 减小,即区域 5 的横向尺寸变短。然而,$\beta = \beta_{01} - \varepsilon$ 会增大,即区域 5 的纵向尺寸变长。因此,参数 β_{01}、β_{02} 的整定存在优化空间[7]。

选取 β_{01}、β_{02} 优化整定的目标函数为区域 5 的面积[8],根据平行四边形面积公式,即

$$
T_{\mathrm{op}} = S = 2\beta r_0^2 = 2(\beta_{01} - \varepsilon) r_0^2 \tag{4-34}
$$

式中,T_{op} 表示取极小值的目标函数;S 表示平行四边形面积。

式(4-32)和式(4-33)的推导假设 ε 为无穷小量,使区域 5 的纵向斜率 $\beta = \beta_{01} - \varepsilon$ 较大。本节去除 ε 的无穷小量假设,令 $\beta = \beta_{01} - \varepsilon > 0$ 且 $\varepsilon > 0$,基此开展 ESO 的参数优化整定研究。误差平面及 Lyapunov 函数设计与文献[5]一致,为方便阐述,列写如下:

$$
\begin{cases}
G_1 = \left\{ (e_1, e_2) \, e_1 > r_0, 0 \leqslant e_2 \leqslant \beta e_1 \right\} \\
G_2 = \left\{ (e_1, e_2) \, e_2 > 0, e_2 > \dfrac{\beta(e_1 + r_0)}{2}, e_2 > \beta e_1 \right\} \\
G_3 = \left\{ (e_1, e_2) \, e_1 < -r_0, \beta e_1 \leqslant e_2 \leqslant 0 \right\} \\
G_4 = \left\{ (e_1, e_2) \, e_2 < 0, e_2 < \dfrac{\beta(e_1 - r_0)}{2}, e_2 < \beta e_1 \right\} \\
G_5 = \left\{ (e_1, e_2) \, |e_1| \leqslant r_0, \dfrac{\beta(e_1 - r_0)}{2} \leqslant e_2 \leqslant \dfrac{\beta(e_1 + r_0)}{2} \right\}
\end{cases} \tag{4-35}
$$

$$V(e_1,e_2)=\begin{cases} \dfrac{\beta(e_1-r_0)}{2}, & (e_1,e_2)\in G_1 \\[2mm] e_2-\dfrac{\beta(e_1+r_0)}{2}, & (e_1,e_2)\in G_2 \\[2mm] -\dfrac{\beta(e_1+r_0)}{2}, & (e_1,e_2)\in G_3 \\[2mm] -e_2+\dfrac{\beta(e_1-r_0)}{2}, & (e_1,e_2)\in G_4 \\[2mm] 0, & (e_1,e_2)\in G_5 \end{cases} \tag{4-36}$$

由式(4-35)和式(4-36)分析可知 $V(e_1,e_2)$ 在区域 1~4 正定。在区域 1 和 3，根据文献[5]研究结论，只要满足 $\beta=\beta_{01}-\varepsilon>0$ 且 $\varepsilon>0$，则 $\dot{V}(e_1,e_2)<0$。根据 Lyapunov 主稳定性定理，区域 1 和 3 内任意观测误差轨线都将收敛到区域 5。区域 2 和 4 的收敛性一致，以区域 2 为例开展收敛性分析。对任意 $r>r_0$，设计期望 Lyapunov 函数为

$$V(e_1,e_2)=\frac{\beta(r-r_0)}{2}>0 \tag{4-37}$$

由式(4-37)和式(4-36)对应项相等可得 Lyapunov 函数的等高线方程为

$$e_2=\frac{\beta(e_1+r)}{2} \tag{4-38}$$

分析式(4-38)可知，通过调节参数 r 可使等高线完全覆盖区域 2。类似于文献[5]推导，区域 2 收敛到区域 5 的条件如式(4-39)或图 4.12 所示。

$$\begin{aligned} f(e_1)&=f_1(e_1)-f_2(e_1)\\ &=\frac{\beta_{01}^2-\varepsilon^2}{4}\Big[e_1-\frac{(\beta_{01}-\varepsilon)^2}{\beta_{01}^2-\varepsilon^2}r\Big]\\ &\quad-\beta_{02}\Big(\,|e_1|^\alpha \mathrm{sign}(e_1)-\frac{w_0}{\beta_{02}}\Big)<0 \end{aligned} \tag{4-39}$$

式中，$r\geqslant|e_1|$。

图中，f_1 表示斜率为 $(\beta_{01}-\varepsilon^2)/4$，过 $((\beta_{01}-\varepsilon)^2 r/(\beta_{01}-\varepsilon^2),\,0)$ 和 $(0,\,-(\beta_{01}-\varepsilon)^2 r/4)$ 两点的直线 $f_1(e_1)$；f_2 表示对称点为 $(0,w_0)$ 的幂函数 $f_2(e_1)$，由于 $0<\alpha<1$，曲线在右半平面上凸，在左半平面下凸。对 $\mathrm{d}f(e_1)/\mathrm{d}e_1$ 求极值点，得

$$\begin{cases} e_1=\Big(\dfrac{4\alpha\beta_{02}}{\beta_{01}^2-\varepsilon^2}\Big)^{1/(1-\alpha)}, & e_1>0 \\[3mm] e_1=-\Big(\dfrac{4\alpha\beta_{02}}{\beta_{01}^2-\varepsilon^2}\Big)^{1/(1-\alpha)}, & e_1<0 \end{cases} \tag{4-40}$$

由 $\mathrm{d}^2 f(e_1)/\mathrm{d}e_1^2$ 的正负性可知，$e_1>0$ 闭半平面的极值点为极小值点，$e_1<0$ 开半平面的极值点为极大值点。在 e_1 闭右半平面内，根据幂函数特性可知，只要满

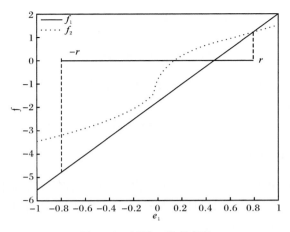

图 4.12 区域 2 收敛条件

足条件式(4-41),估计误差就收敛到区域 5。

$$
\begin{cases}
-w_0 > \dfrac{-(\beta_{01}-\varepsilon)^2 r}{4} \Leftrightarrow r > \dfrac{4w_0}{(\beta_{01}-\varepsilon)^2} \\[2mm]
\dfrac{(\beta_{01}-\varepsilon)^2 r}{\beta_{01}^2-\varepsilon^2} > \left(\dfrac{w_0}{\beta_{02}}\right)^{1/\alpha} \\[2mm]
\Leftrightarrow r > \dfrac{\beta_{01}^2-\varepsilon^2}{(\beta_{01}-\varepsilon)^2\,(w_0/\beta_{02})^{1/\alpha}}
\end{cases} \tag{4-41}
$$

在 e_1 开左半平面内,函数 $f(e_1)$ 存在极大值,只要该极大值小于 0,则估计误差收敛到区域 5,收敛条件推导如下:

$$
\frac{\beta_{01}^2-\varepsilon^2}{4}\left[\left(\frac{4\alpha\beta_{02}}{\beta_{01}^2-\varepsilon^2}\right)^{\frac{1}{1-\alpha}}+\frac{(\beta_{01}-\varepsilon)^2}{\beta_{01}^2-\varepsilon^2}r\right]>\beta_{02}\left[\left(\frac{4\alpha\beta_{02}}{\beta_{01}^2-\varepsilon^2}\right)^{\frac{\alpha}{1-\alpha}}+\frac{w_0}{\beta_{02}}\right] \tag{4-42}
$$

整理式(4-41)和式(4-42),可得区域 2 内轨线收敛到区域 5 的条件为

$$
\begin{cases}
r > \dfrac{\beta_{01}+\varepsilon}{\beta_{01}-\varepsilon}\left(\dfrac{w_0}{\beta_{02}}\right)^{1/\alpha}=r_1(\alpha) \\[2mm]
r > \alpha^{\frac{\alpha}{1-\alpha}}(1-\alpha)\left(\dfrac{4\beta_{02}}{\beta_{01}^2-\varepsilon^2}\right)^{\frac{1}{1-\alpha}}\dfrac{\beta_{01}+\varepsilon}{\beta_{01}-\varepsilon}+\dfrac{4w_0}{(\beta_{01}-\varepsilon)^2}=r_2(\alpha)
\end{cases} \tag{4-43}
$$

由式(4-43)可知,给定 ε、w_0,为使 $r_0=\max\{r_1(\alpha),r_2(\alpha)\}$ 较小,β_{01} 可取较大值且满足 $(\beta_{01}^2-\varepsilon^2)/4>\beta_{02}>w_0$。因此,参数 ε、β_{01}、β_{02} 的优化整定思路为:取 ε 为自变量,给定 w_0,依据上述 β_{01}、β_{02} 设计策略给出 β_{01}、β_{02} 关于 ε 的函数;由式(4-43)求解 r_0;将 β_{01}、ε、r_0 代入式(4-34),采用优化算法求解 ε,进而解算得到 β_{01}、β_{02}。

综上分析得到 β_{01}、β_{02} 与观测器估计误差的一定关系,也给出了 β_{01}、β_{02} 的一种优化整定思路。下面分析 α 对观测器估计误差的影响,并基此得出 α 的设计规律。由式(4-43)可知 $r_1(\alpha)$ 和 $r_2(\alpha)$ 分别为递增和递减函数,取值区间为

$$\begin{cases} r_1(\alpha) \in \left[0, \dfrac{w_0(\beta_{01}+\varepsilon)}{\beta_{02}(\beta_{01}-\varepsilon)} \right] \\ r_2(\alpha) \in \left[\dfrac{4(w_0+\beta_{02})}{(\beta_{01}-\varepsilon)^2}, \dfrac{4w_0}{(\beta_{01}-\varepsilon)^2} \right] \end{cases} \tag{4-44}$$

由于 $\beta_{01}^2 > 4\beta_{02}+\varepsilon^2$，则 $r_1(\alpha)$ 与 $r_2(\alpha)$ 存在交点，该交点所对应的 r_0 最小。因此，最优 α 可由式（4-45）求解。

$$\alpha_{\min} = \{\alpha r_1(\alpha) = r_2(\alpha), 0 < \alpha < 1\} \tag{4-45}$$

2. 控制律设计与仿真分析

由 4.2.1 节分析可知，内环反馈线性化设计使 3 控制通道解耦，且解耦所得模型类似，则 3 通道的 ESO 及 LQR 可类似设计。采用 LQR 设计的控制模型为[9]

$$\begin{cases} \dot{\boldsymbol{X}} = \boldsymbol{AX} + \boldsymbol{Bu}, \quad \boldsymbol{X}(0) = \boldsymbol{X}_0, \quad t \in [0 \quad \infty) \\ J(\boldsymbol{u}(\cdot)) = \displaystyle\int_0^\infty (\boldsymbol{X}^{\mathrm{T}}\boldsymbol{QX} + \boldsymbol{u}^{\mathrm{T}}\boldsymbol{Ru})\,\mathrm{d}t \end{cases} \tag{4-46}$$

式中，$\{\boldsymbol{A},\boldsymbol{B}\}$ 完全能控；$\boldsymbol{R} = \boldsymbol{R}^{\mathrm{T}} > \boldsymbol{0}, \boldsymbol{Q} = \boldsymbol{Q}^{\mathrm{T}} > \boldsymbol{0}$ 或 $\boldsymbol{Q} = \boldsymbol{Q}^{\mathrm{T}} \geqslant \boldsymbol{0}$ 且 $\{\boldsymbol{A},\boldsymbol{Q}^{1/2}\}$ 完全能观。

以主对接轴 $o_{\mathrm{CM}}y$ 为例开展设计，选取扩张状态 $x_7 = \Delta_y$，得到扩张状态模型为

$$\begin{cases} \dot{x}_3 = x_4 \\ \dot{x}_4 = x_7 + v_y \\ \dot{x}_7 = w \\ y = x_3 \end{cases} \tag{4-47}$$

基于式（4-47），设计扩张状态观测器为

$$\begin{cases} e_1 = z_1 - x_1 \\ \dot{z}_1 = z_2 - \beta_{01}e_1 \\ \dot{z}_2 = v_y + z_3 - \beta_{02}\mathrm{fal}(e_1,\alpha_1,\delta) \\ \dot{z}_3 = -\beta_{03}\mathrm{fal}(e_1,\alpha_2,\delta) \end{cases} \tag{4-48}$$

式中，参数 $\beta_{0i}(i=1,2,3)$ 以及 α_1、α_2、δ 整定如下：

$$\beta_{01}=70, \quad \beta_{02}=34.5, \quad \beta_{03}=25, \quad \alpha_1=0.5, \quad \alpha_2=0.25, \quad \delta=0.05 \tag{4-49}$$

LQR 的加权函数阵设计为

$$\boldsymbol{Q} = \boldsymbol{I}_{6\times6}, \quad \boldsymbol{R} = 2\,\boldsymbol{I}_{6\times6} \tag{4-50}$$

仿真参数设计与 4.2.1 节一致，仿真结果如图 4.13～图 4.15 所示。分析图 4.13 可知，相对位置/速度跟踪性能良好，位置跟踪偏差为 0.1mm 量级，相较鲁棒 H_∞ 控制性能有所提高。另外，从图 4.14 可以看出，ESO 可较好地估计系统运动状态以及模型偏差，估计收敛较快且误差较小。

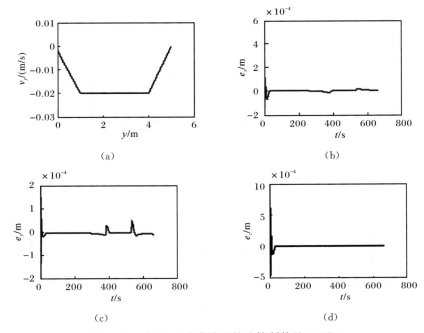

图 4.13　位置-速度曲线及轨迹控制偏差（LQR）

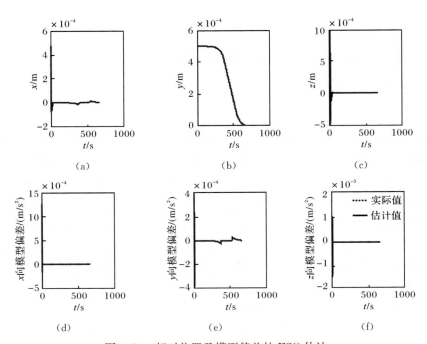

图 4.14　相对位置及模型偏差的 ESO 估计

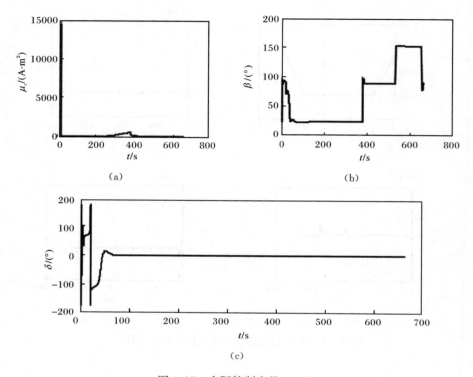

图 4.15　实际控制变量(LQR)

4.2.3　基于 Lyapunov 主稳定性的自适应控制

1. 基本概念和控制律设计

1) Lyapunov 主稳定性定理

Lyapunov 主稳定性定理[9]:对连续时间非线性时变系统,若可构造对状态 X 和时间 t 具有连续一阶偏导的标量函数 $V(X,t)$,使得 $V(0,t)=0$ 且对 $\mathbb{R}^n$ 中所有非零状态 X 满足如下条件,则整个闭环系统将大范围渐近稳定到平衡态 $X=0$:$V(X,t)$ 正定且有上界,$\dot{V}(X,t)$ 负定,当 $\|X\|\rightarrow\infty$ 时,$V(X,t)\rightarrow\infty$。

需要注意两点:一是虽然该 Lyapunov 主稳定性定理是针对零平衡状态来阐述的,但其可直接应用于其他非零孤立平衡状态;二是 Lyapunov 主稳定性条件仅为充分条件。因此即使上述条件不满足也不能说明系统就是不稳定的。

2) 自适应控制的基本概念

自适应控制[10]:当周围环境条件或自身动力学大范围急剧变化时,如果所设计的控制系统能利用改变控制器构形或参数的方法,使闭环系统仍能按某一性能指标运行在最佳状态,则该类控制称为自适应控制。

到目前为止,比较成熟并已获得实际应用的自适应控制主要包括两种:模型参考自适应控制(model reference adaptive control,MRAC)和自校正控制(self-tuning regulator,STR)。本节所采用基于 Lyaponov 稳定性理论的自适应控制设计属于自校正控制,需要在线辨识被控对象的数学模型(结构或参数),同时根据性能指标开展控制律设计。

3) 控制律设计

由第 2 章动力学分析可知,远场电磁力模型存在乘性不确定性误差,表示为

$$\begin{cases} F_{CxCM} = \bar{F}_{CxCM}(1+\Delta_x) \\ F_{CyCM} = \bar{F}_{CyCM}(1+\Delta_y) \\ F_{CzCM} = \bar{F}_{CzCM}(1+\Delta_z) \end{cases} \tag{4-51}$$

式中,F 表示精确模型;$\bar{F}$ 表示远场模型。

另外,外界干扰表示为

$$\begin{cases} f_x = f_{Cdx} - f_{Tdx} \\ f_y = f_{Cdy} - f_{Tdy} \\ f_z = f_{Cdz} - f_{Tdz} \end{cases} \tag{4-52}$$

将式(4-51)和式(4-52)代入空间电磁对接/分离动力学模型式(3-10),整理得

$$\ddot{\boldsymbol{X}}_1 - \boldsymbol{A}_1 \boldsymbol{X} = \boldsymbol{u} + \boldsymbol{M} \boldsymbol{\theta} \tag{4-53}$$

式中,$\boldsymbol{X}_1 = \begin{bmatrix} x & y & z \end{bmatrix}^{\mathrm{T}}$;$\boldsymbol{u} = 2 \begin{bmatrix} \bar{F}_{CxCM} & \bar{F}_{CyCM} & \bar{F}_{CzCM} \end{bmatrix}^{\mathrm{T}}/m$;$\boldsymbol{A}_1$ 表达式为

$$\boldsymbol{A}_1 = \begin{bmatrix} 3n^2 & 0 & 0 & 2n & 0 & 0 \\ 0 & -2n & 0 & 0 & 0 & 0 \\ 0 & 0 & 0 & 0 & -n^2 & 0 \end{bmatrix} \tag{4-54}$$

$\boldsymbol{\theta}$ 为待估计参数(包括远场模型不确定性、外界干扰);$\boldsymbol{M}$ 为参数系数矩阵。$\boldsymbol{\theta}$ 和 $\boldsymbol{M}$ 表达式推导如下:

$$\begin{cases} \boldsymbol{M} = \begin{bmatrix} 2\bar{F}_{CxCM}/m & 0 & 0 & 1 & 0 & 0 \\ 0 & 2\bar{F}_{CyCM}/m & 0 & 0 & 1 & 0 \\ 0 & 0 & 2\bar{F}_{CzCM}/m & 0 & 0 & 1 \end{bmatrix} \\ \boldsymbol{\theta} = \begin{bmatrix} \Delta_x & \Delta_y & \Delta_z & f_x & f_y & f_z \end{bmatrix}^{\mathrm{T}} \end{cases} \tag{4-55}$$

定义相对位置/速度跟踪偏差、参数估计偏差为

$$\begin{cases} \tilde{\boldsymbol{r}}_{TC}(t) = \boldsymbol{r}_{TC}(t) - \boldsymbol{r}_{TC}^{d}(t) \\ \tilde{\boldsymbol{v}}_{TC}(t) = \boldsymbol{v}_{TC}(t) - \boldsymbol{v}_{TC}^{d}(t) \\ \tilde{\boldsymbol{\theta}}(t) = \hat{\boldsymbol{\theta}}(t) - \boldsymbol{\theta}(t) \end{cases} \tag{4-56}$$

式中，$\tilde{r}_{TC}$、r^d_{TC}分别表示位置跟踪偏差和期望位置矢量，速度量类似定义；$\boldsymbol{\theta}$、$\tilde{\boldsymbol{\theta}}$分别为参数估计值及估计偏差。

设计 Lyapunov 函数为

$$V(\boldsymbol{X},t)=\boldsymbol{s}^{\mathrm{T}}\boldsymbol{s}/2+\tilde{\boldsymbol{\theta}}^{\mathrm{T}}\boldsymbol{\Gamma}^{-1}\tilde{\boldsymbol{\theta}}/2\geqslant 0 \tag{4-57}$$

式中，$\boldsymbol{\Gamma}$ 为正定的参数估计偏差加权阵；s 为表征位置/速度跟踪偏差的综合评价量，为

$$\boldsymbol{s}(t)=\tilde{\boldsymbol{v}}_{TC}(t)+\boldsymbol{\lambda}\,\tilde{\boldsymbol{r}}_{TC}(t) \tag{4-58}$$

其中，$\boldsymbol{\lambda}$ 为正定的相对位置跟踪误差加权阵。

从式(4-57)可以看出，$V(\boldsymbol{X},t)=0$ 当且仅当 $\boldsymbol{s}=\tilde{\boldsymbol{\theta}}=\boldsymbol{0}$，即位置/速度跟踪误差、参数估计偏差都为零。将 $V(\boldsymbol{X},t)$ 对时间求导并引入动力学模型式(4-53)可得

$$\dot{V}=\boldsymbol{s}^{\mathrm{T}}(\boldsymbol{A}_1\boldsymbol{X}+\boldsymbol{u}+\boldsymbol{M}\hat{\boldsymbol{\theta}}-\ddot{\boldsymbol{r}}^{\mathrm{d}}_{TC}(t)+\boldsymbol{\lambda}\boldsymbol{v}_{TC}(t)-\boldsymbol{\lambda}\boldsymbol{v}^{\mathrm{d}}_{TC}(t))-\boldsymbol{s}^{\mathrm{T}}\boldsymbol{M}\tilde{\boldsymbol{\theta}}+\tilde{\boldsymbol{\theta}}^{\mathrm{T}}\boldsymbol{\Gamma}^{-1}\dot{\tilde{\boldsymbol{\theta}}} \tag{4-59}$$

基于式(4-59)，设计自适应控制律和参数估计律为

$$\begin{cases}\boldsymbol{u}=-\boldsymbol{A}_1\boldsymbol{X}-\boldsymbol{M}\hat{\boldsymbol{\theta}}+\ddot{\boldsymbol{r}}^{\mathrm{d}}_{TC}(t)-\boldsymbol{\lambda}\boldsymbol{v}_{TC}(t)+\boldsymbol{\lambda}\,\boldsymbol{v}^{\mathrm{d}}_{TC}(t)-\boldsymbol{K}\boldsymbol{s}\\\dot{\hat{\boldsymbol{\theta}}}=\boldsymbol{\Gamma}\boldsymbol{M}^{\mathrm{T}}\boldsymbol{s}\end{cases} \tag{4-60}$$

式中，$\boldsymbol{K}$ 为正定的 Lyapunov 函数收敛阵。

电磁力控制回路周期小于 $1s$，由 3.2 节期望对接路径可知，该时间段内相对位置改变不超过 $2cm$，电磁力模型参数变化较小。因此，电磁力控制周期内模型参数及外界干扰参数可认为不变，保持为常数，等价于

$$\dot{\tilde{\boldsymbol{\theta}}}=\dot{\hat{\boldsymbol{\theta}}}-\dot{\boldsymbol{\theta}}\approx\dot{\hat{\boldsymbol{\theta}}} \tag{4-61}$$

将式(4-60)及式(4-61)代入式(4-59)中，$\dot{V}(\boldsymbol{X},t)$ 表达式可整理为

$$\dot{V}=-\boldsymbol{s}^{\mathrm{T}}\boldsymbol{K}\boldsymbol{s}\leqslant 0 \tag{4-62}$$

根据 Lyapunov 主稳定性定理，由式(4-62)分析可知，在如式(4-60)所示自适应控制作用下闭环系统具有稳定性。

2. 渐近稳定性分析及参数整定

上述控制律可保证闭环系统稳定，但其渐近稳定性较难通过 Lyapunov 主稳定性定理判定，原因在于 $V(\boldsymbol{X},t)$ 仅满足 Lyapunov 主稳定性定理的部分条件，而渐近稳定条件不满足，即：$V(\boldsymbol{0},t)$ 不一定等于零，且 $\dot{V}(\boldsymbol{X},t)\leqslant 0$。采用 Barbalat 引理，本节证明所设计自适应控制律作用下闭环系统渐近稳定。

Barbalat 引理[11]：当 $t\to\infty$ 时，如果可微函数 $V(\boldsymbol{X},t)$ 有界，且 $\dot{V}(\boldsymbol{X},t)$ 满足一致收敛条件，则下式成立：

$$\dot{V}(\boldsymbol{X},t)\to 0, \quad t\to\infty \tag{4-63}$$

采用 Barbalat 引理的闭环系统渐近稳定性证明如下：

（1）条件 1：当 $t\to\infty$ 时，可微函数 $V(\boldsymbol{X},t)$ 有界。

由 $V(\boldsymbol{X},t)\geqslant 0$ 且 $\dot{V}(\boldsymbol{X},t)\leqslant 0$ 可知条件 1 满足。

（2）条件 2：$\dot{V}(\boldsymbol{X},t)$ 一致收敛。

$\dot{V}(\boldsymbol{X},t)$ 一致收敛等价于 $\ddot{V}(\boldsymbol{X},t)$ 有界，根据式（4-64）推导可知条件 2 满足。

$$\begin{cases} V(\boldsymbol{X},t)=\dfrac{1}{2}\boldsymbol{s}^{\mathrm{T}}\boldsymbol{s}+\dfrac{1}{2}\tilde{\boldsymbol{\theta}}^{\mathrm{T}}\boldsymbol{\Gamma}^{-1}\tilde{\boldsymbol{\theta}}\text{ 有界}\Rightarrow \boldsymbol{s}(t)\text{ 有界} \\[2mm] \left.\begin{array}{l} \boldsymbol{s}(t)=\tilde{\boldsymbol{v}}+\boldsymbol{\lambda}\,\tilde{\boldsymbol{r}}\text{ 有界}\\ \boldsymbol{r}_{\mathrm{TC}}^{\mathrm{d}}、\boldsymbol{v}_{\mathrm{TC}}^{\mathrm{d}}\text{ 充分光滑}\\ \tilde{\boldsymbol{r}}=\boldsymbol{r}-\boldsymbol{r}_{\mathrm{TC}}^{\mathrm{d}},\tilde{\boldsymbol{v}}=\boldsymbol{v}-\boldsymbol{v}_{\mathrm{TC}}^{\mathrm{d}} \end{array}\right\}\Rightarrow \boldsymbol{r}(t)、\boldsymbol{v}(t)\text{ 有界} \\[4mm] \left.\begin{array}{l} \boldsymbol{r}(t)、\boldsymbol{v}(t)\text{ 有界}\\ \boldsymbol{s}(t)=\dot{\boldsymbol{r}}(t)-\dot{\boldsymbol{r}}_{\mathrm{TC}}^{\mathrm{d}}(t)+\boldsymbol{\lambda}(\boldsymbol{v}(t)-\boldsymbol{v}_{\mathrm{TC}}^{\mathrm{d}}(t)) \end{array}\right\}\Rightarrow \dot{\boldsymbol{s}}(t)\text{ 有界} \\[4mm] \left.\begin{array}{l} \boldsymbol{s}(t)\text{ 有界}\\ \dot{\boldsymbol{s}}(t)\text{ 有界}\\ \ddot{V}(\boldsymbol{X},t)=-2\,\boldsymbol{s}^{\mathrm{T}}(t)\boldsymbol{K}\boldsymbol{s}(t) \end{array}\right\}\Rightarrow \ddot{V}(\boldsymbol{X},t)\text{ 有界} \end{cases} \tag{4-64}$$

根据以上分析，由 Barbalat 引理可知 $V(\boldsymbol{X},t)$ 满足 $\dot{V}(\boldsymbol{X},t)\to 0, t\to\infty$，等价于相对位置/速度跟踪偏差满足式（4-65），即闭环系统跟踪偏差渐近稳定。

$$\boldsymbol{s}(\boldsymbol{X},t)\to 0, \quad t\to\infty \Rightarrow \begin{cases} \tilde{\boldsymbol{r}}\to 0 \\ \tilde{\boldsymbol{v}}\to 0 \end{cases}, \quad t\to\infty \tag{4-65}$$

将自适应控制律式（4-60）的参数矩阵 $\boldsymbol{\lambda}$、$\boldsymbol{\Gamma}$、$\boldsymbol{K}$ 设计为对角阵，对角线元素相等，分别为 λ、Γ、K。λ 表征综合误差中相对位置跟踪偏差的加权，由于控制律设计采用状态反馈，相对位置/速度跟踪偏差同等重要，取 $\lambda=1$；Γ 表征 Lyapunov 函数中参数估计误差的加权，自适应控制设计要求参数估计偏差比轨控偏差较快收敛，即 Γ^{-1} 需远大于 1；K 表征 Lyapunov 函数的导数幅值限制，其整定需考虑电磁对接装置的作用能力。

3. 仿真分析

仿真参数与 4.2.1 节一致，自适应控制律的参数设计为

$$\lambda=1, \quad \Gamma=0.1, \quad K=8 \tag{4-66}$$

仿真结果如图 4.16～图 4.18 所示，相对位置/速度跟踪性能良好，主对接轴向的相对位置偏差为 0.1mm 量级，相较鲁棒 H_∞ 方法性能有所提高，相对速度满足柔性对接需求。图 4.17 和图 4.18 分别给出了自适应控制律参数及控制量的变

化曲线,从图 4.18 可以看出,控制量(特别是 δ)相较前两种控制方法变化平缓。

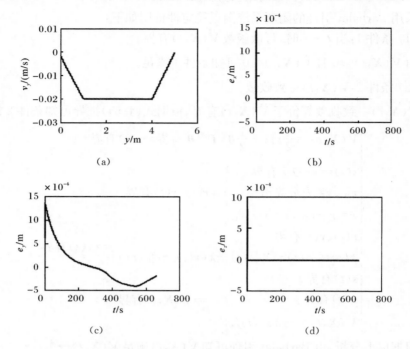

(a)　　　　　　　　　　　　(b)

(c)　　　　　　　　　　　　(d)

图 4.16　位置-速度曲线及轨迹控制偏差(自适应控制)

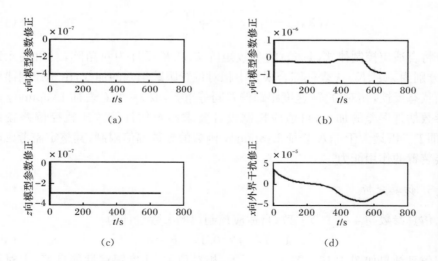

(a)　　　　　　　　　　　　(b)

(c)　　　　　　　　　　　　(d)

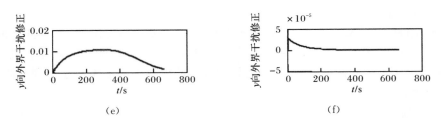

(e)   (f)

图 4.17　模型参数及外界干扰的修正

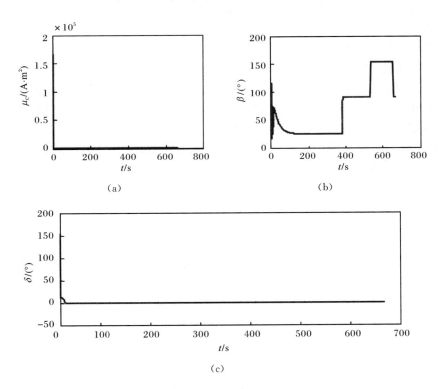

图 4.18　实际控制变量(自适应控制)

4.3　对接姿态的分散协同鲁棒控制

4.3.1　姿态控制需求分析

空间对接/分离阶段目标与追踪航天器间姿态偏差较小,相对姿态控制模式为调节控制。从对接/分离的安全性及电磁力矩特性出发,对空间电磁对接/分离的姿态控制需求分析如下。

1) 安全性

安全性需求主要体现为：目标和追踪航天器均无大姿态机动、具备良好的容错能力。其中，无大姿态机动要求相对姿态调整过程中两航天器绝对姿态机动较小，确保航天器之间碰撞避免；具备良好的容错能力要求当姿控系统出现故障时，电磁力矩具有一定的姿控能力。

2) 控制精度

航天器与国际空间站对接/分离的相对姿态控制精度需求为$\pm 1°$[12]。对于一般航天器对接/分离，因其对误差的容忍度比国际空间站低，对相对姿态控制精度需求更高。

3) 分散协同姿态控制

星上电磁装置工作会产生较大数量级的星间电磁力矩及地磁力矩，同时影响两航天器姿态运动。考虑 V-bar 对接模式，采用数值仿真分析星间电磁力矩作用，采用式(4-1)的柔性对接期望轨迹，不考虑干扰力作用。将 6 个控制变量中的 4 个固定，即设定 $\mu_\mathrm{T}=5000\pi(\mathrm{A\cdot m^2})$ 及 $\alpha=\chi=\delta=0$，通过调节其余 2 个变量控制相对轨迹。将控制变量设定值代入远场电磁力模型式(2-4)中，得到目标航天器沿 $o_\mathrm{CM}x$、$o_\mathrm{CM}y$ 轴的远场电磁力模型为

$$\begin{cases} F_{\mathrm{T}y}=\dfrac{7500\mu_0}{r_{\mathrm{TC}}^4\mu_\mathrm{C}\cos\beta} \\[2mm] F_{\mathrm{T}x}=\dfrac{-3750\mu_0}{r_{\mathrm{TC}}^4\mu_\mathrm{C}\sin\beta} \end{cases} \tag{4-67}$$

引入期望对接加速度式(4-3)，考虑星间电磁力作用的内力特性，由式(4-67)可得控制变量表达式为

$$\begin{cases} \beta=-2\arctan\left(\dfrac{u_{\mathrm{E}x}}{u_{\mathrm{E}y}}\right) \\[2mm] \mu_\mathrm{C}=\dfrac{-u_{\mathrm{E}y}}{2c(t)\cos\beta} \end{cases} \tag{4-68}$$

式中，$c(t)=3\mu_\mathrm{T}\mu_0/(2\pi mr_{\mathrm{TC}}^4)=75\mu_0/r_{\mathrm{TC}}^4$。

将上述控制变量设计值代入远场电磁力矩模型，可得

$$\begin{cases} \tau_{\mathrm{T}z}=-\dfrac{\mu_0\mu_\mathrm{T}}{4\pi r_{\mathrm{TC}}^3}\mu_\mathrm{C}\sin\beta=\dfrac{-mr_{\mathrm{TC}}u_{\mathrm{E}x}}{6}, \quad \tau_{\mathrm{T}x}=\tau_{\mathrm{T}y}=0 \\[2mm] \tau_{\mathrm{C}z}=-\dfrac{\mu_0\mu_\mathrm{T}}{2\pi r_{\mathrm{TC}}^3}\mu_\mathrm{C}\sin\beta=\dfrac{-mr_{\mathrm{TC}}u_{\mathrm{E}x}}{3}, \quad \tau_{\mathrm{C}x}=\tau_{\mathrm{C}y}=0 \end{cases} \tag{4-69}$$

采用第 3 章所设计期望对接轨迹参数开展仿真，得到两航天器所受星间电磁力矩如图 4.19 所示。可以看出，V-bar 对接模式下星间电磁力矩沿"CM"轨道负法向分布，最大值为 $6\times10^{-3}\mathrm{N\cdot m}$，显著影响目标和追踪航天器姿态稳定。

因此，与传统航天器对接/分离不同，对于空间电磁对接/分离，目标航天器姿

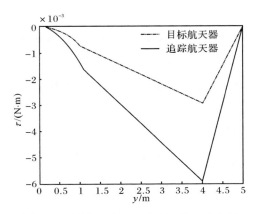

图 4.19　V-bar 对接模式下星间电磁力矩

态运动也需采取主动控制。为了保证目标和追踪航天器姿态调节的一致性、快速性及稳定性,分散协同控制策略成为首选。

4.3.2　分散协同鲁棒控制律

就目前研究而言,航天器分散协同控制策略主要分为 5 类[13]:主从式策略、基于行为的策略、多输入多输出策略、虚拟构形策略以及循环策略。主从式(leader-follower,LF)策略首先需确定一颗或多颗航天器为主航天器,其他为从航天器。主航天器按设定规律运动,而从航天器跟随主航天器指令运动,使整个编队系统完成特定任务。主从方式中,主航天器负责向从航天器下达控制指令,从航天器无需开展控制计算。由于所有控制指令都由主航天器生成,该策略对主航天器的计算处理能力、相对导航能力、控制指令输送率及可靠性等提出较高要求,且一旦主航天器出现故障,整个编队系统将面临瘫痪。基于行为的策略(behavior-based type)主要用来处理具有冲突需求的问题。将编队系统任务具体分解为描述单个个体的各种期望行为(如编队保持、期望绝对姿态跟踪等),然后定义各种期望行为的加权比重,由个体自行独立完成自身控制目标,具有信息量传递少、控制鲁棒性等优势。多输入多输出(multi-input multi-output,MIMO)策略是将整个编队系统动力学综合形成一个多输入多输出模型,然后基此动力学模型开展控制研究。虚拟构形(virtual structure,VS)策略是将整个编队系统运动看成一个虚拟构形,将此虚拟构形分解为每个子系统的期望构形(包括相对位置、姿态),各子系统自行控制使其追踪自身期望构形。循环策略(cyclic type)类似于LF 策略,但每颗航天器跟踪的"目标航天器"是不同的。

1. 自适应分散协同姿态控制

基于文献[14]研究成果,以追踪航天器为例,采用基于行为的分散协同策略及自适应控制方法设计姿态控制律为

$$
\begin{cases}
\boldsymbol{u}_C = -\lambda_C^p \delta \bar{\boldsymbol{q}}_C - 2\lambda_C^d \boldsymbol{Q}^T(\delta \boldsymbol{q}_C) \boldsymbol{B}^T \boldsymbol{P}(\boldsymbol{A}\boldsymbol{z}_C + \boldsymbol{B}\delta \boldsymbol{q}_C) \\
\quad + \boldsymbol{I}_C \boldsymbol{M}(\delta \boldsymbol{q}_C) \dot{\boldsymbol{\omega}}_{Cd} + \boldsymbol{\Upsilon}_C^\times \boldsymbol{I}_C \boldsymbol{\Upsilon}_C - \lambda_{CT}^p \bar{\boldsymbol{q}}_{CT} \\
\quad - \lambda_{CT}^d [\boldsymbol{Q}^T(\boldsymbol{q}_{CT}) \boldsymbol{B}^T \boldsymbol{P}(\boldsymbol{A}\boldsymbol{z}_{CT} + \boldsymbol{B}\boldsymbol{q}_{CT}) \\
\quad - \boldsymbol{M}(\boldsymbol{q}_{CT}) \boldsymbol{Q}^T(\boldsymbol{q}_{TC}) \boldsymbol{B}^T \boldsymbol{P}(\boldsymbol{A}\boldsymbol{z}_{TC} + \boldsymbol{B}\boldsymbol{q}_{TC})] - \hat{\boldsymbol{M}}_{Cd} \\
\dot{\boldsymbol{z}}_C = \boldsymbol{A}\boldsymbol{z}_C + \boldsymbol{B}\boldsymbol{q}_C, \quad \dot{\boldsymbol{z}}_{TC} = \boldsymbol{A}\boldsymbol{z}_{TC} + \boldsymbol{B}\boldsymbol{q}_{TC}, \quad \dot{\boldsymbol{z}}_{CT} = \boldsymbol{A}\boldsymbol{z}_{CT} + \boldsymbol{B}\boldsymbol{q}_{CT} \\
\dot{\hat{\boldsymbol{M}}}_{Cd} = \boldsymbol{\Gamma}_C \delta \boldsymbol{\omega}_C
\end{cases}
\tag{4-70}
$$

式中,$\lambda_C^p > 0$,$\lambda_C^d > 0$,$\lambda_{CT}^p \geq 0$,$\lambda_{CT}^d \geq 0$ 为待设计变量;$\boldsymbol{\Gamma}_C$ 为待设计对称正定矩阵;$\hat{\boldsymbol{M}}_{Cd}$ 为 $\boldsymbol{\tau}_{Cm} + \boldsymbol{\tau}_{Cd}$ 的估计;$\boldsymbol{Y}_C = \boldsymbol{M}(\delta \boldsymbol{q}_C) \boldsymbol{\omega}_{Cd}$;$\boldsymbol{A}$ 为任一 Hurwitz 矩阵,$\boldsymbol{B}$、$\boldsymbol{P}$ 可如下求解:

$$
\begin{cases}
\boldsymbol{B} = \begin{bmatrix} \boldsymbol{I}_{3\times3} & \boldsymbol{0}_{3\times1} \\ \boldsymbol{0}_{1\times3} & 0 \end{bmatrix} \\
\boldsymbol{A}^T \boldsymbol{P} + \boldsymbol{P}\boldsymbol{A} = -\boldsymbol{Q}
\end{cases}
\tag{4-71}
$$

式中,$\boldsymbol{Q}$ 为任一对称正定矩阵。

目标航天器姿态控制律可类似设计,将式(4-70)的下标 T 与 C 互换即可,且满足 $\lambda_{CT}^p = \lambda_{TC}^p$ 及 $\lambda_{CT}^d = \lambda_{TC}^d$。

2. 鲁棒姿态控制

选取状态变量为 $\boldsymbol{X} = \begin{bmatrix} \boldsymbol{x}_1 & \boldsymbol{x}_2 \end{bmatrix}^T = \begin{bmatrix} \delta \boldsymbol{q} & \delta \dot{\boldsymbol{q}} \end{bmatrix}^T$,推导得到姿态控制系统的扩张状态方程为

$$
\begin{cases}
\dot{\boldsymbol{x}}_1 = \boldsymbol{x}_2 \\
\dot{\boldsymbol{x}}_2 = \boldsymbol{x}_3 + \boldsymbol{f}_2(\boldsymbol{x}_1) \boldsymbol{u}_C \\
\dot{\boldsymbol{x}}_3 = \boldsymbol{w} \\
\boldsymbol{y} = \boldsymbol{x}_1
\end{cases}
\tag{4-72}
$$

式中,$\boldsymbol{f}_2(\boldsymbol{x}_1) = \dfrac{1}{2} \boldsymbol{Q}(\boldsymbol{x}_1) \boldsymbol{I}^{-1}$,满足

$$
\boldsymbol{f}_2^T(\boldsymbol{x}_1) \boldsymbol{f}_2(\boldsymbol{x}_1) = \frac{1}{2} \boldsymbol{I}^{-1} \boldsymbol{Q}^T(\boldsymbol{x}_1) \frac{1}{2} \boldsymbol{Q}(\boldsymbol{x}_1) \boldsymbol{I}^{-1} = \frac{1}{4} (\boldsymbol{I}^{-1})^2
\tag{4-73}
$$

$\boldsymbol{x}_3$ 为所选取的扩张状态,具有如下形式:

$$
\boldsymbol{x}_3 = \boldsymbol{f}_1(\boldsymbol{x}_1, \boldsymbol{x}_2) + \boldsymbol{f}_2(\boldsymbol{x}_1)(\boldsymbol{\tau}_m + \boldsymbol{\tau}_d)
\tag{4-74}
$$

其中,$\boldsymbol{f}_1(\boldsymbol{x}_1, \boldsymbol{x}_2)$ 表达式为

$$f_1(x_1, x_2) = -\frac{1}{2} Q(x_1) M(x_1) \dot{\omega}_d + \frac{1}{2} Q(x_1) \delta \omega \times M(x_1) \omega_d$$
$$+ \frac{1}{2} \frac{dQ(x_1)}{dt} \cdot \delta \omega \qquad (4\text{-}75)$$
$$- \frac{1}{2} Q(x_1) I^{-1} \big[(\delta \omega + M(x_1) \omega_d) \times I(\delta \omega + M(x_1) \omega_d) \big]$$

基于扩张状态方程式(4-72),设计 ESO 如下[15]:

$$\begin{cases} e_1 = z_1 - x_1 \\ \dot{z}_1 = z_2 - \beta_{01} e_1 \\ \dot{z}_2 = f_2(z_1) u_c + z_3 - \beta_{02} \mathbf{fal}(e_1, \alpha_1, \delta) \\ \dot{z}_3 = -\beta_{03} \mathbf{fal}(e_1, \alpha_2, \delta) \end{cases} \qquad (4\text{-}76)$$

基于式(4-74)~式(4-76),实际干扰力矩的估计值 $\hat{M}_d$ 解算如下:

$$\hat{M}_d = 4 I^2 f_2^T(z_1)(z_3 - f_1(z_1, z_2)) \qquad (4\text{-}77)$$

同理,实际绝对姿态角速度偏差估计为

$$\hat{\delta\omega} = 2 Q^T(z_1) z_2 \qquad (4\text{-}78)$$

将估计得到的 $\hat{M}_d$ 代入式(4-70)替换 $\hat{M}_{Cd}$ 或 $\hat{M}_{Td}$,ESO 的渐近收敛性可保证 $\hat{M}_d$ 的估计性能。

4.3.3　全局渐近稳定性分析

首先给出 LaSalle 不变集定理及其推论。

LaSalle 不变集定理[1]:设 $\Omega \subset D$ 为系统 $\dot{x} = f(x)$ 的一个不变集,D 为 x 的定义域。如果存在连续可微函数 $V(x): D \to \mathbb{R}$,在 Ω 域内满足 $\dot{V}(x) \leqslant 0$,而 E 为 Ω 域内满足 $\dot{V}(x) = 0$ 的所有点集合,M 为 E 的最大不变集,则所有位于 Ω 内初值产生的轨迹都将收敛于 M。

推论:$\hat{x}$ 为系统 $\dot{x} = f(x)$ 的平衡态,设 $V(x): D \to \mathbb{R}$ 为连续可微正定函数,D_1 为包含 $\hat{x}$ 的定义域,满足 $\dot{V}(x) \leqslant 0$。取 $S = \{x \in D_1 | \dot{V}(x) = 0\}$,如果 S 域内除 $\hat{x}$ 外无其他值,则 $\hat{x}$ 为渐近稳定的。如果以上推导基于连续可微、径向无界且正定的函数 $V(x): D \to \mathbb{R}$ 得到,则 $\hat{x}$ 为全局渐近稳定的。

文献[14]利用 Lyapunov 稳定性理论对未考虑干扰、基于行为策略所设计分散协同姿态控制律的渐近稳定性进行了理论证明。在此基础上,考虑干扰力矩作用,本节基于式(4-70)开展闭环系统全局渐近稳定性分析,具体思路如下:分别设计目标和追踪航天器 Lyapunov 函数,两函数相加得到整个系统 Lyapunov 函数;

分析整个系统 Lyapunov 函数的正定性、径向无界性、导数的负定性；若条件都满足，则系统全局渐近稳定，若仅满足导数半负定性，进一步采用 LaSalle 不变集理论分析其渐近稳定性。

以追踪航天器为例，设计正定的 Lyapunov 函数为

$$V_C = \frac{1}{2}\delta\boldsymbol{\omega}_C^T \boldsymbol{I}_C \delta\boldsymbol{\omega}_C + \lambda_C^p \delta\bar{\boldsymbol{q}}_C^T \delta\bar{\boldsymbol{q}}_C$$
$$+ \lambda_C^p (\delta q_{C4} - 1)^2 + 2\lambda_C^d (\boldsymbol{A}\boldsymbol{z}_C + \boldsymbol{B}\delta\boldsymbol{q}_C)^T \boldsymbol{P}(\boldsymbol{A}\boldsymbol{z}_C + \boldsymbol{B}\delta\boldsymbol{q}_C)$$
$$+ \lambda_{CT}^p [\bar{\boldsymbol{q}}_{CT}^T \bar{\boldsymbol{q}}_{CT} + (1 - q_{CT4})^2]$$
$$+ \lambda_{CT}^d (\boldsymbol{A}\boldsymbol{z}_{CT} + \boldsymbol{B}\boldsymbol{q}_{CT})^T \boldsymbol{P}(\boldsymbol{A}\boldsymbol{z}_{CT} + \boldsymbol{B}\boldsymbol{q}_{CT})$$
$$+ \tilde{\boldsymbol{M}}_{Cd}^T \boldsymbol{\Gamma}_C^{-1} \tilde{\boldsymbol{M}}_{Cd}/2 \qquad (4\text{-}79)$$

式中，$\tilde{\boldsymbol{M}}_{Cd} = \boldsymbol{\tau}_{Cm} + \boldsymbol{\tau}_{Cd} - \hat{\boldsymbol{M}}_{Cd}$。

目标航天器 Lyapunov 函数为将式(4-79)的 C 与 T 互换，闭环系统 Lyapunov 函数为 $V = V_T + V_C$，对 V 求一次导数，代入式(4-70)，整理得到

$$\dot{V} = -2\lambda_C^d \boldsymbol{z}_C^T \boldsymbol{Q}\boldsymbol{z}_C - 2\lambda_T^d \boldsymbol{z}_T^T \boldsymbol{Q}\boldsymbol{z}_T - \lambda_{TC}^d \boldsymbol{z}_{TC}^T \boldsymbol{Q}\boldsymbol{z}_{TC} - \lambda_{CT}^d \boldsymbol{z}_{CT}^T \boldsymbol{Q}\boldsymbol{z}_{CT}$$
$$- \delta\boldsymbol{\omega}_C^T \tilde{\boldsymbol{M}}_{Cd} + \tilde{\boldsymbol{M}}_{Cd}^T \boldsymbol{\Gamma}_C^{-1} \dot{\tilde{\boldsymbol{M}}}_{Cd} - \delta\boldsymbol{\omega}_T^T \tilde{\boldsymbol{M}}_{Td} + \tilde{\boldsymbol{M}}_{Td}^T \boldsymbol{\Gamma}_T^{-1} \dot{\tilde{\boldsymbol{M}}}_{Td} \qquad (4\text{-}80)$$

考虑 $\boldsymbol{\tau}_m$ 和 $\boldsymbol{\tau}_d$ 变化相较控制力矩的滞后性，假设控制周期内 $\dot{\boldsymbol{M}}_{Cd} = \dot{\boldsymbol{M}}_{Td} = \boldsymbol{0}$ 是合理的。将 $\dot{\hat{\boldsymbol{M}}}_{Cd} = \boldsymbol{\Gamma}_C \delta\boldsymbol{\omega}_C$ 和 $\dot{\hat{\boldsymbol{M}}}_{Td} = \boldsymbol{\Gamma}_T \delta\boldsymbol{\omega}_T$ 代入式(4-80)中，同时令 $\dot{\boldsymbol{M}}_{Cd} = \dot{\boldsymbol{M}}_{Td} = \boldsymbol{0}$，式(4-80)可进一步简化为

$$\dot{V} = -2\lambda_C^d \boldsymbol{z}_C^T \boldsymbol{Q}\boldsymbol{z}_C - 2\lambda_T^d \boldsymbol{z}_T^T \boldsymbol{Q}\boldsymbol{z}_T - \lambda_{TC}^d \boldsymbol{z}_{TC}^T \boldsymbol{Q}\boldsymbol{z}_{TC} - \lambda_{CT}^d \boldsymbol{z}_{CT}^T \boldsymbol{Q}\boldsymbol{z}_{CT} \leqslant 0 \qquad (4\text{-}81)$$

基于 Lyapunov 稳定性理论及式(4-81)的半负定性可知闭环系统具有全局稳定性，其渐近稳定性采用 LaSalle 定理分析如下[为表述方便，取 $i, j \in (T, C)$ 且 $i \neq j$]。

(1) 根据二次型特性，由式(4-81)可知 $\dot{V} = 0$ 等价于 $\dot{\boldsymbol{z}}_i = \ddot{\boldsymbol{z}}_i = \dot{\boldsymbol{z}}_{ij} = \ddot{\boldsymbol{z}}_{ij} = \boldsymbol{0}$。

(2) 将 $\dot{\boldsymbol{z}}_i = \ddot{\boldsymbol{z}}_i = \dot{\boldsymbol{z}}_{ij} = \ddot{\boldsymbol{z}}_{ij} = \boldsymbol{0}$ 代入式(4-82)，分析可知 $\delta\dot{\boldsymbol{q}}_i = \dot{\boldsymbol{q}}_{ij} = \boldsymbol{0}$。

$$\begin{cases} \ddot{\boldsymbol{z}}_i = \boldsymbol{A}\dot{\boldsymbol{z}}_i + \boldsymbol{B}\delta\dot{\boldsymbol{q}}_i \\ \ddot{\boldsymbol{z}}_{ij} = \boldsymbol{A}\dot{\boldsymbol{z}}_{ij} + \boldsymbol{B}\boldsymbol{q}_{ij} \end{cases} \qquad (4\text{-}82)$$

(3) 将 $\delta\dot{\boldsymbol{q}}_i = \dot{\boldsymbol{q}}_{ij} = \boldsymbol{0}$ 代入式(4-83)，由矩阵 $\boldsymbol{Q}_1(\delta\boldsymbol{q}_i)$ 和 $\boldsymbol{Q}_1(\boldsymbol{q}_{ij})$ 的非奇异性可得 $\delta\boldsymbol{\omega}_i = \boldsymbol{\omega}_{ij} = \boldsymbol{0}$。

$$\begin{cases} \delta\dot{\boldsymbol{q}}_i = \frac{1}{2}\boldsymbol{Q}_1(\delta\boldsymbol{q}_i)\delta\boldsymbol{\omega}_i \\ \dot{\boldsymbol{q}}_{ij} = \frac{1}{2}\boldsymbol{Q}_1(\boldsymbol{q}_{ij})\boldsymbol{\omega}_{ij} \end{cases} \qquad (4\text{-}83)$$

(4) 将 $\dot{\boldsymbol{z}}_i = \dot{\boldsymbol{z}}_{ij} = \boldsymbol{0}$ 代入式(4-70)，整理可得

$$\boldsymbol{u}_i = -\lambda_i^p \delta\bar{\boldsymbol{q}}_i + \boldsymbol{I}_i \boldsymbol{M}(\delta\boldsymbol{q}_i)\dot{\boldsymbol{\omega}}_{id} + \boldsymbol{\Upsilon}_i^\times \boldsymbol{I}_i \boldsymbol{\Upsilon}_i - \lambda_{ij}^p \bar{\boldsymbol{q}}_{ij} - \hat{\boldsymbol{M}}_{id} \qquad (4\text{-}84)$$

（5）将 $\delta\boldsymbol{\omega}_i = \mathbf{0}$ 代入其定义式，分析可知 $\boldsymbol{\omega}_i = \boldsymbol{M}(\delta\boldsymbol{q}_i)\boldsymbol{\omega}_{id}$。

（6）将 $\boldsymbol{u}_i$ 表达式、$\boldsymbol{\omega}_i = \boldsymbol{M}(\delta\boldsymbol{q}_i)\boldsymbol{\omega}_{id}$ 及 $\delta\dot{\boldsymbol{\omega}}_i = \mathbf{0}$ 代入绝对姿态偏差动力学模型公式，推导可得

$$-\lambda_i^{\mathrm{p}}\delta\bar{\boldsymbol{q}}_i - \lambda_{ij}^{\mathrm{p}}\bar{\boldsymbol{q}}_{ij} + \widetilde{\boldsymbol{M}}_{id} = \mathbf{0} \tag{4-85}$$

根据 $\bar{\boldsymbol{q}}_{ij}$ 的定义式 $\bar{\boldsymbol{q}}_{ij} = \boldsymbol{R}_1(\delta\boldsymbol{q}_j^{-1})\delta\bar{\boldsymbol{q}}_i$，式（4-85）可进一步整理为

$$[\lambda_i^{\mathrm{p}}\boldsymbol{I}_{3\times3} + \lambda_{ij}^{\mathrm{p}}\boldsymbol{R}_1(\delta\boldsymbol{q}_j^{-1})]\delta\bar{\boldsymbol{q}}_i = \widetilde{\boldsymbol{M}}_{id} \tag{4-86}$$

式中，矩阵 $\boldsymbol{R}_1$ 为 $\boldsymbol{R}$ 的前 3×3 子式，满足 $|\boldsymbol{R}_1(\delta\boldsymbol{q})| = \delta q_4$。

令 $\boldsymbol{R}_2 = \lambda_i^{\mathrm{p}}\boldsymbol{I}_{3\times3} + \lambda_{ij}^{\mathrm{p}}\boldsymbol{R}_1(\delta\boldsymbol{q}_j^{-1})$，其行列式计算如式（4-87）所示，可知矩阵 $\boldsymbol{R}_2$ 可逆。

$$|\boldsymbol{R}_2(\boldsymbol{q})| = [(\lambda_{ij}^{\mathrm{p}})^2 + 2\lambda_i^{\mathrm{p}}\lambda_{ij}^{\mathrm{p}}q_4 + (\lambda_i^{\mathrm{p}})^2](\lambda_i^{\mathrm{p}} + \lambda_{ij}^{\mathrm{p}}q_4) > 0 \tag{4-87}$$

（7）基于 λ_i^{p} 和 $\lambda_{ij}^{\mathrm{p}}$ 取值的任意性及 $\boldsymbol{R}_2$ 的可逆性，由式（4-86）可推导得到

$$\begin{cases} \delta\bar{\boldsymbol{q}}_i = \bar{\boldsymbol{q}}_{ij} = 0, \quad \widetilde{\boldsymbol{M}}_{id} = 0 \\ \delta\bar{\boldsymbol{q}}_i = \boldsymbol{R}_2^{-1}(\delta\boldsymbol{q}_j^{-1})\widetilde{\boldsymbol{M}}_{id}, \quad \bar{\boldsymbol{q}}_{ij} = \boldsymbol{R}_1(\delta\boldsymbol{q}_j^{-1})\delta\bar{\boldsymbol{q}}_i, \quad \widetilde{\boldsymbol{M}}_{id} \neq 0 \end{cases} \tag{4-88}$$

（8）将式（4-88）和 $\dot{\boldsymbol{z}}_i = \dot{\boldsymbol{z}}_{ij} = \mathbf{0}$ 代入式（4-89），求解 z_i 和 z_{ij} 如式（4-90）所示。

$$\begin{cases} \dot{\boldsymbol{z}}_i = \boldsymbol{A}\boldsymbol{z}_i + B\delta\boldsymbol{q} \\ \dot{\boldsymbol{z}}_{ij} = \boldsymbol{A}\boldsymbol{z}_{ij} + B\boldsymbol{q}_{ij} \end{cases} \tag{4-89}$$

$$\begin{cases} z_i = z_{ij} = 0, \quad\quad \delta\boldsymbol{q} = \boldsymbol{q}_{ij} = 0 \\ z_i = -\boldsymbol{A}^{-1}B\delta\boldsymbol{q}, \quad \delta\boldsymbol{q} \neq 0 \\ z_{ij} = -\boldsymbol{A}^{-1}B\boldsymbol{q}_{ij}, \quad \boldsymbol{q}_{ij} \neq 0 \end{cases} \tag{4-90}$$

基于以上推导，采用 LaSalle 不变集理论的推论分析可知，如果干扰力矩估计性能良好，即 $\widetilde{\boldsymbol{M}}_{id}$ 渐近趋于 0，则该自适应分散协同控制律具有全局渐近稳定性；如果干扰力矩估计存在偏差，则闭环系统不具有全局渐近稳定性。文献[16]指出，该自适应控制策略下干扰力矩的估计偏差不一定收敛到 0，而是稳定到一有界量。

首先，通过仿真算例分析无干扰力矩作用下基于行为策略的分散协同姿态控制性能，初始状态设计如下：

$$\begin{cases} \boldsymbol{q}_{C0} = [0.8 \quad 0 \quad 0 \quad 0.6]^{\mathrm{T}}, \quad \boldsymbol{\omega}_{C0} = [0.001 \quad 0 \quad 0.002]^{\mathrm{T}}(\mathrm{rad/s}) \\ \boldsymbol{q}_{T0} = [0.5 \quad 0.5 \quad 0.5 \quad 0.5]^{\mathrm{T}}, \quad \boldsymbol{\omega}_{T0} = [0 \quad 0 \quad 0.002]^{\mathrm{T}}(\mathrm{rad/s}) \end{cases} \tag{4-91}$$

轨道高度取为 500km，转动惯量矩阵为

$$\boldsymbol{I} = \begin{bmatrix} 10 & 0 & 0 \\ 0 & 5 & 0 \\ 0 & 0 & 15 \end{bmatrix}(\mathrm{kg}\cdot\mathrm{m}^2) \tag{4-92}$$

考虑对地定向需求，期望欧拉角变化曲线（3-2-1 转序）如图 4.20 所示，图 4.21~图 4.23 给出了无干扰情况下绝对姿态角/角速度跟踪偏差及控制力矩。

由图 4.21 和图 4.22 分析可知,两航天器相对姿态在数秒内减为 0,之后两航天器姿态一直保持对准,直至绝对姿态角/角速度跟踪偏差在约 400s 处减为 0。相对/绝对姿态偏差收敛的时间差异性充分体现了基于行为策略设计姿态控制律的特点:λ_{ij}^p 和 λ_{ij}^d 分别大于 λ_i^p 和 λ_i^d,确保相对姿态控制的优先级。由控制力矩仿真结果可看出,初始相对姿态收敛阶段的力矩数值偏大,而绝对姿态收敛阶段的力矩数值较小,为 $10^{-3}\,\text{N}\cdot\text{m}$ 量级。控制力矩数值受两方面因素影响:一是两航天器初始相对姿态幅值;二是相对姿态收敛需求。因此,相对姿态收敛阶段的控制力矩数值可通过降低收敛的快速性需求得到减小。

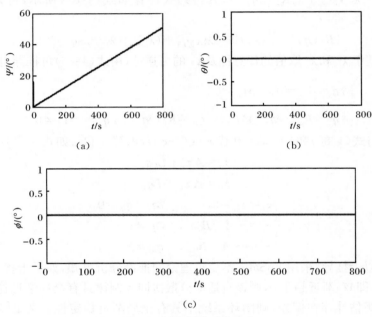

图 4.20　期望绝对姿态角

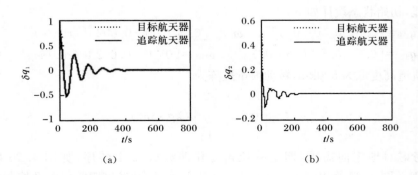

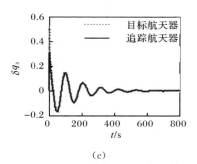

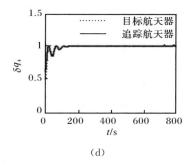

（c）　　　　　　　　　　　　　　　　　（d）

图 4.21　绝对姿态偏差（无干扰，基于行为策略的分散协同控制）

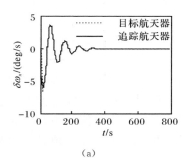

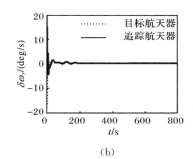

（a）　　　　　　　　　　　　　　　　　（b）

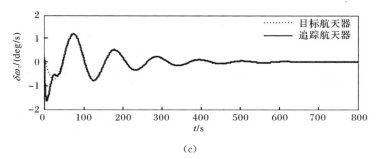

（c）

图 4.22　绝对角速度偏差（无干扰，基于行为策略的分散协同控制）

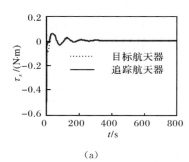

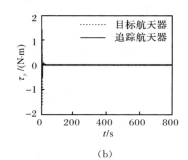

（a）　　　　　　　　　　　　　　　　　（b）

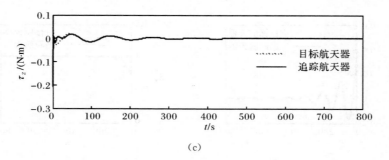

(c)

图 4.23　控制力矩(无干扰,基于行为策略的分散协同控制)

地磁力矩及星间电磁力矩与航天器电磁装置磁矩矢量及具体任务过程相关,设计磁干扰力矩为

$$\begin{cases} \boldsymbol{\tau}_{Td} + \boldsymbol{\tau}_{Tm} = 0.02 + (0.01t/800)\begin{bmatrix} 1 & 1 & 1 \end{bmatrix}^T (N \cdot m) \\ \boldsymbol{\tau}_{Cd} + \boldsymbol{\tau}_{Cm} = 0.01 + (0.01t/800)\begin{bmatrix} 1 & 1 & 1 \end{bmatrix}^T (N \cdot m) \end{cases} \tag{4-93}$$

图 4.24～图 4.27 给出了考虑干扰力矩,采用或不采用自适应控制的仿真结果。由图 4.24 和图 4.25 可知,引入干扰力矩且不采用自适应控制时,绝对/相对角速度偏差收敛性较好;绝对姿态存在偏差;干扰力矩数值较小时相对姿态控制性能几乎不受影响,仍然能在数秒内收敛到 0,但当干扰力矩数值较大时相对姿态存在偏差。

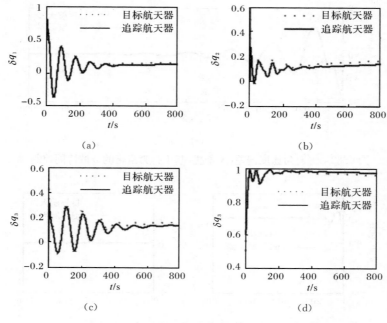

图 4.24　绝对姿态偏差(干扰,基于行为策略的分散协同控制)

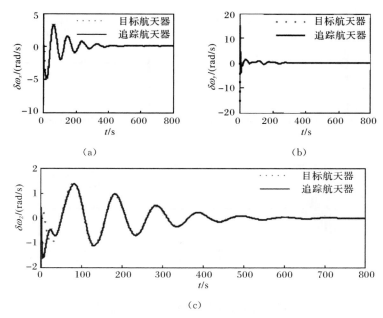

图 4.25　绝对角速度偏差(干扰,基于行为策略的分散协同控制)

由图 4.26 和图 4.27 分析可知,采用自适应控制时,绝对/相对姿态跟踪存在恒定偏差,绝对姿态角速度控制性能较好,能较快收敛到 0。

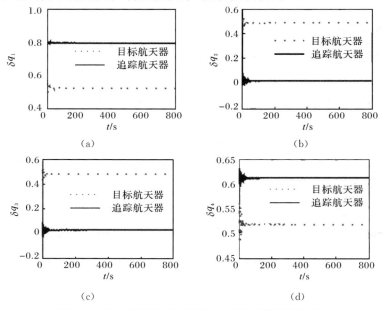

图 4.26　绝对姿态偏差(干扰,自适应分散协同控制)

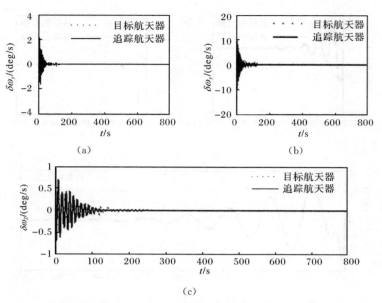

图 4.27　绝对角速度偏差（干扰,自适应分散协同控制）

　　对比仿真结果可知,自适应分散协同姿态控制作用下闭环系统具有稳定性,但不具备渐近稳定性,根本原因在于对干扰力矩的估计存在偏差,进一步验证了前述理论分析。

4.3.4　仿真算例

　　姿态控制律与 ESO 的参数设计为

$$\begin{cases} \lambda_C^P = \lambda_T^P = 0.1, \quad \lambda_C^d = \lambda_T^d = 0.3, \quad \lambda_{CT}^P = \lambda_{TC}^P = 0.5, \quad \lambda_{CT}^d = \lambda_{TC}^d = 1.5 \\ \boldsymbol{\Gamma}_C = \boldsymbol{\Gamma}_T = 3\,\boldsymbol{I}_{3\times3}, \quad \alpha_1 = 0.5, \quad \alpha_2 = 0.25, \quad \delta = 0.01, \quad \beta_{01} = 100 \\ \beta_{02} = 300, \quad \beta_{03} = 400 \end{cases} \quad (4\text{-}94)$$

其余参数及初始状态与前述仿真算例一致,仿真结果如图 4.28～图 4.31 所示。

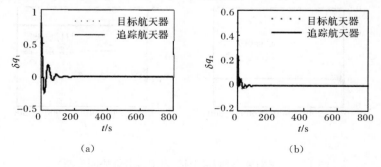

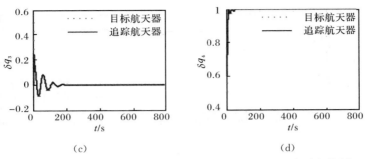

图 4.28　绝对姿态偏差（干扰，基于行为策略＋ESO＋自适应控制）

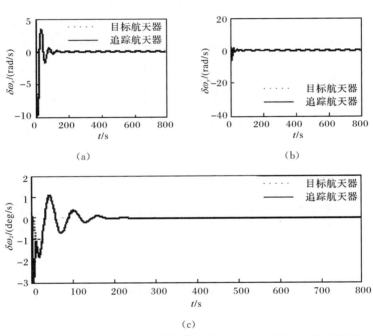

图 4.29　绝对角速度偏差（干扰，基于行为策略＋ESO＋自适应控制）

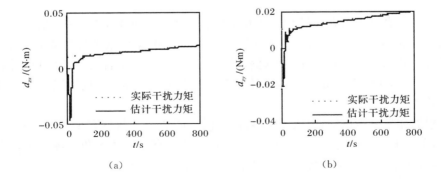

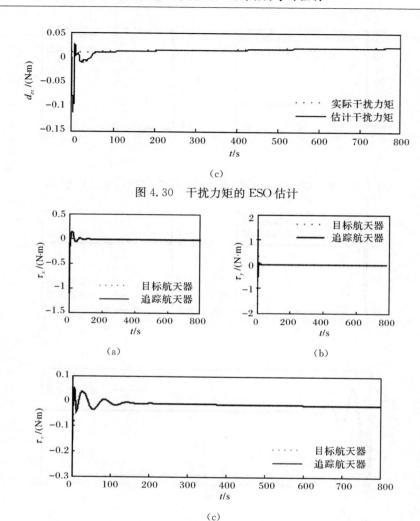

（c）

图 4.30　干扰力矩的 ESO 估计

（a）　　　　　　　　　　　　（b）

（c）

图 4.31　控制力矩（干扰，基于行为策略＋ESO＋自适应控制）

　　分析仿真结果可知，采用 ESO 可较好地估计系统所受干扰力矩，估计收敛时间约为 100s，稳态误差为 0。将该估计值引入负反馈，采用基于行为策略的自适应分散协同姿态控制，绝对姿态控制偏差较快收敛，收敛时间滞后于 ESO 估计收敛时间。另外，相对姿态偏差收敛远比绝对姿态偏差快，与无干扰情况下的仿真结果一致。

　　根据如上分析可知，引入 ESO 可使分散协同姿态控制具有全局渐近稳定性。另外，采用 ESO 还能估计系统状态，使控制系统具有无需姿态角速度测量信息等优势，这在角速度测量系统出现故障情况下是至关重要的。

4.4　分离轨迹的制导控制一体化设计

为满足伴星从主星安全释放及对主星或其他航天器实施自然椭圆近距离绕飞需求,采用循环追踪理论及微分同胚映射方法设计空间电磁分离制导控制律。

4.4.1　循环追踪控制基本理论

循环追踪控制[17]:考虑三维空间中由 n_A 个 Agent 组成的系统,若对 Agent i 施加控制使之追踪 Agent $i+1$,追踪策略以 n_A 取模,即当 $i+1 > n_A$ 时取 $i+1=1$,这种控制策略称为循环追踪控制。

基于循环追踪理论设计制导控制律可应用于一阶或二阶系统,控制量分别为速度脉冲和加速度。考虑一阶系统 $\dot{\boldsymbol{X}}_i = k_g \boldsymbol{u}_i$,$\boldsymbol{X}_i$ 为 Agent i 的运动状态,$k_g \in \boldsymbol{R} > 0$,设计 Agent i 的循环追踪控制律为[18]

$$\boldsymbol{u}_i = \boldsymbol{R}(\alpha_R)(\boldsymbol{X}_{i+1} - \boldsymbol{X}_i) - k_c \boldsymbol{X}_i \tag{4-95}$$

式中,$\alpha_R \in [-\pi, \pi)$;$k_c \geqslant 0$;$\boldsymbol{R}(\alpha_R)$ 为旋转矩阵。

令 $\boldsymbol{X} = \begin{bmatrix} \boldsymbol{X}_1^T & \boldsymbol{X}_2^T & \cdots & \boldsymbol{X}_{n_A}^T \end{bmatrix}^T$ 为整个系统的运动状态矢量,基于式(4-95)可得该 n_A 个 Agent 组成系统的闭环动力学为

$$\dot{\boldsymbol{X}} = (\boldsymbol{L} \otimes \boldsymbol{R}(\alpha_R) - k_c \boldsymbol{I}_{3n_A}) \boldsymbol{X} \tag{4-96}$$

式中,$\otimes$ 为 Kronecker 叉乘;$\boldsymbol{L}$ 为循环矩阵,定义如下:

$$\boldsymbol{L} = \begin{bmatrix} -1 & 1 & 0 & \cdots & 0 \\ 0 & -1 & 1 & \cdots & 0 \\ \vdots & \vdots & \vdots & & \vdots \\ 1 & 0 & 0 & 0 & -1 \end{bmatrix}_{n_A \times n_A} \tag{4-97}$$

文献[18]指出,在如式(4-95)所示控制作用下,从任意位置(除参考坐标系原点)出发的 n_A 个 Agent 都会指数收敛到如下对称构形。

(1) $k_c = 0$,收敛到以初始系统质心为中心的对称构形。如 $0 \leqslant |\alpha_R| < \pi/n_A$,收敛到中心;如 $|\alpha_R| = \pi/n_A$,稳定到圆环且各 Agent 间相位均匀分布;如 $\pi/n_A < |\alpha_R| < 2\pi/n_A$,稳定到对数螺旋线且各 Agent 间相位均匀分布,相对距离逐渐增大。

(2) $k_c > 0$,收敛到以参考坐标系原点为中心的对称构形。如 $0 \leqslant |\alpha_R| \leqslant \pi/n_A$,收敛到中心;如 $\pi/n_A < |\alpha_R| < 2\pi/n_A$,存在三种情况:如 $k_c > 2\sin(\pi/n_A)\sin(\alpha_1 - \pi/n_A)$,收敛到中心;如 $k_c = 2\sin(\pi/n_A)\sin(\alpha_R - \pi/n_A)$,稳定到圆环且各 Agent 间相位均匀分布;如 $k_c < 2\sin(\pi/n_A)\sin(\alpha_R - \pi/n_A)$,稳定到对数螺旋线且各 Agent 间相位均匀分布,相对距离逐渐增大。

考虑二阶系统 $\ddot{\boldsymbol{X}}_i = k_g \boldsymbol{u}_i$，设计 Agent i 的循环追踪控制律为[19]

$$\boldsymbol{u}_i = k_d \boldsymbol{R}(\alpha_R)(\boldsymbol{X}_{i+1} - \boldsymbol{X}_i) + \boldsymbol{R}(\alpha_R)(\dot{\boldsymbol{X}}_{i+1} - \dot{\boldsymbol{X}}_i) \qquad (4\text{-}98)$$

$$- k_c k_d \boldsymbol{X}_i - \left(k_c + \frac{k_d}{k_g}\right)\dot{\boldsymbol{X}}_i$$

类似于式(4-96)，二阶系统的闭环动力学推导为

$$\begin{bmatrix} \dot{\boldsymbol{X}} \\ \ddot{\boldsymbol{X}} \end{bmatrix} = \begin{bmatrix} \boldsymbol{0} & \boldsymbol{I}_{3n} \\ k_d \boldsymbol{A}(\alpha_R) & \boldsymbol{A}(\alpha_R) - \dfrac{k_d}{k_g}\boldsymbol{I}_{3n} \end{bmatrix} \begin{bmatrix} \boldsymbol{X} \\ \dot{\boldsymbol{X}} \end{bmatrix} \qquad (4\text{-}99)$$

式中，$\boldsymbol{A}(\alpha_R) = \boldsymbol{L} \otimes \boldsymbol{R}(\alpha_R) - k_c \boldsymbol{I}_{3n}$。

文献[18]指出，当 $-k_d$ 不是 $\boldsymbol{A}(\alpha_R)$ 的特征值时，在循环追踪控制式(4-98)作用下，二阶闭环系统具有与一阶闭环系统一致的收敛特性。

4.4.2 分离轨迹的制导控制律设计

假定伴星、主星及目标星位于同一轨道面，针对图 3.14 所示两类伴星后续任务开展制导控制律设计。选取状态变量为 $\boldsymbol{X} = \begin{bmatrix} x & \dot{x} & y & \dot{y} \end{bmatrix}^T$，推导得到电磁分离动力学模型为

$$\begin{cases} \ddot{x} = 2n\dot{y} + 3n^2 x + u_{ax} = f_1(\boldsymbol{X}) + u_{ax} \\ \ddot{y} = -2n\dot{x} + u_{ay} = f_2(\boldsymbol{X}) + u_{ay} \end{cases} \qquad (4\text{-}100)$$

式中，u_{ax}、u_{ay} 为电磁控制加速度。

由式(4-100)可知，当所设计的循环追踪制导控制律满足式(4-101)时无需再施加控制 u_{ax}、u_{ay}。

$$u_{cx} = f_1(\boldsymbol{X}), \qquad u_{cy} = f_2(\boldsymbol{X}) \qquad (4\text{-}101)$$

参考坐标系分别取为原点位于主星、目标星质心的 Hill 系，虚拟伴星与伴星位于同一绕飞轨道且以坐标系原点对称，循环追踪策略为伴星追踪虚拟伴星、虚拟伴星追踪伴星[20]，如图 4.32 所示。

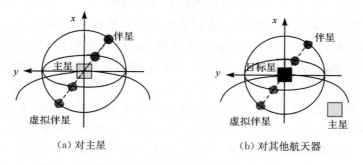

(a) 对主星　　　　　　　　　　(b) 对其他航天器

图 4.32　循环追踪策略及构形变换

　　制导控制律设计思路为：采用循环追踪理论设计制导控制律式（4-102），使两航天器形成圆形绕飞；将式（4-102）中 $\boldsymbol{R}(\alpha_R)$ 替换为 $\boldsymbol{TR}(\alpha_R)\boldsymbol{T}^{-1}$，即可得到满足自然椭圆绕飞需求的循环追踪制导控制律，其中 $\boldsymbol{T}$ 为微分同胚映射，如式（4-103）所示。

$$\boldsymbol{u}_P = -k_g\Big\{\big(2k_d\boldsymbol{R}(\alpha_R)+k_ck_d\boldsymbol{I}_{2\times2}\big)\boldsymbol{X}_1$$
$$+\Big[2\boldsymbol{R}(\alpha_R)+\Big(k_c+\frac{k_d}{k_g}\Big)\boldsymbol{I}_{2\times2}\Big]\dot{\boldsymbol{X}}_1\Big\} \tag{4-102}$$

式中，$\boldsymbol{X}_1=\begin{bmatrix}x & y\end{bmatrix}^{\mathrm{T}}$。

$$\boldsymbol{T}=\begin{bmatrix}\dfrac{1}{2} & 0 \\[2mm] 0 & 1\end{bmatrix} \tag{4-103}$$

4.4.3　参数整定

　　设期望绕飞椭圆短半轴为 r，绕飞角速度与主星或目标星绝对轨道角速度一致，取为 n。由式（4-102）可知，待整定参数包括 α_R、$\boldsymbol{R}(\alpha_R)$、k_g、k_d、k_c，可通过对其适当设计实现期望绕飞构形。

　　1）α_R 及 $\boldsymbol{R}(\alpha_R)$

　　α_R 取值影响系统收敛到期望构形的快慢，且需满足 4.4.1 节所指相应条件。$\boldsymbol{R}(\alpha_R)$ 为绕飞平面旋转矩阵，首先将其设计为绕 oz 轴旋转，然后根据式（4-104）对其左乘相应旋转矩阵，最终得到期望绕飞平面的旋转矩阵。坐标系旋转如图 4.33 所示，其中 oXY 为期望绕飞平面。

$$\boldsymbol{R}(\alpha_R)=\boldsymbol{M}_1(\gamma)\boldsymbol{M}_3(\eta)\boldsymbol{R}_z(\alpha_R) \tag{4-104}$$

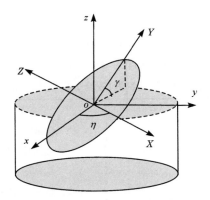

图 4.33　绕飞平面坐标系旋转

2) k_c

同样，k_c 设计首先也必须满足 4.4.1 节所指相应条件，其次可通过设计 k_c 实现期望的绕飞圆半径 r。k_c 设计为

$$k_c = 2\sin\left(\frac{\pi}{k}\right)\sin\left(\alpha_R - \frac{\pi}{k}\right)\frac{\| -2\boldsymbol{X}_{P1} \|}{2r\sin(\pi/k)}$$

$$= \sin\left(\alpha_R - \frac{\pi}{k}\right)\frac{\| -2\boldsymbol{X}_{P1} \|}{r} > 0 \tag{4-105}$$

式中，k 为航天器数目，本设计中取为 2。

分析式(4-105)可知，当航天器间相对距离大于设计值 $2r\sin(\pi/k)$ 时，$k_c >$ $2\sin(\pi/k)\sin(\alpha_1 - \pi/k)$，根据 4.4.1 节理论可知航天器系统收敛；当航天器间相对距离小于设计值 $2r\sin(\pi/k)$ 时，$k_c < 2\sin(\pi/k)\sin(\alpha_1 - \pi/k)$，航天器系统按对数螺旋线发散。因此，式(4-105)所示 k_c 设计可实现期望绕飞圆半径 r。

3) k_d

根据谱分析理论可知，二阶闭环系统式(4-99)的特征值由两部分组成：其一为 $2k$ 维的 $-k_d$；其二为 $2k$ 维 $k_g\boldsymbol{A}(\alpha_R)$ 的特征值。综合分析可知，一方面，k_d 影响闭环系统特征值分布，即影响轨迹收敛速度；另一方面，由式(4-102)可知 k_d 影响控制量幅值。因此，k_d 的设计存在优化空间。

4) k_g

同样，由谱分析理论可知，k_g 一方面影响闭环系统特征值及控制量幅值；另一方面可通过 k_g 设计实现期望的圆形绕飞角速度 n。k_g 设计为

$$k_g = \frac{n}{2\sin\left(\frac{\pi}{k}\right)\cos\left(\alpha_R - \frac{\pi}{k}\right)} \tag{4-106}$$

4.4.4　仿真算例

仿真参数如表 4.2 所示，伴星采用 R-bar 电磁分离方式从主星释放，$\boldsymbol{X}_{P0} =$ $[0.1\text{m}\ \ 0\ \ 0\ \ 0]^T$，目标星初始位置为 $\boldsymbol{X}_{T0} = [x_{T0}\ \ y_{T0}]^T = [30\text{m}\ \ 30\text{m}]^T$。

表 4.2　仿真参数(安全分离轨迹控制)

参数	取值	参数	取值
主星(目标星)轨道高度 H/km	500	绕飞角速度 $n/(\text{rad/s})$	0.0011
绕飞椭圆半短轴 r/m	10	绕飞旋转轴	oz
旋转角 α_R/rad	$3\pi/4$	k_d	0.1
主星磁矩 $\mu_M/(\text{A}\cdot\text{m}^2)$	50π	主星磁矩与 ox 轴夹角/(°)	0

仿真结果如图 4.34～图 4.37 所示，"□"表示伴星初始位置，"○"表示仿真末时刻伴星位置。图 4.34 中"◇"表示主星位置，而图 4.36 中"◇"表示目标航天器

位置。分析仿真结果可知,基于循环追踪理论及微分同胚映射方法设计空间电磁分离制导控制律是可行的,能实现伴星从主星安全释放,且对主星或其他航天器形成自然椭圆近距离绕飞,绕飞平面、椭圆半长轴、绕飞角速度等可通过制导控制律参数设计得以控制。另外,从控制加速度/实际控制变量的幅值及变化特性可知制导控制律是实际可行的。

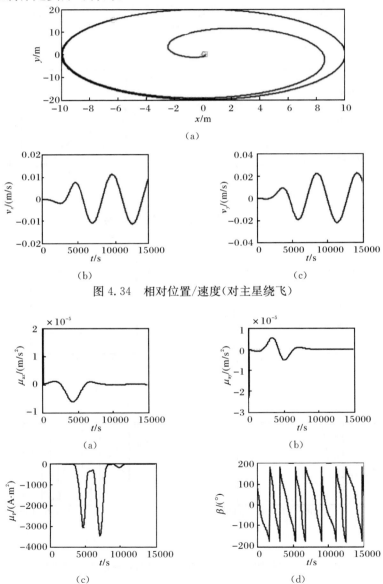

图 4.34　相对位置/速度(对主星绕飞)

图 4.35　控制加速度/实际控制变量(对主星绕飞)

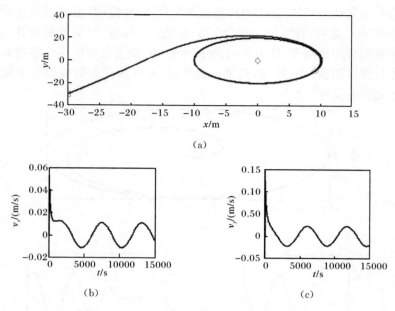

图 4.36　相对位置/速度(对目标航天器绕飞)

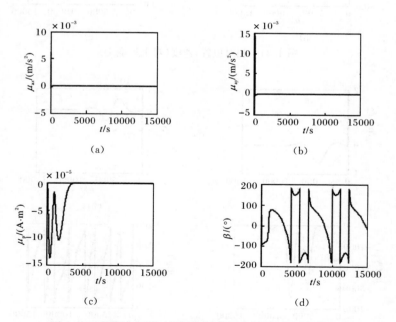

图 4.37　控制加速度/实际控制变量(对目标航天器绕飞)

4.5　小　　结

本章针对航天器电磁对接/分离控制开展研究,分别采用反馈线性化＋鲁棒 H_∞、反馈线性化＋ESO＋LQR 以及基于 Lyapunov 主稳定性理论的自适应方法设计了对接轨迹跟踪的鲁棒及自适应控制律;采用绝对姿态/相对姿态的四元数表示,研究了对接姿态的分散协同鲁棒控制,并分析了该控制律作用下闭环系统的全局渐近稳定性;最后,针对电磁分离需求,采用循环追踪理论设计了分离轨迹的制导控制律。本章研究得出以下结论。

（1）采用反馈线性化方法可有效解决空间电磁对接动力学的强非线性问题,进而采用鲁棒 H_∞、ESO＋LQR 设计对接轨迹跟踪控制律具有强鲁棒性,可实现柔性对接需求;采用基于 Lyapunov 主稳定性理论的对接轨迹跟踪控制律对电磁力模型偏差和外界干扰具有较强适应性。

（2）航天器电磁对接的姿态控制必须重点考虑,基于绝对姿态跟踪/相对姿态对准控制策略设计分散协同控制律具有较强鲁棒性,相对姿态对准与绝对姿态跟踪的快速性可通过控制参数调节。

（3）利用循环追踪理论设计的分离轨迹制导控制律可实现航天器安全分离,分离后的自由运动轨迹满足设定需求,且该运动轨迹变化可通过调节控制律参数快速实现。

参 考 文 献

[1] Khalil H K. Nonlinear Systems[M]. New Jersey:Prentice Hall Inc,1996.

[2] 周克敏,Doyle J C,Glover K. 鲁棒与最优控制[M]. 北京:国防工业出版社,2002.

[3] 韩京清. 一类不确定对象的扩张状态观测器[J]. 控制与决策,1995,10(1):85～88.

[4] 韩京清. 从 PID 技术到"自抗扰控制"技术[J]. 控制工程,2002,9(3):13～18.

[5] 韩京清,张荣. 二阶扩张状态观测器的误差分析[J]. 系统科学与数学,1999,19(4):465～471.

[6] 黄一,韩京清. 非线性连续二阶扩张状态观测器的分析与设计[J]. 科学通报,2000,45(13):1373～1379.

[7] Zhang Y W, Yang L P, Zhu Y W. Estimate error analysis of the nonlinear third order extended state observer[C]// The 10th World Congress on Intelligent Control and Automation,Beijing,2012.

[8] 王宇航,姚郁,马克茂. 二阶扩张状态观测器的误差估计[J]. 吉林大学学报:工学版,2010,40(1):143～147.

[9] 郑大钟. 线性系统理论[M]. 北京:清华大学出版社,2005.

[10] Feng C,Lozano R. Adaptive Control Systems[M]. Oxford:Butterworth Heinemann Linacre House,1999.

[11] Jean-Jacques E S, Li W P. Applied Nonlinear Control[M]. New Jersey:Prentice Hall Inc,1991.

[12] Fehse W. Automated Rendezvous and Docking of Spacecraft[M]. Cambridge:Cambridge University Press,2003.

[13] Scharf D P,Hadaegh F Y,Ploen S R. A survey of spacecraft formation flying guidance and control (part II):Control[C]//American Control Conference,Boston,2004.

[14] Mehrabian A R, Tafazoli S, Khorasani K. Coordinated attitude control of spacecraft formation without angular velocity feedback:A decentralized approach[C]// AIAA Guidance,Navigation,and Control Conference,Illinois,2009.

[15] 韩京清. 自抗扰控制技术——估计补偿不确定因素的控制技术[M]. 北京:国防工业出版社,2009.

[16] Ahsun U. Dynamics and Control of Electromagnetic Satellite Formations[D]. Cambridge:Massachusetts Institute of Technology,2007.

[17] 杨涛. 面向空间任务的追踪理论与应用研究[D]. 长沙:国防科学技术大学,2010.

[18] Riberos J L. New Decentralized Algorithms for Spacecraft Formation Control Based on A Cyclic Approach[D]. Cambridge:Massachusetts Institute of Technology,2010.

[19] Pavone M, Frazzoli E. Decentralized policies for geometric pattern formation and path converge[J]. Journal of Dynamics Systems, Measurement, and Control, 2007, 129(5):633~640.

[20] 任仙海. 航天器近距离观测任务规划研究[D]. 长沙:国防科学技术大学,2011.

第 5 章　电磁对接/分离角动量管理

5.1　概　　述

本章内容是第 4 章研究的补充与深化,主要解决航天器电磁对接/分离过程中角动量管理的设计问题。在航天器电磁对接/分离任务中,由于两航天器本身的主动姿控需求以及星间电磁力矩、地磁力矩和其他干扰力矩的综合作用,姿控执行机构角动量容易达到饱和,易导致姿控系统失效。因此,角动量管理是空间电磁对接/分离控制设计的重要组成部分。

星间电磁力矩和地磁力矩影响航天器姿控系统稳定及性能,在第 4 章中将该磁力矩看成干扰,基此设计了目标和追踪航天器姿态控制律。然而,该姿控设计具有一定保守性,即未有效利用星间电磁力矩和地磁力矩。磁力矩由目标和追踪航天器磁矩确定,通过调节磁矩理论上可实现对磁力矩的有效利用,包括力矩控制、角动量管理等。

本章首先推导建立地磁偶极子模型,进而研究综合利用星间电磁力矩和地磁力矩对姿控执行机构角动量进行管理的方法;其次提出空间电磁对接/分离的 ACMM 设计策略,开展初步的"序列磁偶极子求解"和"ACMM 控制"研究。

5.2　地磁偶极子模型

地磁场由两部分组成,其中主体部分来源于地球本体,占整个磁场强度的 90% 以上,次要部分来源于电离层内运动电荷、太阳风等。地磁场建模复杂,目前较精确的地磁场模型主要有 WMM(world magnetic model)以及 IGRF(international geomagnetic reference field)。将地磁场模型取一阶近似为磁偶极子模型,模型精度满足控制需求。地磁偶极子中心位于地心,方向从地理坐标(71.78°W,79.74°N)指向地心,磁矩数值 $\boldsymbol{\mu}_E$ 为 8×10^{22} A・m^2。

地磁偶极子的坐标表示如图 5.1 所示,$O_E X_I Y_I Z_I$ 和 $O_E X_E Y_E Z_E$ 分别为 ECI 和 ECF 坐标系,$\boldsymbol{\mu}_E$ 为地磁偶极子磁矩,α_E 和 λ_E 分别为地磁偶极子 S 极的地理余纬和经度,φ_E 为 ECF 系相对于 ECI 系的旋转角,$R_i (i \in \text{T 或 C})$ 为航天器 i 的地心矢径。基于图 5.1 坐标表示,ECI 系的地磁偶极子投影分量表达式推导为

$$\boldsymbol{\mu}_{\mathrm{E}}=\begin{bmatrix} \sin\alpha_{\mathrm{E}}(\sin\varphi_{\mathrm{E}}\sin\lambda_{\mathrm{E}}-\cos\varphi_{\mathrm{E}}\cos\lambda_{\mathrm{E}}) \\ -\sin\alpha_{\mathrm{E}}(\sin\varphi_{\mathrm{E}}\cos\lambda_{\mathrm{E}}+\cos\varphi_{\mathrm{E}}\sin\lambda_{\mathrm{E}}) \\ -\cos\alpha_{\mathrm{E}} \end{bmatrix}\mu_{\mathrm{E}} \tag{5-1}$$

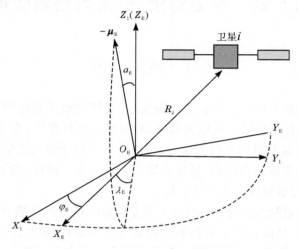

图 5.1　地磁偶极子的坐标表示

根据远场电磁力矩公式,直接给出航天器 i 所受地磁力矩的矢量模型为

$$\boldsymbol{\tau}_{i\mathrm{E}}=\boldsymbol{\mu}_i\times\boldsymbol{B}_{\mathrm{E}} \tag{5-2}$$

分析式(5-2)可知以下几点。

(1) 地磁力矩 $\boldsymbol{\tau}_{i\mathrm{E}}$ 垂直于地磁强度矢量 $\boldsymbol{B}_{\mathrm{E}}$。因此,一方面,地磁力矩位于以地磁强度矢量方向为法线的平面内;另一方面,基于地磁力矩的角动量管理仅能卸载该平面内累积的角动量分量。

(2) 设计电磁磁矩矢量 $\boldsymbol{\mu}_i$ 平行于地磁强度矢量 $\boldsymbol{B}_{\mathrm{E}}$,理论上可以使航天器 i 所受地磁力矩为 0。

(3) 虽然地磁力矩矢量被限制于以地磁强度矢量方向为法线的平面内,但由于地球自转导致地磁强度矢量方向不断变化,可利用航天器可控姿态运动(使累积角动量矢量方向不断变化),通过时间累积效应来卸载姿控系统角动量。

式(5-2)中,地磁强度矢量 $\boldsymbol{B}_{\mathrm{E}}$ 的表达式为

$$\boldsymbol{B}_{\mathrm{E}}(\boldsymbol{R}_i)=\frac{\mu_0}{4\pi}\left(\frac{3\,\boldsymbol{\mu}_{\mathrm{E}}\cdot\boldsymbol{R}_i}{R_i^5}\boldsymbol{R}_i-\frac{\boldsymbol{\mu}_{\mathrm{E}}}{R_i^3}\right)=\frac{\mu_0\mu_{\mathrm{E}}}{4\pi R_i^3}\left[3\,\bar{\boldsymbol{R}}_i(\bar{\boldsymbol{\mu}}_{\mathrm{E}}\cdot\bar{\boldsymbol{R}}_i)-\bar{\boldsymbol{\mu}}_{\mathrm{E}}\right] \tag{5-3}$$

式中,矢量带上标"-"表示其单位矢量。

式(5-3)的 ECI 系投影分量表达式较复杂,影响其特性分析及后续角动量管理设计,为此本节定义了一类轨道惯性坐标系 $o_{\mathrm{CM}}x_{\mathrm{I}}y_{\mathrm{I}}z_{\mathrm{I}}$,如图 5.2 所示,坐标系原点位于"CM",$t=0$ 时刻 $o_{\mathrm{CM}}x_{\mathrm{I}}y_{\mathrm{I}}z_{\mathrm{I}}$ 系与 Hill 系重合,$\theta(t)=nt$ 为两坐标系夹角。

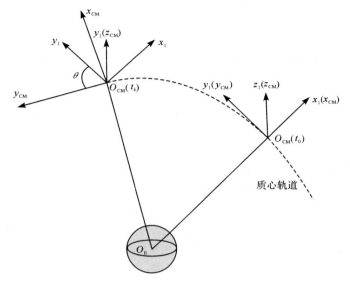

图 5.2　轨道惯性坐标系与 Hill 系的空间几何

空间电磁对接/分离研究中,由于星间相对距离远小于地心距离,可将航天器地心距离矢量 $\boldsymbol{R}_i$ 向"CM"轨道系投影,投影分量表达式为

$$\boldsymbol{R}_i = \begin{bmatrix} R_i & 0 & 0 \end{bmatrix}^T \tag{5-4}$$

根据 $o_{CM}x_Iy_Iz_I$ 系与"CM"轨道系的空间几何关系,将式(5-4)投影到 $o_{CM}x_Iy_Iz_I$ 系,得

$$\boldsymbol{R}_i = \begin{bmatrix} \cos nt & -\sin nt & 0 \\ \sin nt & \cos nt & 0 \\ 0 & 0 & 1 \end{bmatrix} \begin{bmatrix} R_i \\ 0 \\ 0 \end{bmatrix} = R_i \begin{bmatrix} \cos nt \\ \sin nt \\ 0 \end{bmatrix} = R_i \bar{\boldsymbol{R}}_i \tag{5-5}$$

不失一般性,假设 $t=0$ 时刻坐标系 $o_{CM}x_Iy_Iz_I$ 穿过地球赤道面,即初始纬度辐角 $u_0=0$。该假设下,从 ECI 系到 $o_{CM}x_Iy_Iz_I$ 系可通过 3-1 转序旋转得到,转角分别为升交点赤经 Ω 和轨道倾角 i,旋转矩阵为

$$^{CM\_I}\boldsymbol{M}^{ECI} = \begin{bmatrix} \cos\Omega & \sin\Omega & 0 \\ -\sin\Omega\cos i & \cos\Omega\cos i & \sin i \\ \sin\Omega\sin i & -\cos\Omega\sin i & \cos i \end{bmatrix} \tag{5-6}$$

基于式(5-1)和式(5-6),将地磁磁矩 $\boldsymbol{\mu}_E$ 投影到坐标系 $o_{CM}x_Iy_Iz_I$,得

$$\boldsymbol{\mu}_E = \begin{bmatrix} \cos\Omega & \sin\Omega & 0 \\ -\sin\Omega\cos i & \cos\Omega\cos i & \sin i \\ \sin\Omega\sin i & -\cos\Omega\sin i & \cos i \end{bmatrix} \begin{bmatrix} \sin\alpha_E(\sin\varphi_E\sin\lambda_E - \cos\varphi_E\cos\lambda_E) \\ -\sin\alpha_E(\sin\varphi_E\cos\lambda_E + \cos\varphi_E\sin\lambda_E) \\ -\cos\alpha_E \end{bmatrix} \mu_E$$

$$= \mu_E \bar{\boldsymbol{\mu}}_E \tag{5-7}$$

将式(5-5)和式(5-7)代入地磁强度矢量式(5-3),推导得到 $o_{CM}x_Iy_Iz_I$ 系投影的地磁强度分量表达式为

$$\boldsymbol{B}_E(\boldsymbol{R}_i) = \frac{\mu_0\mu_E\,\overline{\boldsymbol{B}}_E}{4\pi R_i^3} = \mu_0\mu_E\begin{bmatrix}\overline{B}_{Ex} & \overline{B}_{Ey} & \overline{B}_{Ez}\end{bmatrix}^T\frac{1}{4\pi R_i^3} \tag{5-8}$$

5.3　基于地磁场作用的角动量管理

基于地磁场作用的空间电磁对接/分离角动量管理设计如图 5.3 所示,将基于地磁场作用的空间电磁对接/分离角动量管理模式分为两类[1,2]:一类为正常模式(任务模式),该模式下姿控执行机构角动量尚未达到设定阈值,采用星间电磁力矩与地磁力矩综合作用可实现多类角动量管理需求,如调整航天器磁力矩分布、使航天器角动量累积总和最小等;另一类为角动量卸载模式,该模式下姿控执行机构角动量达到或超过设定阈值,可采用星间电磁力矩卸载执行机构角动量。

图 5.3 中,等式(∗)的设计基于如下考虑:一是满足条件的两航天器始终处于同一自然椭圆轨道,航天器相对"CM"的位置/速度满足式(5-9),轨迹运动不消耗推进剂;二是为了保证角动量卸载阶段的轨迹安全性,自由运动状态下两航天器相对位置满足被动安全性需求。

$$\begin{cases}v_x = \dfrac{ny}{2}\\[2mm] v_y = -2nx\end{cases} \tag{5-9}$$

5.3.1　正常模式的动量管理

正常模式的动量管理研究满足轨控作用力需求下调节磁矩矢量使追踪航天器(或目标航天器)所受星间电磁力矩与地磁力矩相消,减缓其姿控执行机构的角动量累积。以 V-bar、R-bar 及 H-bar 对接为例,本节研究正常模式的动量管理及相应的磁偶极子求解算法。

由相对运动的面内与面外解耦以及星间电磁力远场模型特性,设计磁偶极子矢量方向如图 5.4 所示,"N"和"S"分别表示磁偶极子北、南极,粗箭头表示航天器在轨道上的运动方向,而细箭头表示地球的自转方向。

1. V-bar 对接

基于"CM"轨道系设计期望对接路径 y_{des}、$\dot{y}_{des}$、$\ddot{y}_{des}$,根据 Hill 模型[3]推导期望控制力为

$$\boldsymbol{F}_{desV} = \begin{bmatrix}F_{xdes} & F_{ydes} & F_{zdes}\end{bmatrix}^T = m\begin{bmatrix}-2n\dot{y}_{des} & \ddot{y}_{des} & 0\end{bmatrix}^T \tag{5-10}$$

期望控制力由星间电磁力提供,根据远场电磁力模型以及图 5.4(a)所示磁偶

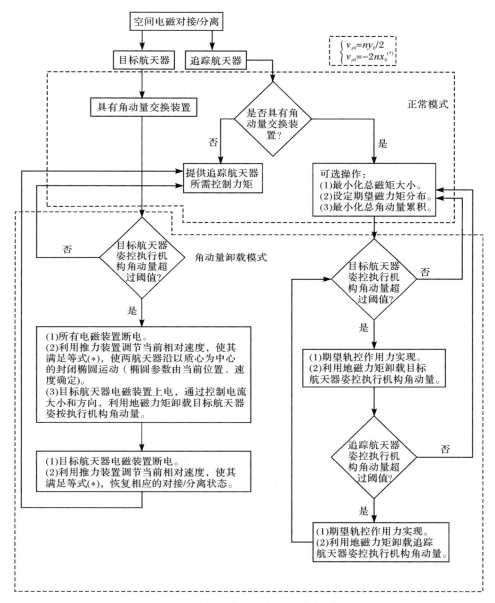

图 5.3　基于地磁场作用的空间电磁对接/分离角动量管理

极子方向,假定磁偶极子与 $o_{CM}y_{CM}$ 轴夹角分别为 α、β,推导得到星间电磁力与期望控制力的等价方程如下:

$$\frac{3}{2\pi}\frac{\mu_0\mu_T\mu_C}{y_{des}^4}\begin{bmatrix} -2\cos\alpha\cos\beta+\sin\alpha\sin\beta \\ \cos\alpha\sin\beta+\sin\alpha\cos\beta \end{bmatrix}=\begin{bmatrix} m\ddot{y}_{des} \\ -2\,mn\dot{y}_{des} \end{bmatrix} \tag{5-11}$$

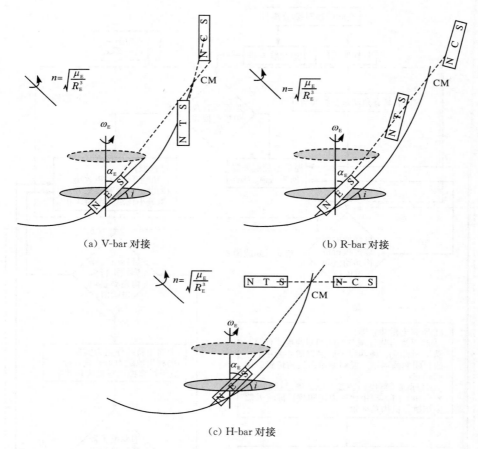

（a）V-bar 对接　　　　　　　　　　　　　（b）R-bar 对接

（c）H-bar 对接

图 5.4　三类基本对接情形的磁偶极子方向

分析式（5-11）可知，控制变量数目为 4，而运动方程数目为 2，存在 2 个自由控制变量。在此，选取 (μ_T,α) 为自由变量。假定 $\dot{y}_{des}\neq0$，(μ_C,β) 可由式（5-11）求解，为

$$\beta=\begin{cases}\arctan(k_1/k_2), & k_1>0,k_2>0\\ \arctan(k_1/k_2), & k_1>0,k_2<0\\ \arctan(k_1/k_2)-\pi, & k_1<0,k_2<0\\ \text{atctan}(k_1/k_2)+\pi, & k_1<0,k_2>0\end{cases}$$

$$\mu_C=\frac{\dot{y}_{des}}{c_2\mu_T(\cos\alpha\sin\beta+\sin\alpha\cos\beta)}\tag{5-12}$$

式中，(c_1,c_2) 定义见式（5-13）；而 (k_1,k_2) 推导如式（5-14）所示。

$$c_1=\frac{-3\mu_0}{2\pi m y_{des}^4}, \quad c_2=\frac{-3\mu_0}{4\pi m n y_{des}^4}\tag{5-13}$$

$$k_1=2c_1\cos\alpha\dot{y}_{des}-c_2\sin\alpha\ddot{y}_{des}, \quad k_2=c_1\sin\alpha\dot{y}_{des}+c_2\cos\alpha\ddot{y}_{des}\tag{5-14}$$

通过调节自由变量(μ_T,α)使追踪航天器所受星间电磁力矩与地磁力矩抵消。由追踪航天器磁力矩表达式(5-15)可知,如果满足$\boldsymbol{B}_E+\boldsymbol{B}_{CT}=\boldsymbol{0}$,则$\boldsymbol{\tau}_C=\boldsymbol{0}$。

$$\boldsymbol{\tau}_C=\boldsymbol{\mu}_C\times(\boldsymbol{B}_E+\boldsymbol{B}_{CT}) \tag{5-15}$$

式中,$\boldsymbol{B}_{CT}$为目标航天器电磁装置在追踪航天器处的磁场强度。

将$\boldsymbol{\mu}_T$和$\boldsymbol{r}_{CT}$投影到坐标系$o_{CM}x_Iy_Iz_I$得其标量表达式为

$$\boldsymbol{\mu}_T=\mu_T\begin{bmatrix}\cos nt & -\sin nt & 0\\ \sin nt & \cos nt & 0\\ 0 & 0 & 1\end{bmatrix}\begin{bmatrix}\sin\alpha\\ \cos\alpha\\ 0\end{bmatrix}=\mu_T\begin{bmatrix}\sin\alpha\cos nt-\cos\alpha\sin nt\\ \sin\alpha\sin nt+\cos\alpha\cos nt\\ 0\end{bmatrix} \tag{5-16}$$

$$\boldsymbol{r}_{CT}=r_{CT}\begin{bmatrix}\cos nt & -\sin nt & 0\\ \sin nt & \cos nt & 0\\ 0 & 0 & 1\end{bmatrix}\begin{bmatrix}0\\ 1\\ 0\end{bmatrix}=r_{CT}\begin{bmatrix}-\sin nt\\ \cos nt\\ 0\end{bmatrix} \tag{5-17}$$

类似于地磁强度矢量在坐标系$o_{CM}x_Iy_Iz_I$的投影分量表达式推导,将式(5-16)和式(5-17)代入电磁强度矢量表达式,得到$\boldsymbol{B}_{CT}$在$o_{CM}x_Iy_Iz_I$系的投影分量如下:

$$\boldsymbol{B}_{CT}=\frac{\mu_0\mu_T}{4\pi r_{CT}^3}\begin{bmatrix}-\sin\alpha\cos nt-2\cos\alpha\sin nt\\ -\sin\alpha\sin nt+2\cos\alpha\cos nt\\ 0\end{bmatrix}=\frac{\mu_0\mu_T}{4\pi r_{CT}^3}\begin{bmatrix}\bar{B}_{CTx} & \bar{B}_{CTy} & \bar{B}_{CTz}\end{bmatrix}^T \tag{5-18}$$

将式(5-8)和式(5-18)代入表达式$\boldsymbol{B}_E+\boldsymbol{B}_{CT}=\boldsymbol{0}$,得到星间电磁力矩与地磁力矩抵消的等价方程为

$$\frac{\mu_T}{r_{CT}^3}\begin{bmatrix}\sin\alpha\cos nt+2\cos\alpha\sin nt\\ \sin\alpha\sin nt-2\cos\alpha\cos nt\end{bmatrix}=\frac{\mu_E}{R_C^3}\begin{bmatrix}\bar{B}_{Ex}(t)\\ \bar{B}_{Ey}(t)\end{bmatrix} \tag{5-19}$$

根据对应项相等,求解得到自由变量μ_T、α的表达式为

$$\alpha=\begin{cases}\arctan(k_3/k_4), & k_3>0,k_4>0\\ \arctan(k_3/k_4), & k_3>0,k_4<0\\ \arctan(k_3/k_4)-\pi, & k_3<0,k_4<0\\ \arctan(k_3/k_4)+\pi, & k_3<0,k_4>0\end{cases}$$

$$\mu_T=\frac{\mu_E r_{CT}^3}{R_C^3(\sin\alpha\sin nt-2\cos\alpha\cos nt)}\bar{B}_{Ey}(t) \tag{5-20}$$

式中,(k_3,k_4)推导为

$$k_3=2(\cos nt\,\bar{B}_{Ex}+\sin nt\,\bar{B}_{Ey}),\quad k_4=\sin nt\,\bar{B}_{Ex}-\cos nt\,\bar{B}_{Ey} \tag{5-21}$$

2. R-bar 对接

R-bar 与 V-bar 对接存在许多相似特性,可直接基于 V-bar 对接结果类似给出 R-bar 对接的解,两者不同在于此时的(α,β)为磁矩矢量与$o_{CM}x_{CM}$轴的夹角。假定$\dot{x}_{des}\neq 0$,磁矩变量求解为

$$\begin{cases} \beta = \begin{cases} \arctan(k_{11}/k_{21}), & k_{11}>0, k_{21}>0 \\ \arctan(k_{11}/k_{21}), & k_{11}>0, k_{21}<0 \\ \arctan(k_{11}/k_{21})-\pi, & k_{11}<0, k_{21}<0 \\ \arctan(k_{11}/k_{21})+\pi, & k_{11}<0, k_{21}>0 \end{cases} \\ \alpha = \begin{cases} \arctan(k_{31}/k_{41}), & k_{31}>0, k_{41}>0 \\ \arctan(k_{31}/k_{41}), & k_{31}>0, k_{41}<0 \\ \arctan(k_{31}/k_{41})-\pi, & k_{31}<0, k_{41}<0 \\ \arctan(k_{31}/k_{41})+\pi, & k_{31}<0, k_{41}>0 \end{cases} \\ \mu_C = \dfrac{\dot{x}_{des}}{c_{21}\mu_T(\cos\alpha\sin\beta+\sin\alpha\cos\beta)} \\ \mu_T = \dfrac{\mu_E r_{CT}^3 \bar{B}_{Ex}(t)}{R_C^3(2\sin\alpha\sin nt+\cos\alpha\cos nt)} \end{cases} \tag{5-22}$$

式中，(c_{11}, c_{21}) 定义见式(5-23)；而 $(k_1, k_{21}, k_{31}, k_{41})$ 推导如式(5-24)所示。

$$c_{11} = -\frac{3\mu_0}{2\pi m x_{des}^4}, \quad c_{21} = \frac{3\mu_0}{4\pi m n x_{des}^4} \tag{5-23}$$

$$\begin{bmatrix} k_{11} \\ k_{21} \\ k_{31} \\ k_{41} \end{bmatrix} = \begin{bmatrix} 2c_{11}\cos\alpha\dot{x}_{des} - c_{21}\sin\alpha(\ddot{x}_{des}-3n^2 x_{des}) \\ c_{11}\sin\alpha\dot{x}_{des} + c_{21}\cos\alpha(\ddot{x}_{des}-3n^2 x_{des}) \\ 2(\sin nt\bar{B}_{Ey} - \cos nt\bar{B}_{Ex}) \\ \cos nt\bar{B}_{Ey} + \sin nt\bar{B}_{Ex} \end{bmatrix} \tag{5-24}$$

3. H-bar 对接

H-bar 与 R-bar、V-bar 对接的动力学独立，期望控制力为

$$\boldsymbol{F}_{zdes} = m\begin{bmatrix} 0 & 0 & \ddot{z}_{des}+n^2 z_{des} \end{bmatrix}^T \tag{5-25}$$

由于 H-bar 对接仅需两星连线方向作用力，将 (α, β)（磁矩矢量与 $o_{CM}z_{CM}$ 轴的夹角）设计为 $\alpha=\beta=0$。选取 μ_C 为自由变量，μ_T 可如下求解：

$$3\mu_0\mu_T\mu_C/(\pi z_{des}^4) = m(\ddot{z}_{des}+n^2 z_{des}) \Rightarrow \mu_T = \pi m z_{des}^4(\ddot{z}_{des}+n^2 z_{des})/(3\mu_0\mu_C) \tag{5-26}$$

当满足条件 $\alpha=\beta=0$ 时，星间电磁力矩为 0，"正常模式的动量管理"转化为如何削弱地磁力矩作用。由于地磁力矩大小与 $\mu_E\mu_C$ 呈线性关系，可通过设计 μ_C 为最小值使追踪航天器所受地磁力矩最小。

5.3.2　角动量卸载模式的动量管理

5.3.1 节"正常模式的动量管理"作用下追踪或目标航天器所受磁力矩较大程度被削弱，但由于星间电磁力矩和地磁力矩模型存在未建模动态，该磁力矩不可能完全消除。剩余磁力矩以及其他各种干扰力矩（重力梯度力矩、太阳光压力矩

等)长期作用会导致姿控执行机构角动量饱和。因此,必须考虑角动量饱和的卸载问题,本节研究利用地磁力矩卸载角动量的方法。

1. 基本设计

利用地磁力矩卸载角动量的磁矩变量求解思路如图 5.5 所示,采用目标航天器磁矩控制相对轨迹,而追踪航天器磁矩用来进行角动量卸载。如前述,星间电磁力与 $\mu_T\mu_C$ 成正比,追踪航天器所受地磁力矩与 $\mu_C\mu_E$ 成正比,为满足轨控作用力及追踪航天器角动量卸载需求,设计 $\mu_C = \mu_{Cmax}$ 使追踪航天器所受地磁力矩最大,即可用来卸载角动量的外力矩最大。

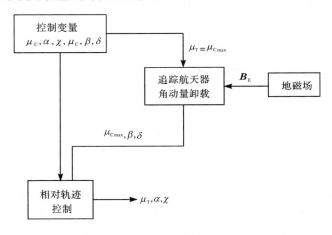

图 5.5　磁矩变量求解思路

需要注意的是,考虑相对轨迹控制及追踪航天器姿控执行机构角动量卸载存在多组磁矩变量解,图 5.5 仅为其中一种磁矩变量求解思路。

5.2 节指出地磁力矩位于与地磁强度矢量垂直的平面内,因此,为满足该垂直关系以及角动量卸载所需的反向条件,设计期望地磁力矩方向如下:

$$\frac{\boldsymbol{\tau}_{CEdes}}{|\boldsymbol{\tau}_{CEdes}|} = \frac{(\boldsymbol{H}_C \times \boldsymbol{B}_E) \times \boldsymbol{B}_E}{|(\boldsymbol{H}_C \times \boldsymbol{B}_E) \times \boldsymbol{B}_E|} \tag{5-27}$$

式中,$\boldsymbol{H}_C$ 和 $\boldsymbol{\tau}_{CEdes}$ 分别为追踪航天器姿控执行机构角动量及期望地磁力矩。

式(5-27)的物理意义如图 5.6 所示,$\boldsymbol{H}_C$ 分解为 $\boldsymbol{H}_{C\perp}$ 和 $\boldsymbol{H}_{C\parallel}$ 两部分(相对于 $\boldsymbol{B}_E$),$\boldsymbol{\tau}_{CEdes}$ 位于 $\boldsymbol{H}_C$ 和 $\boldsymbol{B}_E$ 所组成的平面内,并指向 $\boldsymbol{H}_{C\perp}$ 的相反方向。

将 $\boldsymbol{\tau}_{Cdes} = \boldsymbol{\mu}_{Cdes} \times \boldsymbol{B}_E$ 代入式(5-27),推导可得追踪航天器磁偶极子矢量方向的最优解($\boldsymbol{\mu}_{Cdes}$ 与 $\boldsymbol{B}_E$ 垂直,使得同等 $\boldsymbol{\mu}_{Cdes}$ 幅值条件下 $\boldsymbol{\tau}_{Cdes} = \boldsymbol{\mu}_{Cdes} \times \boldsymbol{B}_E$ 最大)为

$$\frac{\boldsymbol{\mu}_{Cdes}}{|\boldsymbol{\mu}_{Cdes}|} = \frac{\boldsymbol{B}_E \times \boldsymbol{\tau}_{CEdes}}{\boldsymbol{B}_E \times \boldsymbol{\tau}_{CEdes}} = \begin{bmatrix} \bar{\mu}_{Cxdes} & \bar{\mu}_{Cydes} & \bar{\mu}_{Czdes} \end{bmatrix}^T \tag{5-28}$$

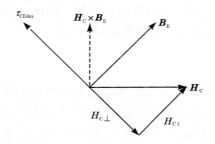

图 5.6　期望地磁力矩方向

另外，$\boldsymbol{\mu}_{C}$ 在坐标系 $o_{CM}x_1y_1z_1$ 的投影分量表达式为

$$\boldsymbol{\mu}_{C}=\mu_{C}{}^{CM\_I}\boldsymbol{M}^{Hill}\begin{bmatrix}\sin\beta\cos\delta\\\cos\beta\\\sin\beta\sin\delta\end{bmatrix}=\mu_{C}\begin{bmatrix}\cos nt\sin\beta\cos\delta-\sin nt\cos\beta\\\sin nt\sin\beta\cos\delta+\cos nt\cos\beta\\\sin\beta\sin\delta\end{bmatrix}\tag{5-29}$$

对比式(5-28)和式(5-29)，根据对应项相等原则，(β,δ) 可由式(5-30)求解：

$$\begin{cases}\sin\beta\sin\delta=\bar{\mu}_{Czdes}\\\dfrac{\sin nt\sin\beta\cos\delta+\cos nt\cos\beta}{\cos nt\sin\beta\cos\delta-\sin nt\cos\beta}=\dfrac{\bar{\mu}_{Cydes}}{\bar{\mu}_{Cxdes}}\end{cases}\tag{5-30}$$

需要说明的是，上述设计存在三点不足：该角动量卸载策略仅能有效卸载垂直于地磁强度矢量的角动量，当其余方向角动量较大时，该设计策略效果不理想；虽然该角动量卸载策略给出了 $\boldsymbol{\tau}_{Cdes}$ 的期望方向及 $\mu_{C}=\mu_{Cmax}$，但由于力矩与角动量之间的积分关系，该策略只是定性的；角动量卸载所用地磁力矩模型的不确定性需进一步考虑。

2. 鲁棒设计

考虑远场电磁力模型的不确定性，实际电磁力 $\boldsymbol{F}_{EMa}$ 由远场电磁力模型 $\boldsymbol{F}_{EMn}$ 和不确定模型 $\boldsymbol{F}_{EMu}$ 组成。因此，如果能对不确定模型 $\boldsymbol{F}_{EMu}$ 进行较好估计，则角动量管理的磁偶极子变量求解鲁棒性更强。磁偶极子鲁棒求解框架如图 5.7 所示，乘性不确定性模型为 $\boldsymbol{F}_{EMu}=\Delta\boldsymbol{F}_{EMn}$，"等效轨迹控制"为轨迹跟踪前馈控制，在 V-bar、R-bar 及 H-bar 对接设计中体现为期望控制力 $\boldsymbol{F}_{des}$，"AMM"（angular momentum management）为角动量管理。

5.3.3　仿真分析

基于上述分析设计，开展数值仿真以验证所设计角动量管理策略的可行性，仿真参数如表 5.1 所示，仿真结果如图 5.8～图 5.11 所示。其中，图 5.8～图 5.10 为"正常模式的动量管理"仿真结果，可以看出"模型不确定性＋ESO"的相

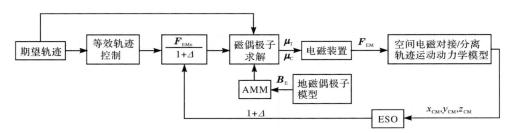

图 5.7 磁偶极子鲁棒求解框架

对位置/速度较好跟踪"理想情况"的设计曲线,控制变量合理;而"模型不确定性+无 ESO"的相对位置跟踪性能较好,但对接末端相对速度较大,不满足航天器柔性对接速度需求。另外,追踪航天器姿控执行机构角动量被限制为一较小值,但目标航天器的无控角动量累积较快,与 5.3.1 节理论分析一致。

表 5.1 仿真参数(角动量管理)

参数	取值
轨道高度/km	500
航天器质量/kg	100
电磁力模型不确定性	$\Delta = 1/(r_{CT}^2 + \delta_s), \delta_s = 10^{-4}$
"CM"轨道升交点赤经与轨道倾角/(°)	$\Omega = i = 45$
$o_{CM}x_{CM}y_{CM}z_{CM}$ 系的初始状态	$\boldsymbol{X}_0 = [0 \ 10m \ 0 \ 0 \ 10^{-5}m/s \ 0]^T$
ESO 参数	$\beta_{01} = 100, \beta_{02} = 500, \beta_{03} = 3000$ $\alpha_1 = 0.5, \alpha_2 = 0.25, \delta = 0.01$

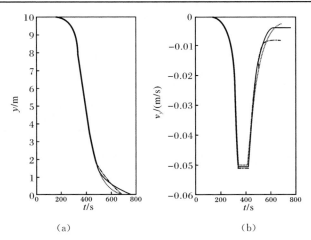

(a)   (b)

图 5.8 相对位置/速度(正常模式)

·········· 理想情况 ----- 模型不确定性+无ESO —— 模型不确定性+ESO

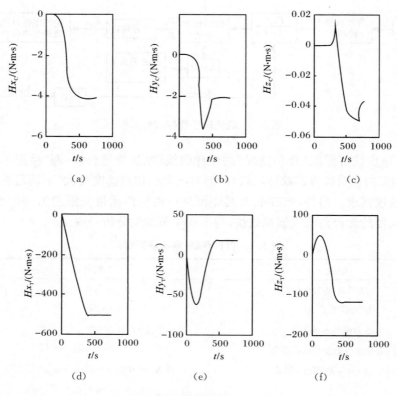

图 5.9　角动量累积（正常模式）

··········· 理想情况　-------- 模型不确定性+无ESO　——— 模型不确定性+ESO

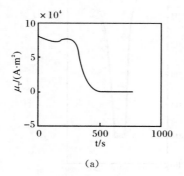

(a)

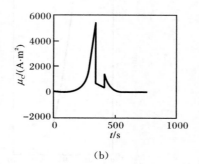

(b)

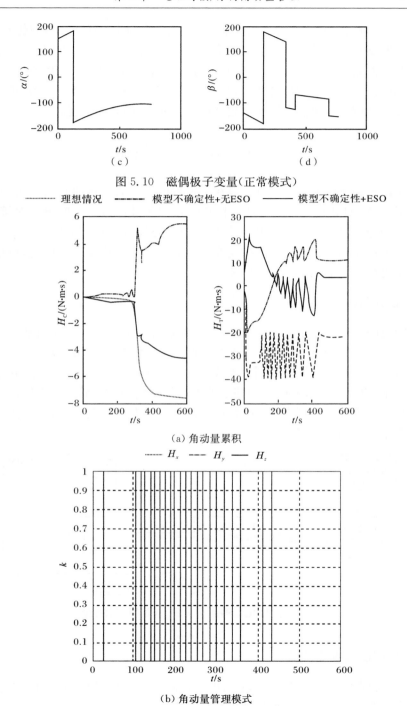

图 5.10　磁偶极子变量（正常模式）

（a）角动量累积

（b）角动量管理模式

图 5.11　完整角动量管理

图 5.11 为完整角动量管理(包括正常模式和角动量卸载模式)的仿真结果,设定航天器姿控执行机构角动量阈值为 40Nms。由图 5.11(a)可知,整个仿真过程中两航天器角动量幅值一直小于该阈值,说明该角动量管理策略是可行的。图 5.11(b)中,k 表征角动量管理模式,"$k=0$"为"正常模式","$k=1$"为"角动量卸载模式"。可以看出,两模式切换次数合理,实际应用中容易实现。

5.4　ACMM 设计策略

基于地磁场作用的角动量管理能在一定程度上卸载姿控执行机构角动量,而进一步引入 ACMM 设计可更好地掌控角动量累积及卸载。空间电磁对接/分离的姿/轨控制量数目为 12,包括电磁装置磁矩及姿控装置控制力矩矢量。对于仅控制两航天器间相对位置/姿态,控制变量数大于运动自由度数。因此,可以采用冗余变量进行 ACMM 的角动量控制设计。

5.4.1　设计思路

空间电磁对接/分离的 ACMM 设计框架如图 5.12 所示,分为两部分:"序列磁偶极子求解"和"ACMM 控制"。在"序列磁偶极子求解"部分,设计变量为磁矩矢量,通过对该类变量设计,达到力矩或角动量在两航天器上适当分布、轨迹跟踪控制等需求,以及 5.3 节所研究的基于地磁场作用的角动量管理。在"ACMM 控制"部分,设计变量为姿控执行机构力矩矢量,通过对该类变量设计,达到主动姿态控制及全面角动量管理需求。

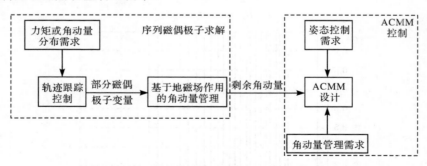

图 5.12　空间电磁对接/分离的 ACMM 设计框架

5.4.2　序列磁偶极子求解

"序列磁偶极子求解"部分的轨迹跟踪控制、基于地磁场作用的角动量管理已在前面章节开展了研究。这里仅就力矩分布需求(考虑姿控执行机构失效后姿控力矩由磁力矩提供)开展磁偶极子求解初步分析。

当目标或追踪航天器的部分或全部姿控执行机构失效时,为了有效控制姿态运动,采用现有磁装置提供控制力矩不失为一有效措施。考虑航天器 j 姿控执行机构失效,稳定所需力矩为 $\boldsymbol{\tau}_j$,可通过调节航天器 j 磁矩矢量使其所受磁力矩近似等于 $\boldsymbol{\tau}_j$。航天器 j 所受磁力矩为

$$\boldsymbol{\tau}_{mj} = \boldsymbol{\mu}_j \times (\boldsymbol{B}_i + \boldsymbol{B}_E) \tag{5-31}$$

由式(5-31)分析可知,由于地磁强度矢量 $\boldsymbol{B}_E$ 的不可调节性,要使磁力矩 $\boldsymbol{\tau}_{mj}$ 近似等于 $\boldsymbol{\tau}_j$,可以通过设计 $\boldsymbol{\mu}_j$ 和 $\boldsymbol{B}_i$ 得到满足。所需控制力矩 $\boldsymbol{\tau}_j$ 为 3 个自由度,由于还需满足轨迹控制作用力需求,运动自由度总数为 6,与控制变量个数相等,可以根据具体任务求得唯一解。

5.4.3　ACMM 控制

ACMM 控制设计一般有 3 种思路[4~6]:第一种为采用外力矩对姿控执行机构角动量进行卸载,常见于一般航天器姿控研究;第二种为将姿控执行机构角动量考虑为系统状态变量,与姿态/角速度一起形成系统总状态变量,基此开展 MIMO 控制设计;第三种为将姿控执行机构角动量考虑为约束,基此开展姿控系统的最优设计。本节简单分析第二、三种思路在空间电磁对接/分离 ACMM 设计中的应用。

1. ACMM 模型

考虑航天器体坐标系相对于轨道坐标系(Hill 系)的姿态运动,转序为 3-2-1,相应的欧拉角组为 (ψ, φ, θ),推导得到相对姿态的运动学方程为

$$\boldsymbol{\omega} = \boldsymbol{C}_1(\varphi, \theta, \psi) \begin{bmatrix} 0 & 0 & n \end{bmatrix}^T + \boldsymbol{C}_2(\varphi, \theta, \psi) \begin{bmatrix} \dot{\theta} & \dot{\varphi} & \dot{\psi} \end{bmatrix}^T \tag{5-32}$$

式中,$\boldsymbol{\omega}$ 为航天器绝对姿态角速度;矩阵 $\boldsymbol{C}_1(\varphi, \theta, \psi)$ 和 $\boldsymbol{C}_2(\varphi, \theta, \psi)$ 的表达式为

$$\boldsymbol{C}_1 = \begin{bmatrix} \cos\varphi\cos\psi & \cos\varphi\sin\psi & -\sin\varphi \\ \sin\theta\sin\varphi\cos\psi - \cos\theta\sin\psi & \sin\theta\sin\varphi\sin\psi + \cos\theta\cos\psi & \sin\theta\cos\varphi \\ \cos\theta\sin\varphi\cos\psi - \sin\theta\sin\psi & \cos\theta\sin\varphi\sin\psi + \sin\theta\cos\psi & \cos\theta\cos\varphi \end{bmatrix} \tag{5-33}$$

$$\boldsymbol{C}_2 = \begin{bmatrix} 1 & 0 & -\sin\varphi \\ 0 & \cos\theta & \sin\theta\cos\varphi \\ 0 & -\sin\theta & \cos\theta\cos\varphi \end{bmatrix} \tag{5-34}$$

由于 $|\boldsymbol{C}_2| = \cos\varphi$,假设 $\varphi \neq k\pi \pm \pi/2 (k=0,1,\cdots)$ 成立,由式(5-32)推导可得相对姿态的导数表达式为

$$\begin{bmatrix} \dot{\theta} & \dot{\varphi} & \dot{\psi} \end{bmatrix}^T = \boldsymbol{C}_2^{-1}(\theta, \varphi, \psi)(\boldsymbol{\omega} - \boldsymbol{C}_1(\theta, \varphi, \psi) \begin{bmatrix} 0 & 0 & n \end{bmatrix}^T) \tag{5-35}$$

另外,基于欧拉动力学方程,考虑磁力矩及干扰力矩作用,得到绝对姿态动力

学模型为

$$\begin{cases} \boldsymbol{I}\dot{\boldsymbol{\omega}} = -\boldsymbol{\omega} \times (\boldsymbol{I}\boldsymbol{\omega} + \boldsymbol{h}) + \boldsymbol{\tau}_{\mathrm{m}} + \boldsymbol{\tau}_{\mathrm{d}} - \boldsymbol{u} \\ \dot{\boldsymbol{h}} = \boldsymbol{u} \end{cases} \tag{5-36}$$

式中,$\boldsymbol{h}$ 和 $\boldsymbol{u}$ 分别为姿控执行机构角动量和力矩。

选取系统状态变量 $\boldsymbol{X} = [\theta \quad \varphi \quad \psi \quad \omega_x \quad \omega_y \quad \omega_z \quad h_x \quad h_y \quad h_z]^{\mathrm{T}}$,由式(5-35)和式(5-36)推导得到姿态运动的状态模型为

$$\begin{cases} [\dot{x}_1 \quad \dot{x}_2 \quad \dot{x}_3]^{\mathrm{T}} = \boldsymbol{C}_2^{-1}(x_1, x_2, x_3) \begin{bmatrix} [x_4 \quad x_5 \quad x_6]^{\mathrm{T}} \\ -\boldsymbol{C}_1(x_1, x_2, x_3)[0 \quad 0 \quad n]^{\mathrm{T}} \end{bmatrix} \\ [\dot{x}_4 \quad \dot{x}_5 \quad \dot{x}_6]^{\mathrm{T}} = \boldsymbol{I}^{-1} \begin{bmatrix} -[x_4 \quad x_5 \quad x_6]^{\mathrm{T}} \\ \times(\boldsymbol{I}[x_4 \quad x_5 \quad x_6]^{\mathrm{T}} + [x_7 \quad x_8 \quad x_9]^{\mathrm{T}}) \\ +\boldsymbol{\tau}_{\mathrm{m}} + \boldsymbol{\tau}_{\mathrm{d}} - \boldsymbol{u} \end{bmatrix} \\ [\dot{x}_7 \quad \dot{x}_8 \quad \dot{x}_9]^{\mathrm{T}} = \boldsymbol{u} \end{cases} \tag{5-37}$$

采用 ESO 估计 $\boldsymbol{\tau}_{\mathrm{m}} + \boldsymbol{\tau}_{\mathrm{d}}$,进而引入负反馈,使得 ACMM 设计的鲁棒性增强。令 $\boldsymbol{u}_1 = \boldsymbol{u} + \boldsymbol{\omega} \times \boldsymbol{h}$,由式(5-37)设计扩张状态方程为

$$\begin{cases} \dot{\boldsymbol{z}}_1 = \boldsymbol{I}^{-1}(\boldsymbol{z}_2 - \boldsymbol{u}_1) \\ \dot{\boldsymbol{z}}_2 = \dfrac{\mathrm{d}(\boldsymbol{\tau}_{\mathrm{m}} + \boldsymbol{\tau}_{\mathrm{d}} - \boldsymbol{\omega} \times \boldsymbol{I}\boldsymbol{\omega})}{\mathrm{d}t} \end{cases} \tag{5-38}$$

式中,$\boldsymbol{z} = [\boldsymbol{z}_1 \quad \boldsymbol{z}_2]^{\mathrm{T}} = [\boldsymbol{\omega} \quad \boldsymbol{\tau}_{\mathrm{m}} + \boldsymbol{\tau}_{\mathrm{d}} - \boldsymbol{\omega} \times \boldsymbol{I}\boldsymbol{\omega}]^{\mathrm{T}}$。

基于式(5-38)设计扩张状态观测器及反馈补偿控制律 $\boldsymbol{u}_{\mathrm{ESO}}$ 如下:

$$\begin{cases} \boldsymbol{e} = \hat{\boldsymbol{z}}_1 - \boldsymbol{\omega} \\ \dot{\hat{\boldsymbol{z}}}_1 = \boldsymbol{I}^{-1}(\hat{\boldsymbol{z}}_2 - \boldsymbol{u}_1) - \beta_{01}\boldsymbol{e} \\ \dot{\hat{\boldsymbol{z}}}_2 = -\beta_{02} \begin{bmatrix} \mathrm{fal}(e(1), 1/2, \delta) \\ \mathrm{fal}(e(2), 1/2, \delta) \\ \mathrm{fal}(e(3), 1/2, \delta) \end{bmatrix}^{\mathrm{T}} \\ \boldsymbol{u}_{\mathrm{ESO}} = \hat{\boldsymbol{z}}_2 + \hat{\boldsymbol{z}}_1 \times \boldsymbol{I}\hat{\boldsymbol{z}}_1 \end{cases} \tag{5-39}$$

2. ACMM 控制策略

本节初步分析线性、非线性鲁棒控制策略在 ACMM 中的应用,以及将角动量作为约束的多航天器姿控设计。

1) 线性控制策略

将非线性模型式(5-37)在零状态式(5-40)处线性化,并且假设条件式(5-41)满足,得到线性化模型如式(5-42)所示。

$$\boldsymbol{X}_{\mathrm{d}} = [\theta_{\mathrm{d}} \quad \varphi_{\mathrm{d}} \quad \psi_{\mathrm{d}} \quad \omega_{x\mathrm{d}} \quad \omega_{y\mathrm{d}} \quad \omega_{z\mathrm{d}} \quad h_{x\mathrm{d}} \quad h_{y\mathrm{d}} \quad h_{z\mathrm{d}}]^{\mathrm{T}}$$

$$= \begin{bmatrix} 0 & 0 & 0 & 0 & 0 & n & 0 & 0 & 0 \end{bmatrix}^{\mathrm{T}} \tag{5-40}$$

$$\begin{cases} \cos\varphi(\theta,\psi)\approx 1, & \sin\varphi(\theta,\psi)\approx\varphi(\theta,\psi) \\ \omega_x\approx\delta\omega_x, \omega_y\approx\delta\omega_y, & \omega_z\approx n+\delta\omega_z, \delta\omega\ll n \end{cases} \tag{5-41}$$

$$\dot{\boldsymbol{X}} = \boldsymbol{A}\boldsymbol{X} + \boldsymbol{B}\boldsymbol{u}_1 + \boldsymbol{D}(t) \tag{5-42}$$

式中, $\boldsymbol{D}(t)=\boldsymbol{\tau}_{\mathrm{m}}+\boldsymbol{\tau}_{\mathrm{d}}$; 矩阵 $\boldsymbol{A}$ 和 $\boldsymbol{B}$ 表达式推导如下:

$$\boldsymbol{A} = \begin{bmatrix} n & 0 & 0 & 1 & 0 & 0 & 0 & 0 & 0 \\ 0 & -n & 0 & 0 & 1 & 0 & 0 & 0 & 0 \\ 0 & 0 & 0 & 0 & 0 & 1 & 0 & 0 & 0 \\ 0 & 0 & 0 & 0 & n(I_y-I_z)/I_x & 0 & 0 & 0 & 0 \\ 0 & 0 & 0 & n(I_z-I_x)/I_y & 0 & 0 & 0 & 0 & 0 \\ 0 & 0 & 0 & 0 & 0 & 0 & 0 & n & 0 \\ 0 & 0 & 0 & 0 & 0 & 0 & 0 & 0 & 0 \\ 0 & 0 & 0 & 0 & 0 & 0 & -n & 0 & 0 \\ 0 & 0 & 0 & 0 & 0 & 0 & 0 & 0 & 0 \end{bmatrix} \tag{5-43}$$

$$\boldsymbol{B} = \begin{bmatrix} 0 & 0 & 0 & -1/I_x & 0 & 0 & 1 & 0 & 0 \\ 0 & 0 & 0 & 0 & -1/I_y & 0 & 0 & 1 & 0 \\ 0 & 0 & 0 & 0 & 0 & -1/I_z & 0 & 0 & 1 \end{bmatrix}^{\mathrm{T}} \tag{5-44}$$

分析矩阵 $\boldsymbol{A}$ 和 $\boldsymbol{B}$ 可知, ω_z 与 h_z 线性相关且仅为 u_{1z} 的函数。因此, 为保证式(5-42)能控, 需将矩阵 $\boldsymbol{A}$ 和 $\boldsymbol{B}$ 对应的行或列由两行(列)减少为一行(列), 得到对应矩阵 $\boldsymbol{A}_1$ 和 $\boldsymbol{B}_1$。进一步分析可知, h_z 为 ω_z 的 $-I_z$ 倍, 因此, 只要能将 ω_z 稳定到 0 或一小量, 则 h_z 的管理也是合理的。

采用 LQR 方法设计控制律, 目标函数为

$$\min_{\boldsymbol{u}_1} \int_0^\infty (\boldsymbol{X}_2^{\mathrm{T}}\boldsymbol{Q}\boldsymbol{X}_2 + \boldsymbol{u}_1^{\mathrm{T}}\boldsymbol{R}\boldsymbol{u}_1)\mathrm{d}t \tag{5-45}$$

式中, $\boldsymbol{X}_2$ 为 $\boldsymbol{X}$ 去除 ω_z 或 h_z。

最优控制变量为

$$\boldsymbol{u}_1 = -\boldsymbol{R}^{-1}\boldsymbol{B}_1^{\mathrm{T}}\boldsymbol{P}\boldsymbol{X}_2 \tag{5-46}$$

实际控制变量为

$$\boldsymbol{u} = -\boldsymbol{R}^{-1}\boldsymbol{B}_1\boldsymbol{P}\boldsymbol{X} - \boldsymbol{u}_{\mathrm{ESO}} \tag{5-47}$$

2) 非线性控制策略

如果 $\varphi = 3/2n^2 c_3^{\mathrm{T}} Ic_3 - 1/2n^2 c_2^{\mathrm{T}} Ic_2 - 1/2n^2 (3I_{33}-I_{22}) > 0$, 其中 I_{11}、I_{22}、I_{33} 为惯量张量 $\boldsymbol{I}$ 的对角线参数, c_2、c_3 分别为矩阵 C_1 的第 2 和 3 列, 鲁棒控制律设计为[7,8]

$$\begin{cases} \boldsymbol{u} = \boldsymbol{K}_{\mathrm{d}} \boldsymbol{C}_2 \dot{\boldsymbol{\theta}} + \boldsymbol{K}_{\mathrm{p}} (\boldsymbol{C}_2 \dot{\boldsymbol{\theta}} + \boldsymbol{K}_z \boldsymbol{z}) - \boldsymbol{u}_{\mathrm{ESO}} \\ \boldsymbol{z} = -\boldsymbol{h} - \int_0^t \boldsymbol{\omega} \times \boldsymbol{h}\mathrm{d}\boldsymbol{\tau} + \boldsymbol{K}_{\mathrm{d}} \int_0^t \boldsymbol{C}_2 \dot{\boldsymbol{\theta}}\mathrm{d}\boldsymbol{\tau} \end{cases} \tag{5-48}$$

式中，$\dot{\boldsymbol{\theta}}=\begin{bmatrix}\dot{\theta}&\dot{\varphi}&\dot{\psi}\end{bmatrix}^{\mathrm{T}}$；$\boldsymbol{K}_{\mathrm{p}}$、$\boldsymbol{K}_{\mathrm{d}}$、$\boldsymbol{K}_z$ 为相应维数的对称正定矩阵。

如果 $\varphi<0$，鲁棒控制律设计为[7,8]

$$\begin{cases}\boldsymbol{u}=(k+1)\boldsymbol{W}_n+\boldsymbol{K}_{\mathrm{d}}\,\boldsymbol{C}_2\dot{\boldsymbol{\theta}}+\boldsymbol{K}_{\mathrm{p}}(\boldsymbol{C}_2\dot{\boldsymbol{\theta}}+\boldsymbol{K}_z z)-\boldsymbol{u}_{\mathrm{ESO}}\\\boldsymbol{z}=(k+1)\boldsymbol{I}\boldsymbol{C}_2\dot{\boldsymbol{\theta}}+k\boldsymbol{h}+k\displaystyle\int_0^t\boldsymbol{\omega}\times\boldsymbol{h}\mathrm{d}\tau+\boldsymbol{K}_{\mathrm{d}}\displaystyle\int_0^t\boldsymbol{C}_2\dot{\boldsymbol{\theta}}\mathrm{d}\tau\\\boldsymbol{W}_n=-\boldsymbol{\omega}\times\boldsymbol{I}\boldsymbol{\omega}-\boldsymbol{I}\dot{\boldsymbol{G}}_\theta\end{cases}\tag{5-49}$$

式中，$k>1$；$\boldsymbol{G}_\theta=\boldsymbol{C}_1\begin{bmatrix}0&0&n\end{bmatrix}^{\mathrm{T}}=n\begin{bmatrix}-\sin\varphi&\sin\theta\cos\varphi&\cos\theta\cos\varphi\end{bmatrix}^{\mathrm{T}}$。

3）多航天器设计策略

由于多航天器的协调控制需求，其 ACMM 设计相比单航天器更重要。将角动量作为约束引入，采用第 4 章的分散协同鲁棒姿态控制律进行参数优化，目标函数及约束条件设计如下：

$$\begin{cases}\min J=\displaystyle\int_0^\infty(\boldsymbol{u}_{\mathrm{T}}+\boldsymbol{u}_{\mathrm{C}})\mathrm{d}\tau\\|\boldsymbol{u}_{\mathrm{T}}|\leqslant\boldsymbol{u}_{\mathrm{Tmax}},\quad|\boldsymbol{u}_{\mathrm{C}}|\leqslant\boldsymbol{u}_{\mathrm{Cmax}}\\\displaystyle\int_0^\infty\boldsymbol{u}_{\mathrm{T}}\mathrm{d}\tau\leqslant\boldsymbol{h}_{\mathrm{Tmax}},\quad\int_0^\infty\boldsymbol{u}_{\mathrm{C}}\mathrm{d}\tau\leqslant\boldsymbol{h}_{\mathrm{Cmax}}\end{cases}\tag{5-50}$$

5.5　小　结

考虑空间电磁对接/分离的角动量管理需求，本章开展了"正常模式"及"角动量卸载模式"的角动量管理设计、分析及仿真验证，并初步探讨了 ACMM 设计策略。本章研究得出以下结论。

（1）利用地磁场作用可在一定程度上对航天器电磁对接/分离的姿控执行机构角动量进行管理；所设计的角动量管理策略可同时满足轨迹控制力以及其中一颗航天器的角动量管理需求。

（2）利用地磁场作用的角动量管理策略具有一定局限性，即无法卸载平行于地磁强度矢量方向的角动量、仅为定性解且未考虑星间电磁力矩和地磁力矩模型的不确定性。

（3）航天器电磁对接/分离的 ACMM 设计可分为"序列磁偶极子求解"及"ACMM 控制"两部分，分别对应磁偶极子求解与姿控力矩设计。

参 考 文 献

[1] Ahsun U. Dynamics and control of electromagnetic satellite formations[D]. Cambridge：Massachusetts Institute of Technology，2007.

〔2〕Ahsun U,Miller D,Ramirez J L. Control of electromagnetic satellite formations in near-Earth orbits〔J〕. Journal of Guidance,Control and Dynamics,2010,33(6):1883～1891.

〔3〕Clohessy W,Wiltshire R. Terminal guidance system for satellite rendezvous〔J〕. Aerospace Science Journal,1960,27(9):653～658.

〔4〕周黎妮. 考虑动量管理和能量存储的空间站姿态控制研究〔D〕. 长沙:国防科学技术大学,2009.

〔5〕吴忠,赵建辉. 空间站姿态控制/动量管理系统设计与仿真〔J〕. 系统仿真学报,2006,18(1):151～154.

〔6〕胡珊,袁建平,李文华. 空间站姿态控制和动量管理研究〔J〕. 航天控制,2004,22(5):36～41.

〔7〕Vadali S R,Oh H S. Space station attitude control and momentum management:A nonlinear look〔J〕. Journal of Guidance,Control and Dynamics,1992,15(3):577～586.

〔8〕Wu Z. Nonlinear control of attitude and momentum for space station〔J〕. Acta Aeronautica ET Astronautica SINICA,2006,27(6):1155～1160.

第6章 电磁对接/分离地面试验

6.1 概 述

本章内容为电磁对接/分离的地面演示验证试验研究,通过试验验证第 3 章的动力学模型与特性以及第 4 章设计的控制律。航天器电磁对接/分离为一项新技术,需通过地面试验对其技术可行性及关键技术予以检验与验证;相较在轨试验而言,地面试验具有成本低、风险可控、可多次重复等优势。

本章给出地面试验系统的总体方案,包括硬/软件系统框架、电磁装置作用力/力矩估算、试验平台误差分析及处理措施;试验系统硬件设计,包括结构、气路、测量、嵌入式计算以及执行等分系统;试验系统软件开发,包括上位机监控、PC104 主控、单片机控制等功能软件;最后,给出地面试验结果与分析。

6.2 试验系统总体方案

围绕基于气浮平台的电磁对接/分离地面试验系统总体设计开展研究,给出试验系统总体方案、电磁装置作用力估算、试验平台误差分析及处理措施。

6.2.1 硬/软件系统框架

1. 硬件系统框架

电磁对接/分离地面试验系统由大理石气浮平台、模拟目标星、追踪星及上位监控机等组成,如图 6.1 所示,其总体方案设计如下。

(1)目标星与追踪星的结构及控制系统基本相同,均采用模块化设计:目标星位置固定,无气路系统,采用外接 220V 交流电供电;追踪星可沿大理石二维水平面自由运动,安装有特定气路系统,采用可充电锂电池供电,避免因采用外界供电电缆导致的额外干扰。

(2)试验系统测量装置(包括 CCD 相机、激光测距仪及电子陀螺)安装于追踪星,执行两星间相对距离/方位,以及追踪星自身绝对姿态测量;目标星、追踪星以及上位监控机之间通过无线网络进行通信。

(3)试验过程中,通过追踪星电磁阀喷气(电磁装置作用范围外)以及两模拟星电磁装置相互作用实现柔性对接及安全分离;对接/分离试验控制指令由追踪星的 PC104 嵌入式系统计算,其通过串口不断接收测量数据提供给控制算法,给出控制所需电磁装置电流值(包括追踪星及目标星电流)或喷气电磁阀序号及时间。同时,追踪星的 PC104 嵌入式系统还需将电流控制指令发送给目标星,以及将测量信息、控制信息以及试验系统状态信息发送给上位监控机。

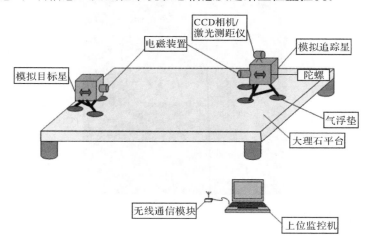

图 6.1　电磁对接/分离地面试验系统总体方案

电磁对接/分离地面试验系统如图 6.2 所示,模拟追踪星详细结构如图 6.3 所示。

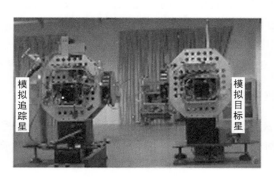

图 6.2　电磁对接/分离地面试验系统

电磁分离试验过程较简单,仅需采用电磁斥力将追踪星与目标星分离并达到一定速度即可。电磁对接过程较复杂,其具体试验过程设计如下。

(1) 两星放置于高精度大理石气浮平台。

(2) 追踪星打开二氧化碳阀门,将气体引入气浮垫,完成悬浮操作。

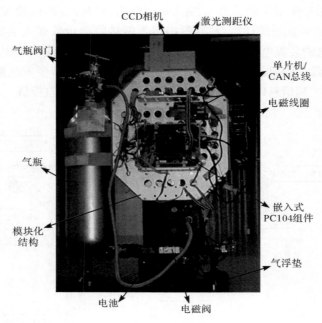

图 6.3　模拟追踪星结构

（3）追踪星测量两星间相对距离/方位及自身绝对姿态。

（4）追踪星在电磁阀喷气作用下向控制转换点逼近。

（5）追踪星到达控制转换点，位置/速度满足电磁控制接管要求。

（6）电磁阀关闭，两星电磁装置开始接管控制。

（7）追踪星在电磁力作用下继续逼近目标星。

（8）两星柔性对接，电磁装置断电，完成地面试验。

2. 软件系统框架

电磁对接/分离地面试验系统软件总体架构由上位机监控软件、PC104 主控软件和单片机控制软件组成，各软件间信息交互如图 6.4 所示，其基本工作原理如下。

（1）追踪星利用测量装置获取两星间距离、方位及自身绝对姿态等信息，测量信息通过串口协议转换并送入追踪星的 PC104 主控软件。

（2）追踪星 PC104 主控软件的控制算法处理输入信息并计算控制指令，通过CAN 总线将指令发送给悬浮模块、喷气推进模块及电磁推进模块的单片机。

（3）单片机解析接收到的控制指令，并将指令发送给执行机构，执行机构完成相应操作；同时，单片机将执行状态反馈给 PC104 主控系统。

（4）PC104 将相对距离/方位/姿态测量信息以及各执行机构状态通过无线网络发送给上位机监控分系统。

（5）上位机监控分系统执行数据的存储、显示以及向 PC104 主控系统传送交互控制指令，包括 PC104 的主控算法程序、电磁对接/分离试验的开始与完成指令、紧急情况下的制动指令等。

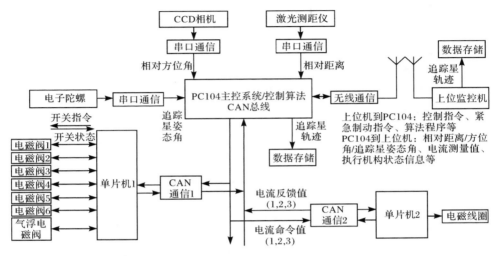

图 6.4　地面试验系统数据接口与信息交互

6.2.2　电磁装置作用力/力矩估算

1. 电磁装置物理参数

图 6.5 给出了电磁装置实物图，其物理参数如表 6.1 所示[1]。

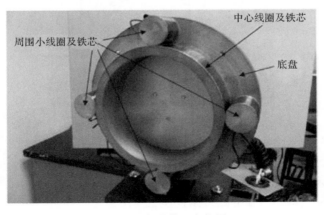

图 6.5　电磁装置实物图

表 6.1　电磁装置物理参数

线圈参数 ＼ 线圈类型	中心线圈	小线圈	底盘
线圈外径/mm	140	30	—
线圈内径/mm	130	18	—
铁芯外径/mm	130	18	200
铁芯内径/mm	120	0	120
高度/mm	40	40	10
质量/kg	1.22	0.21	1.57
匝数	566	679	—
导线直径/mm	0.6	0.6	—
导线长度/m	240	51.2	—
电阻/Ω	14.24	3.04	—
电感/H	26.6	1.13	—

2. 电磁力/力矩估算

为了得到所设计电磁装置的真实电磁力/力矩数值,设计了一套二维 3 自由度电磁力/力矩测量系统,如图 6.6 所示。图中,左半部分为电机系统,电磁装置安装于两立柱上,最左侧的立柱可前后、左右运动,其上电磁装置可绕立柱转动;右半部分为操控计算机,可通过其交互界面实现两电磁装置间不同位置、姿态条件下电磁力/力矩的自动/手动测量。

图 6.6　二维 3 自由度电磁力/力矩测量系统

给定两电磁装置间相对位置/姿态的多组取值,采用测量系统测量电磁力数据,通过数值拟合得到一维电磁力拟合模型[1]:

$$F_x(x) = \frac{1180.7 i_1 i_2}{(x+3.4)^{3.4}} \tag{6-1}$$

以及二维电磁力/力矩拟合模型：

$$\begin{cases} F_x(x,y,\alpha) = \dfrac{i_1 i_2 (k_1 x^2 + k_2 y^2 + k_3)(x+k_4)}{\left[(x+3.4)^2 + y^2\right]^{3.2}} (l_1 \sin\alpha + \cos\alpha) \\[4mm] F_y(x,y,\alpha) = \dfrac{i_1 i_2 (k_1 x^3 + k_2 y^2 + k_3) y}{\left[(x+3.4)^2 + y^2\right]^{3.2}} (l_2 \sin\alpha + \cos\alpha) \\[4mm] M_z(x,y,\alpha) = \dfrac{i_1 i_2 (k_1 x^2 + k_2) y}{\left[(x+3.4)^2 + y^2\right]^{2.2}} (l_3 \sin\alpha + \cos\alpha) \end{cases} \tag{6-2}$$

式(6-1)和式(6-2)中，i_1 和 i_2 为两电磁装置电流；x 和 y 分别表示两电磁装置轴向及横向距离；α 为可转动电磁装置绕立柱的旋转角。两电磁装置正对时，α 取为0，且逆时针旋转为正。需要注意的是，式(6-1)和式(6-2)中 x 和 y 的单位都为 cm。

考虑电磁力作用范围限制以及轴向电磁对接/分离试验特性，重点分析两电磁装置正对情况下电磁力数值估算。根据追踪星电源功率限制，以及大电流作用下电磁线圈的温升效应等约束，两电磁装置的最大电流设为 5A。图 6.7 给出了 0.1～2m 一维对接/分离情形下电磁装置所能提供的最大电磁力数值。

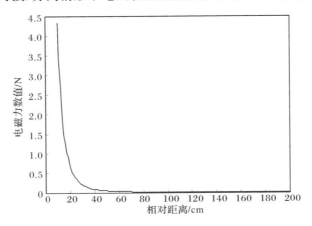

图 6.7　一维对接/分离情形下实际电磁装置能提供的电磁力

分析图 6.7 可知，当两电磁装置间相对距离大于 60cm 时，系统所能提供的电磁力数值几乎可忽略。另外，如果两电磁装置间存在横向偏移或可移动电磁装置存在偏转，电磁力的有效作用距离会更短。因此，对接试验过程中电磁阀喷气推进与电磁力作用推进转换点处相对距离取为 50cm。为保证电磁力有效作用以及碰撞避免，转换点处追踪星速度还需满足：相对速度不能为负（远离目标星方向为负），否则电磁力将失去对追踪星的控制；正向相对速度不能太大，否则即使电磁斥力一直起作用也无法使追踪星制动,导致两星碰撞危险。

6.2.3　试验平台误差分析及处理措施

1. 平台倾斜干扰

气浮平台水平设计精度为 $2''$,按照 $2''$、$4''$ 两种倾斜角计算平台倾斜干扰力。图 6.8 给出了平台倾斜干扰力的计算原理,计算结果如表 6.2 所示。

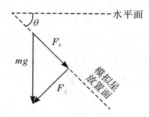

图 6.8　平台倾斜干扰力计算原理

表 6.2　平台倾斜干扰力　　　　　　　　　　　　　　（单位:mN）

倾斜角	追踪星质量 30kg	追踪星质量 40kg	追踪星质量 50kg
$2''$	2.91	3.88	4.85
$4''$	5.81	7.75	9.69

2. 平台不平造成局部倾斜干扰

气浮平台的平面度设计精度为 000 级,按照 00 级、000 级两种精度计算平台不平造成局部倾斜所产生的干扰力。追踪星气浮垫间距为 $L=400\text{mm}$,000 级、00 级两种平面度精度下气浮垫间高度差分别为

$$\left(1+\frac{L}{1000}\right)\times 1=1.4(\mu m) \tag{6-3}$$

$$\left(1+\frac{L}{1000}\right)\times 2=2.8(\mu m) \tag{6-4}$$

根据气浮垫间高度差与间距的三角函数关系,计算得到对应的等效倾斜角分别为 $0.72''$ 和 $1.44''$。根据图 6.8 原理计算干扰力如表 6.3 所示。

表 6.3　平台不平干扰力　　　　　　　　　　　　　　（单位:mN）

平面度精度	模拟星质量 30kg	模拟星质量 40kg	模拟星质量 50kg
000 级	1.05	1.40	1.74
00 级	2.09	2.79	3.49

3. 处理措施

由上述分析可知,理想情况(平台加工及安装满足要求)以及恶劣情况(平台加工及安装存在 1 倍偏差)下,追踪星所受干扰力为 mN 量级,且随星体质量的增加而增大。根据上节估算可知,两电磁装置相距 50cm 处电磁力数值约为 40mN。另外,该电磁力估算值仅表征轴向力数值,与轴向垂直方向的电磁力数值更小。虽然电磁力数值大于干扰力,但两者处于同一量级,必须采取措施削弱或抑制干扰力的影响。

分析表 6.2 和表 6.3 的计算结果可知,气浮平台倾斜干扰力约为气浮平台不平造成局部倾斜干扰力的 2 倍。因此,可预先测定平台总倾斜方向,然后将主对接/分离轴沿该方向布置,这样平台倾斜将不会产生横向干扰力。另外,由于平台倾斜产生的轴向干扰力小于电磁力,该设置不会给电磁对接/分离控制带来额外问题。

6.3　试验系统硬件设计

采用模块化思路开展电磁对接/分离地面试验系统的结构、气路、测量、嵌入式控制、执行等分系统设计。

6.3.1　结构分系统

结构分系统设计主要解决怎样较好地将物理分隔的各子系统有效连接以及承重等问题。除满足子系统尺寸及散热性等需求外,还采用了模块化设计思路,使各子系统不仅便于连接,而且当模块发生故障时可针对故障模块进行处理,其余模块无需改变,使系统维护更清晰。

模拟星体骨架组成与结构设计如图 6.9 所示。每块横板上都可相应地安装模块,模块间导线或气路通过立板的开孔或横板的开槽连接。另外,立板的开孔或横板的开槽有助于发热模块的有效散热。

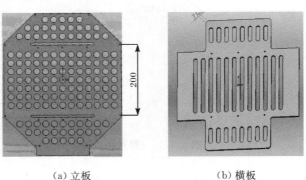

　　　　(a) 立板　　　　　　　　　　　(b) 横板

(c) 模拟星体骨架结构

图 6.9　模拟星体骨架组成与结构

6.3.2　气路分系统

气路分系统主要为星体气浮及喷气推进提供安全可靠的气源、管路等,设计如图 6.10 所示,主要包括 1 个 5L 的 CO_2 气瓶(15MPa)、1 个总截止阀、1 个带压力表的总减压阀(15MPa 减至 1MPa)、1 根带金属编织防护层的高压软管(耐压＞1MPa)、1 个缓冲气瓶进气截止阀(可卸压的两位三通机械阀)、1 个 1L 缓冲气瓶、1 个带压力表的分减压阀(1MPa 减至 $0.3\sim0.5$MPa)、7 个电磁阀、3 块气浮垫。气路连接全部采用快拧方式,可有效避免气体泄漏。

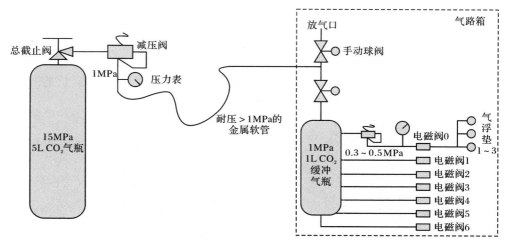

图 6.10　气路系统

另外,气路箱结构与安装如图 6.11 所示。

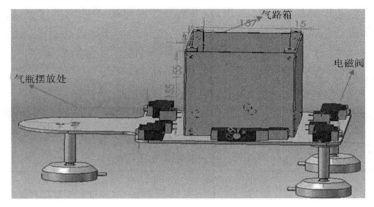

图 6.11　气路箱结构与安装

6.3.3　测量分系统

1. 基本测量原理

测量分系统主要为追踪星 PC104 主控系统提供位置/姿态测量信息。考虑到测量装置性能的差异性,相对位置采用 CCD 相机及激光测距仪进行互补测量,防止激光测距仪的激光斑点未打在目标板上所导致的测量错误,测量原理如图 6.12 所示,四颗 LED 标志灯间相对位置固定已知,通过激光测距仪的相对距离测量数据以及 CCD 相机的相对方位测量数据综合解算可得两模拟星间相对位置的高精度信息。追踪星的绝对姿态(由于目标星保持静止,该测量值也可看成追踪星相对目标星的姿态)采用电子陀螺测量确定。

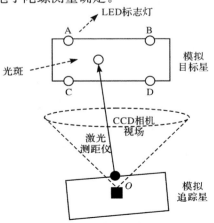

图 6.12　相对位置确定的基本原理

电子陀螺选用 Honeywell 公司的 HMR3000 数字罗盘,其使用磁阻传感器和两轴倾斜传感器提供航向信息,带有电子常平架,即使倾斜达到±40°时仍能给出精确测量数据;磁场计的宽动态范围(±1G)允许 HMR3000 工作在较强当地外部磁场环境中,且具有完善的罗盘自动标定程序,可修正平台的磁影响。

2. 测量装置性能指标

测距选用 DIMETIX 公司的 LDS100 型激光测距仪,其性能指标如表 6.4 所示。

表 6.4　激光测距仪性能指标

参数	指标
测程	0.05～65m
精度	±1.5mm@2σ
单次测量时间	0.2s

电子陀螺性能指标如表 6.5 所示。

表 6.5　电子陀螺性能指标

参数	指标
测程	±40°
精度	偏航:±0.5°;俯仰/滚动:±0.3°
单次测量时间	0.1s

CCD 相机测量系统的视频采集装置采用微视公司的 MVC400 模拟相机:PAL 制式、16mm 镜头。信号处理芯片为 TI 公司的高性能 DSP:DM642,时钟频率 600MHz。存储器包括 4MB 的 RAM 和 1MB 的 FLASH,通过 RS485 输出数据。

6.3.4　嵌入式控制分系统

嵌入式控制分系统设计主要是主控计算机选型及设计。试验系统选取 PC104 模块作为主控系统,其运算能力和处理速度足够快,且为其扩展了一块 CAN 通信板。选用的 PC104 模块性能参数如表 6.6 所示。

表 6.6　PC104 模块性能指标

参数	指标
CPU	Intel Atom 1.6G
内存	1G DDR2 533MHZ

续表

参数	指标
网络接口	提供 10/100/1000Mbps 网络接口
I/O 接口	提供多个 USB 接口 支持 RS232/RS422/RS485 串口模式 支持 IDE 硬盘接口与 SATA 接口 提供可编程数字 I/O 接口

6.3.5　执行分系统

执行分系统包括气浮与喷气以及电磁推进模块两部分。

1. 气浮与喷气推进模块

气浮与喷气推进模块主要由 7 个电磁阀(1 个控制气浮,6 个控制喷气推进)以及 3 块气浮垫组成,其在追踪星上配置如图 6.13 所示,3 块气浮垫呈三角形布置,可有效避免气浮垫悬空漏气。用于气浮控制的电磁阀布置于图 6.13 所示底盘下部,其余 6 个电磁阀按前后各 2 个、左右各 1 个的构形布置,在满足各方向推进、顺/逆时针旋转控制条件下确保主对接/分离方向可提供的推力最大。

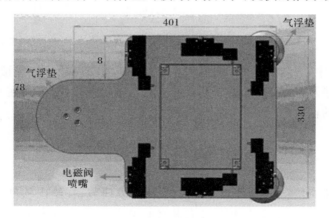

图 6.13　气浮垫及喷气推进电磁阀配置

电磁阀控制采用开关量控制板,其通过 CAN 口接收 PC104 指令,然后驱动一组开关量使电磁阀执行开关动作,以及将电磁阀开关信息上传给 PC104。开关量控制板的基本组成包括 MCU 单片机 C8051F040、输入开关量端子、输入光电隔离、输出驱动器以及模拟量传感器等。

2. 电磁推进模块

电磁推进模块由 CAN 板、1 块大功放板和 2 块小功放板、底板、线圈、±12V/±24V 直流供电模块以及散热片组成,如图 6.14 所示。

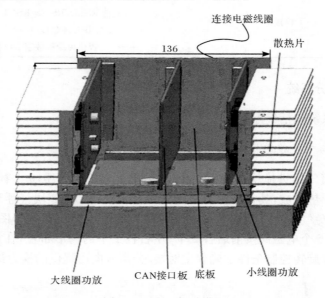

图 6.14　电磁推进模块

图 6.14 中,线圈由两根导线引出,通过底板与相应功放板连接,散热片用于功放芯片散热及各电路板固定。电磁推进模块通过单片机(安装在 CAN 板)控制功放电路板的输入电压大小以控制线圈电流。

6.4　试验系统软件开发

开展电磁对接/分离地面试验系统软件开发研究,在给出软件总体架构基础上,重点设计了 3 套子模块软件:上位机监控软件、PC104 主控软件和单片机控制软件。

6.4.1　上位机监控软件

上位机监控软件由底层软件、监控与显示软件两部分组成。底层软件负责上位监控机与 PC104 系统之间的信息交互,监控与显示软件负责试验数据的存储与显示。监控与显示软件的主监控界面如图 6.15 所示,按照菜单区、信息显示区和控制命令区布局,支持交互和程序控制两种方式,提供紧急处置功能。通过监控与显示主界面的菜单区还能调用参数设置、数据分析以及视频回放 GUI 界面：参数设置界面可进行相关参数设置；数据分析以及视频回放界面可读入保存的数据流文件，以图表或视频回放形式给出分析结果。

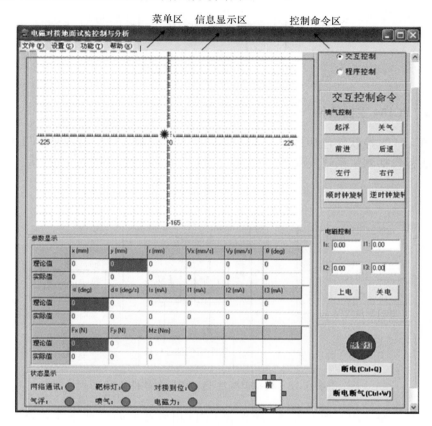

图 6.15　上位监控机显示与操作主界面

主监控界面数据流如图 6.16 所示，主线程从网络 Server 线程获取数据流保存至缓冲区，供 2 个定时器线程进行数据流的显示和保存。视频回放过程数据流如图 6.17 所示，2D 和 3D 数据流是一样的，只是调用的图形处理程序不一样。

图 6.16　主界面数据流

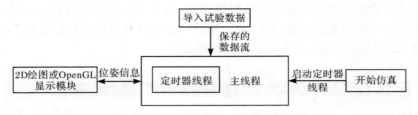

图 6.17   视频回放界面数据流

6.4.2   PC104 主控软件

PC104 主控软件包括目标星和追踪星 PC104 控制软件。追踪星 PC104 控制软件线程包括测量系统线程、主控线程、网络 Client 线程,如图 6.18 所示。

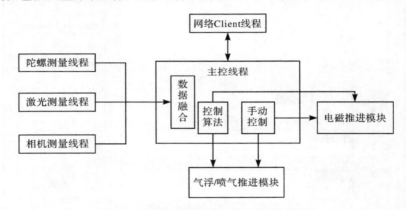

图 6.18   模拟追踪星 PC104 控制软件线程

测量系统线程实时从陀螺、激光和 CCD 相机获取两模拟星间相对距离/方位、追踪星自身绝对姿态信息,通过主控线程数据融合处理得到位姿信息供控制算法进行计算;网络 Client 线程接收上位机监控软件下发的操作指令并解析供主线程执行,同时向上位机监控软件发送测量数据及执行机构状态信息。目标星 PC104 软件仅将上位机监控系统下发的操作以及追踪星 PC104 分发的电磁装置上电等指令解析并执行,自身不进行任何控制计算。

6.4.3   单片机控制软件

单片机控制软件包括气浮与喷气推进以及电磁推进软件两部分。

1. 气浮与喷气推进单片机控制软件

气浮与喷气推进单片机控制软件线程如图 6.19 所示,通过对 CAN 总线发送的命令帧进行解析,控制相应的气浮/喷气推进电磁阀动作,完成气浮与推进操作。

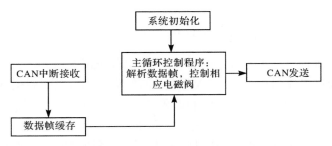

图 6.19　气浮与喷气推进单片机控制软件线程

气浮与喷气推进单片机控制采用前后台工作方式:CAN 中断为后台工作程序,完成数据帧接收与存入数据缓存区;主循环控制为前台控制程序,完成对缓存数据的解析及执行。

2. 电磁推进单片机控制软件

电磁推进单片机控制软件线程如图 6.20 所示,通过对 CAN 总线发送的命令帧进行解析,对相应电磁线圈进行上电操作,使其产生期望电磁力,完成电磁对接/分离试验,同样采用前后台工作方式。

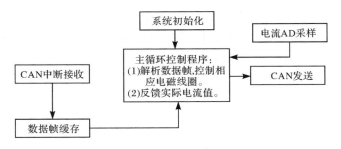

图 6.20　电磁推进单片机控制软件线程

6.5　地 面 试 验

本节以电磁对接地面试验为例,验证可行性及相关关键技术。

6.5.1　试验设计

对接轴向采用轨迹跟踪控制策略,期望轨迹设计为

$$l=\begin{cases} \dfrac{1}{2}a_1t^2+l_0, & t\leqslant t_1 \\ a_1t_1t+l_1, & t_1\leqslant t\leqslant t_2 \\ \dfrac{1}{2}a_2(t-t_2)^2+a_1t_1t+l_2, & t_2\leqslant t\leqslant t_3 \end{cases} \tag{6-5}$$

式中，a_1、a_2 为加速度，$\mathrm{mm/s^2}$；t 为时间，s；l 为追踪星位置，mm。

目标星通电电流保持为 $I_1=1\mathrm{A}$ 不变，匝数 $N_1=600$，线圈面积 $A_1=0.06\ \mathrm{m^2}$；追踪星电流为 I_2，匝数 $N_2=600$，线圈面积 $A_2=0.06\ \mathrm{m^2}$；不考虑气浮质量消耗，假定追踪星质量保持 $m=40\mathrm{kg}$ 不变；离散时间步长取 $h=0.01$。

考虑到激光测距存在误差，利用跟踪微分器对系统输出进行滤波处理，为

$$\begin{cases} \mathrm{fh}=\mathrm{fhan}(v_1(k)-y(k),v_2(k),r_0,h_0) \\ v_1(k+1)=v_1(k)+hv_2(k) \\ v_2(k+1)=v_2(k)+h\cdot\mathrm{fh} \\ y_0(k)=v_1(k)+k_0hv_2(k) \end{cases} \tag{6-6}$$

式中，y_0 为滤波后的系统输出。

控制律参数设计为：ESO 参数 $\beta_{x1}=140$、$\beta_{x2}=10$、$\beta_{x3}=1$；滤波跟踪微分器参数 $r_0=1$、$h_0=0.05$、$k_0=0.01$。

6.5.2　试验结果分析

取轨迹跟踪参数为 $a_1=-5/3$、$a_2=2.5$、$t_1=6$、$t_2=11$、$t_3=15$，图 6.21 为设计的对接轨迹曲线。图 6.22 为对接轴向距离的理论值与试验值曲线，图 6.23 为追踪星电磁装置控制输入电流曲线。

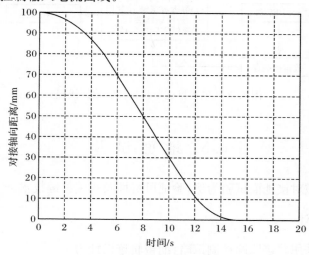

图 6.21　轴向跟踪轨迹

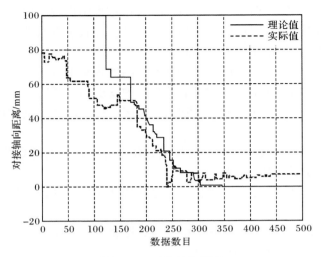

图 6.22 对接轴向距离

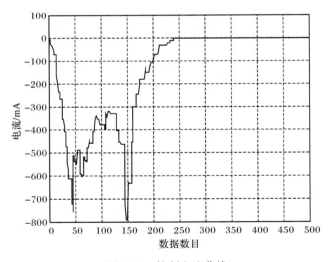

图 6.23 控制电流曲线

分析图 6.22 可以发现,对接初始距离约为 80mm,在存在初始位置偏差的情况下,通过控制电流的作用,初始偏差得到抑制,对接轴向距离逐渐减小,轨迹跟踪趋势较好,但存在一定小偏差。通过深入分析,偏差产生的原因可能包括:①基于远场电磁力的对接动力学模型与实际对接模型存在偏差,控制律对偏差的补偿能力有限,不能较好地补偿模型偏差;②轨迹跟踪控制律的参数由仿真给出,没有充分考虑实际装置的电磁特性及环境影响,控制参数取值需要进一步改进;③对接过程没有对模拟追踪星的姿态进行控制,对接过程中出现了模拟星偏离轴向正对的情况,导致激光测量距离大于实际对接轴向距离;④没有考虑线圈自身的电感、互感问题,导致控制存在一定偏差。

分析图 6.23 可以发现,初始段电流较大,随着距离的减小,磁矩减小,相应的电流值减小。另外,在地面演示验证试验过程中发现如下现象。

(1) 边上的小电磁铁焊接得不够牢靠,对接过程中出现小电磁铁被电磁吸力吸引脱落现象。

(2) 试验电磁对接装置趋向的对接完成状态并非认为的理想状态,即大线圈正对大线圈,小线圈正对小线圈。

针对试验结果分析,下一步拟针对电磁装置适应性设计以及控制律改进进行如下深入研究。

(1) 基于试验实测数据,拟合建立电磁对接装置的一维/二维电磁力/力矩实际模型,利用该模型开展控制律设计。

(2) 对接过程中考虑模拟追踪星的姿态控制问题,由相应的姿控系统完成姿态控制。

(3) 在仿真确定的控制参数基础上,基于实际试验数据,对控制参数进一步调整。

(4) 动力学模型建模和控制律设计时进一步考虑线圈自身的电感、互感效应。

(5) 采用一体化方式加工电磁装置,避免大、小电磁铁分离、脱落情况。

6.6　小　　结

本章针对地面试验系统与关键技术验证开展研究,设计并研制了体现模块化思想的地面试验系统,研究了系统总体方案、硬件设计及软件开发技术,并开展了电磁对接机理、动力学与控制算法验证等试验研究。本章研究得出以下结论。

(1) 利用星间电磁力控制航天器间相对运动是可行的,可通过地面试验验证。

(2) 电磁对接控制还需考虑更多因素,如电感、互感等。

(3) 基于地面试验结果可进一步开展电磁装置优化设计和控制方法改进。

参 考 文 献

[1] 许军校. 面向空间对接的电磁机构设计与实验研究[D]. 长沙:国防科学技术大学,2008.

第 7 章 电磁编队飞行动力学

7.1 概　　述

基于第 2 章给出的星间电磁力/力矩模型,本章研究电磁编队飞行的动力学模型及相对平衡态特性,为后续章节内容研究奠定动力学基础。

对于电磁编队飞行,每颗航天器所受电磁力/力矩为其他多颗航天器电磁场对其作用的矢量和,使得基于 Hill 方程的动力学建模复杂度增加;另外,电磁编队飞行相较电磁对接/分离的空间尺度更大,可将编队系统看成由"力元"连接的多刚体。因此,从分析力学角度出发,基于能量或动量理念开展航天器电磁编队飞行的动力学研究。

本章首先给出基于 Euler-Lagrange 方程的电磁编队飞行动力学建模,涉及系统能量描述、利用 Euler-Lagrange 方程的建模;其次给出基于 Kane 理论的电磁编队飞行动力学建模,涉及广义坐标定义和广义速率选取、广义惯性力/主动力求解、利用 Kane 方程的建模及相关应用分析;最后基于 Kane 方法所建 6-DOF 模型,分析系统相对平衡态,推导圆轨道约束下利用星间电磁力作用实现静态编队的必要条件,为后期电磁编队设计与控制提供基本理论依据。

7.2　基于 Euler-Lagrange 方程的动力学建模

7.2.1　系统能量

本节采用 Euler-Lagrange 方程建立星间电磁力作用的航天器相对运动动力学模型。对于航天器 A 和航天器 B 组成的电磁编队飞行系统,如图 7.1 所示,电磁力为系统内力,不影响系统质心运动。以系统质心为原点定义质心轨道系 $\boldsymbol{H}\text{-}xyz$,其 x 轴与系统质心的地心矢径重合,由地心指向质心;y 轴在质心轨道面内与 x 轴垂直,沿运动方向为正;z 轴垂直于轨道面,与 x、y 构成右手坐标系。定义坐标系 $\boldsymbol{B}\text{-}x'y'z'$ 由 $\boldsymbol{H}$ 系先绕 z 轴旋转 α 角,再绕 y' 轴旋转 $-\beta$ 角得到,其中 α 为两星连线在 xoy 面内的投影与 x 轴的夹角,称为面内角;β 为两星连线与 xoy 面的夹角,称为面外角。显然,任一时刻两航天器的相对位置可由星间距离 ρ、α 和 β 描述。

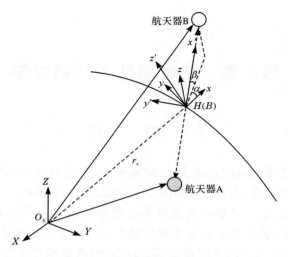

图 7.1　坐标系定义

考虑系统质心沿开普勒轨道运动,假设航天器 A 和航天器 B 的姿控系统能够维持航天器姿态稳定,以提供编队飞行所需的电磁力。由编队系统质心定义有

$$m_A \boldsymbol{\rho}_A + m_B \boldsymbol{\rho}_B = 0 \tag{7-1}$$

式中,m_A、m_B 为航天器质量;$\boldsymbol{\rho}_A$、$\boldsymbol{\rho}_B$ 为航天器相对于系统质心的位置矢量。

两航天器间相对位置矢量为

$$\boldsymbol{\rho} = \boldsymbol{\rho}_B - \boldsymbol{\rho}_A \tag{7-2}$$

将式(7-2)代入式(7-1)得

$$\boldsymbol{\rho}_A = -\frac{m_B}{M}\boldsymbol{\rho}, \quad \boldsymbol{\rho}_B = \frac{m_A}{M}\boldsymbol{\rho} \tag{7-3}$$

式中,$M = m_A + m_B$ 为电磁编队系统总质量。

星上电磁装置利用太阳能帆板提供能源,航天器质量视为不变,则对式(7-3)求导得

$$\dot{\boldsymbol{\rho}}_A = -\frac{m_B}{M}\dot{\boldsymbol{\rho}}, \quad \dot{\boldsymbol{\rho}}_B = \frac{m_A}{M}\dot{\boldsymbol{\rho}} \tag{7-4}$$

忽略航天器自身转动动能,则编队系统动能 K 可表示为

$$K = \frac{1}{2}m_A \parallel \dot{\boldsymbol{r}}_A \parallel^2 + \frac{1}{2}m_B \parallel \dot{\boldsymbol{r}}_B \parallel^2$$
$$= \frac{1}{2}M(\dot{r}_c^2 + r_c^2\dot{\theta}^2) + \frac{1}{2}\bar{m}\dot{\rho}^2 + \frac{1}{2}\bar{m}\rho^2[(\dot{\alpha} + \dot{\theta})^2\cos^2\beta + \dot{\beta}^2] \tag{7-5}$$

式中,$\dot{\theta}$ 为质心轨道角速度;r_c 为质心地心距;$\bar{m} = m_A m_B / M$ 为等效质量;$M(\dot{r}_c^2 + r_c^2\dot{\theta}^2)/2$ 为系统随质心运动的动能;第二、三项分别为航天器 A 与航天器 B 相对于

质心运动的动能。

系统势能 V 包括地球引力势能 V_g 和航天器间的电磁势能 V_e 两部分。忽略地球非球形影响,则地球引力势能 V_g 为

$$V_g = V_{gA} + V_{gB} = -\frac{\mu m_A}{\| \boldsymbol{r}_c + \boldsymbol{\rho}_A \|} - \frac{\mu m_B}{\| \boldsymbol{r}_c + \boldsymbol{\rho}_B \|} \tag{7-6}$$

对式(7-6)进行泰勒展开,并忽略二阶以上项可得

$$V_g = -\frac{\mu M}{r_c} - \frac{\mu \rho^2}{2 r_c^3} \frac{m_A m_B}{M} (3 \cos^2 \alpha \cos^2 \beta - 1) \tag{7-7}$$

记航天器 A 上电磁装置产生的磁场在航天器 B 处的强度为 $\boldsymbol{B}_A$,则航天器 B 在该磁场中所具有的磁势能 V_{BA}^m 为

$$\begin{cases} V_{BA}^m(\boldsymbol{\mu}_B, \boldsymbol{\rho}) = -\boldsymbol{\mu}_B \cdot \boldsymbol{B}_A(\boldsymbol{\rho}) \\ \boldsymbol{B}_A(\boldsymbol{\rho}) = \frac{\mu_0}{4\pi} \left[\frac{3 \boldsymbol{\mu}_A \cdot \boldsymbol{\rho}}{\| \boldsymbol{\rho} \|^5} \boldsymbol{\rho} - \frac{\boldsymbol{\mu}_A}{\| \boldsymbol{\rho} \|^3} \right] \end{cases} \tag{7-8}$$

即

$$V_{BA}^m(\boldsymbol{\mu}_A, \boldsymbol{\mu}_B, \boldsymbol{\rho}) = \frac{\mu_0}{4\pi \rho^3} \left[\boldsymbol{\mu}_A \cdot \boldsymbol{\mu}_B - \frac{3(\boldsymbol{\mu}_A \cdot \boldsymbol{\rho})(\boldsymbol{\mu}_B \cdot \boldsymbol{\rho})}{\rho^2} \right] \tag{7-9}$$

同样,航天器 A 在航天器 B 处产生的磁场中具备的磁势能 $V_{AB}^m = V_{BA}^m$,整个系统的磁势能 V_e 满足

$$V_e = V_{BA}^m \tag{7-10}$$

综上,电磁编队飞行系统的 Lagrange 函数 L 为

$$L = K - V_g - V_e \tag{7-11}$$

7.2.2 动力学模型

将式(7-5)、式(7-7)、式(7-9)代入第二类 Euler-Lagrange 方程 $\frac{d}{dt}\frac{\partial L(\boldsymbol{q}, \dot{\boldsymbol{q}})}{\partial \dot{\boldsymbol{q}}} - \frac{\partial L(\boldsymbol{q}, \dot{\boldsymbol{q}})}{\partial \boldsymbol{q}} = \boldsymbol{F}$,式中 $\boldsymbol{q}$ 为系统广义坐标 (ρ, α, β),$\boldsymbol{F}$ 为非有势广义力。对于电磁编队飞行系统,$\boldsymbol{F} = \boldsymbol{0}$,推导可得系统动力学方程为

$$\begin{cases} \ddot{\rho} = \left[(\dot{\alpha} + \dot{\theta})^2 \cos^2 \beta + \dot{\beta}^2 \right] \rho + \frac{\mu}{r_c^3} (3\cos^2 \alpha \cos^2 \beta - 1) \rho + \frac{F_\rho}{\bar{m}} \\ \ddot{\alpha} = -2 \frac{\dot{\rho}}{\rho} (\dot{\alpha} + \dot{\theta}) + 2 (\dot{\alpha} + \dot{\theta}) \dot{\beta} \frac{\sin\beta}{\cos\beta} - 3 \frac{\mu}{r_c^3} \cos\alpha \sin\alpha - \ddot{\theta} + \frac{F_\alpha}{\bar{m} \rho \cos\beta} \\ \ddot{\beta} = -\left[(\dot{\alpha} + \dot{\theta})^2 + \frac{3\mu}{r_c^3} \cos^2 \alpha \right] \cos\beta \sin\beta - 2 \frac{\dot{\rho}}{\rho} \dot{\beta} + \frac{F_\beta}{\bar{m} \rho} \end{cases}$$

$$\tag{7-12}$$

式中，F_ρ、F_α 和 F_β 分别为星间电磁力沿坐标系 $\boldsymbol{B}$ 的 x'、y'、z' 三轴的分量。

若编队系统质心沿圆轨道运动，则 $e=0$，$\dot{\theta}=\sqrt{\mu_e/p^3}=\Omega$，代入式（7-12）可得相应动力学模型为

$$\begin{cases} \ddot{\rho} = \left[(\dot{\alpha}+\Omega)^2\cos^2\beta+\dot{\beta}^2\right]\rho+\Omega^2(3\cos^2\alpha\cos^2\beta-1)\rho+\dfrac{F_\rho}{\bar{m}} \\[2mm] \ddot{\alpha} = -2\dfrac{\dot{\rho}}{\rho}(\dot{\alpha}+\Omega)+2(\dot{\alpha}+\Omega)\dot{\beta}\dfrac{\sin\beta}{\cos\beta}-3\Omega^2\cos\alpha\sin\alpha+\dfrac{F_\alpha}{\bar{m}\rho\cos^2\beta} \\[2mm] \ddot{\beta} = -\left[(\dot{\alpha}+\Omega)^2+3\Omega^2\cos^2\alpha\right]\cos\beta\sin\beta-2\dfrac{\dot{\rho}}{\rho}\dot{\beta}+\dfrac{F_\beta}{\bar{m}\rho} \end{cases} \quad (7\text{-}13)$$

基于偶极子假设的远场电磁力模型如图 7.2 所示，表达式为

$$\boldsymbol{F}_{EA}=\frac{3\mu_0}{4\pi}\left[-\frac{\boldsymbol{\mu}_A\cdot\boldsymbol{\mu}_B}{\rho^5}\boldsymbol{\rho}-\frac{\boldsymbol{\mu}_A\cdot\boldsymbol{\rho}}{\rho^5}\boldsymbol{\mu}_B-\frac{\boldsymbol{\mu}_B\cdot\boldsymbol{\rho}}{\rho^5}\boldsymbol{\mu}_A+5\frac{(\boldsymbol{\mu}_A\cdot\boldsymbol{\rho})(\boldsymbol{\mu}_B\cdot\boldsymbol{\rho})}{\rho^7}\boldsymbol{\rho}\right]$$

$$(7\text{-}14)$$

式中，$\boldsymbol{\mu}_i(i=A,B)$ 为磁偶极子矢量；$\boldsymbol{F}_{EA}$ 为航天器 A 所受电磁力。

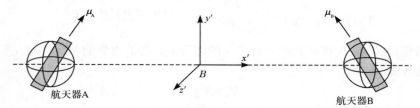

图 7.2　电磁力模型示意图

电磁力模型存在磁偶极子多解性，即对某一给定的电磁力，可能存在多组磁偶极子与之对应。为简化研究，假设航天器 A 上磁偶极子 $\boldsymbol{\mu}_A$ 始终指向航天器 B，从而相关矢量在体坐标系 $\boldsymbol{B}$ 下的表达式为

$$\boldsymbol{\mu}_A=\begin{bmatrix}\mu_{A\rho}&\mu_{A\alpha}&\mu_{A\beta}\end{bmatrix}^T,\quad \boldsymbol{\mu}_B=\begin{bmatrix}\mu_{B\rho}&\mu_{B\alpha}&\mu_{B\beta}\end{bmatrix}^T,\quad \boldsymbol{\rho}=\begin{bmatrix}\rho&0&0\end{bmatrix}^T$$

$$(7\text{-}15)$$

代入式（7-14）可得标量形式电磁力模型：

$$\boldsymbol{F}_{EA}^{B}=\begin{bmatrix}F_\rho\\F_\alpha\\F_\beta\end{bmatrix}=\frac{3\mu_0}{4\pi\rho^4}\begin{bmatrix}2\mu_{A\rho}\mu_{B\rho}-\mu_{A\alpha}\mu_{B\alpha}-\mu_{A\beta}\mu_{B\beta}\\-\mu_{A\rho}\mu_{B\alpha}-\mu_{A\alpha}\mu_{B\rho}\\-\mu_{A\rho}\mu_{B\beta}-\mu_{A\beta}\mu_{B\rho}\end{bmatrix} \quad (7\text{-}16)$$

假设航天器 A 上的磁偶极子始终沿两星连线方向，且大小恒定，则式（7-16）可改写为

$$\boldsymbol{F}_{EA}^{B}=\begin{bmatrix}F_\rho&F_\alpha&F_\beta\end{bmatrix}^T=\frac{3\mu_0\mu_A}{4\pi\rho^4}\begin{bmatrix}2\mu_{Bx'}&-\mu_{By'}&-\mu_{Bz'}\end{bmatrix}^T \quad (7\text{-}17)$$

7.3 基于 Kane 方法的动力学建模

考虑到组成编队的各航天器间除星间电磁力外无其他约束作用，作用于两航天器的电磁力属于星间内力范畴，大小相等且方向相反，故可将星间电磁力作用等同为多体动力学中的"力元"连接，进而可将整个多航天器编队视为一个自由多刚体系统。因此，基于多体动力学原理，采用 Kane 方法进行星间电磁力作用的编队系统动力学建模。Kane 方法是建立多自由度系统动力学方程的一种普遍方法，其兼有矢量力学与分析力学的特点[1]，并且避免了函数求导，对于自由度庞大的复杂系统可简化计算。本节以编队固连系(图 7.3)为计算坐标系，采用 Kane 方法建立一般电磁编队系统的 6-DOF 动力学模型。

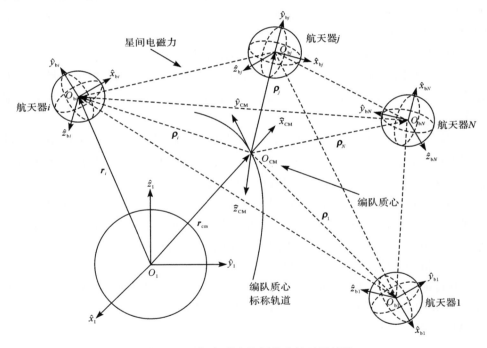

图 7.3 星间电磁力作用的多航天器编队

应用 Kane 方法的动力学建模的一般步骤如下[1,2]。

(1) 定义广义坐标，并适当选取广义速率，一般可表示为广义坐标导数的线性组合或标量函数。

(2) 根据选定的广义速率，计算偏速度与偏角速度。

(3) 将系统全部惯性力和主动力沿偏速度/偏角速度方向投影，计算广义惯性力与广义主动力。

（4）令每个广义速率所对应的广义主动力和广义惯性力之和为零，建立 Kane 动力学方程。

假设电磁编队系统如图 7.3 所示，其由 N 颗航天器组成，依次记为航天器 $1, \cdots, N$，航天器之间通过星间电磁力/力矩实现编队飞行控制。编队系统质心为 O_{CM}，$\boldsymbol{\rho}_i$ 为航天器 i 质心相对 O_{CM} 的位置矢量。研究中作如下基本假设：①地球为均质球体，完全中心引力场，编队中各航天器为均质球形刚体，质量分别为 m_i $(i=1, \cdots, N)$；②编队质心沿圆轨道运行，由于星间内力不影响编队质心运动，若忽略轨道摄动与扰动因素，可认为 O_{CM} 运动轨迹一直保持为圆轨道；③星载电磁装置由三个相同的正交安装的电磁线圈组成，通电后可产生大小、方向任意调节的磁矩 $\boldsymbol{\mu}_i$，同时假设各航天器磁矩生成是瞬时达到的，即暂不考虑电流控制的输入时滞问题[3]；④各航天器的姿态控制由其星上姿控装置独立实现，如采用控制力矩陀螺或反作用动量轮等。

为了便于分析，航天器电磁编队动力学建模主要引入 4 类参考坐标系。

（1）地心惯性系 $\mathcal{N}$，原点位于地球质心 O_I，三坐标轴方向上的单位矢量分别为 $\hat{\boldsymbol{x}}_I$、$\hat{\boldsymbol{y}}_I$、$\hat{\boldsymbol{z}}_I$，其中 x_I 轴指向春分点，z_I 轴垂直于赤道面指向北极，y_I 轴由右手法则确定。

（2）轨道坐标系 $\mathcal{H}$，原点位于编队系统质心 O_{CM}，三坐标轴方向上的单位矢量分别为 $\hat{\boldsymbol{x}}_{CM}$、$\hat{\boldsymbol{y}}_{CM}$、$\hat{\boldsymbol{z}}_{CM}$，其中 x_{CM} 轴沿轨道径向由 O_I 指向 O_{CM}，y_{CM} 轴在轨道面内垂直于 x_{CM} 轴并指向运动方向，z_{CM} 轴沿轨道面法向，并满足右手法则。

（3）编队固连系 $\mathcal{B}$，原点位于编队系统质心 O_{CM}，三坐标轴方向上的单位矢量分别为 $\hat{\boldsymbol{x}}_B$、$\hat{\boldsymbol{y}}_B$、$\hat{\boldsymbol{z}}_B$，坐标轴固连于编队系统的惯量主轴，并满足右手法则。编队固连系 $\mathcal{B}$ 与编队中航天器的数目、几何构形和质量惯量特性密切相关，其引入主要为了便于分析编队构形及其动力学特性。

假设编队固连系 $\mathcal{B}$ 是由轨道系 $\mathcal{H}$ 按照 2-3-1 顺序旋转得到的，旋转角依次为 φ、θ、ψ。记 $\mathcal{H}$ 系到 $\mathcal{B}$ 系的方向余弦矩阵为 ${}^B\boldsymbol{M}^{\mathcal{H}}$，定义为

$$
\begin{aligned}
{}^B\boldsymbol{M}^{\mathcal{H}} &= \boldsymbol{M}_1(\psi)\boldsymbol{M}_3(\theta)\boldsymbol{M}_2(\varphi) \\
&= \begin{bmatrix} \cos\varphi\cos\theta & \sin\theta & -\sin\varphi\cos\theta \\ \sin\varphi\sin\psi - \cos\varphi\sin\theta\cos\psi & \cos\theta\cos\psi & \cos\varphi\sin\psi + \sin\varphi\sin\theta\cos\psi \\ \sin\varphi\cos\psi + \cos\varphi\sin\theta\sin\psi & -\cos\theta\sin\psi & \cos\varphi\cos\psi - \sin\varphi\sin\theta\sin\psi \end{bmatrix}
\end{aligned}
$$

$$(7\text{-}18)$$

式中，$\boldsymbol{M}_1(\cdot)$、$\boldsymbol{M}_2(\cdot)$、$\boldsymbol{M}_3(\cdot)$ 分别为绕 x、y、z 轴旋转的方向余弦矩阵。

（4）航天器体坐标系 $\mathcal{B}_i$，原点位于第 $i(i=1, \cdots, N)$ 个航天器质心 O_{bi}，三坐标轴方向上的单位矢量分别为 $\hat{\boldsymbol{x}}_{bi}$、$\hat{\boldsymbol{y}}_{bi}$、$\hat{\boldsymbol{z}}_{bi}$，坐标轴固连于航天器 i 的惯量主轴，满足

右手法则。假设体坐标系 $\mathcal{B}_i$ 可由编队固连系 $\mathcal{B}$ 按照 3-2-1 顺序旋转得到,旋转角依次为 α_i、β_i、γ_i。记 $\mathcal{B}$ 系到 $\mathcal{B}_i$ 系的方向余弦阵为 $^{\mathcal{B}_i}\boldsymbol{M}^{\mathcal{B}}$,定义为

$$
\begin{aligned}
^{\mathcal{B}_i}\boldsymbol{M}^{\mathcal{B}} &= \boldsymbol{M}_1(\gamma_i)\boldsymbol{M}_2(\beta_i)\boldsymbol{M}_3(\alpha_i) \\
&= \begin{bmatrix} \cos\alpha_i\cos\beta_i & \sin\alpha_i\cos\beta_i & -\sin\beta_i \\ \cos\alpha_i\sin\beta_i\sin\gamma_i - \sin\alpha_i\cos\gamma_i & \sin\alpha_i\sin\beta_i\sin\gamma_i + \cos\alpha_i\cos\gamma_i & \cos\beta_i\sin\gamma_i \\ \cos\alpha_i\sin\beta_i\cos\gamma_i + \sin\alpha_i\sin\gamma_i & \sin\alpha_i\sin\beta_i\cos\gamma_i - \cos\alpha_i\sin\gamma_i & \cos\beta_i\cos\gamma_i \end{bmatrix}
\end{aligned}
$$

$$(7\text{-}19)$$

7.3.1　广义坐标与广义速率

如图 7.3 所示,选择 $\boldsymbol{\rho}_i$ 描述编队空间几何构形,以欧拉角描述编队相对方位与航天器相对姿态,则定义广义坐标为

$$
\begin{cases} \boldsymbol{q} = \begin{bmatrix} \boldsymbol{q}_0 & \boldsymbol{q}_1 & \cdots & \boldsymbol{q}_i & \cdots & \boldsymbol{q}_N \end{bmatrix}^{\mathrm{T}} \\ \boldsymbol{q}_0 = \begin{bmatrix} q_{01} & q_{02} & q_{03} \end{bmatrix}^{\mathrm{T}} = \begin{bmatrix} \varphi & \theta & \psi \end{bmatrix}^{\mathrm{T}} \\ \boldsymbol{q}_i = \begin{bmatrix} q_{i1} & q_{i2} & q_{i3} & q_{i4} & q_{i5} & q_{i6} \end{bmatrix}^{\mathrm{T}} = \begin{bmatrix} \rho_{ix} & \rho_{iy} & \rho_{iz} & \alpha_i & \beta_i & \gamma_i \end{bmatrix}^{\mathrm{T}} \end{cases}
$$

$$(7\text{-}20)$$

式中,ρ_{ix}、ρ_{iy}、ρ_{iz} 为 $\boldsymbol{\rho}_i$ 在 $\mathcal{B}$ 系下的三个分量。

由于 $\boldsymbol{\rho}_i = \boldsymbol{r}_i - \boldsymbol{r}_{\mathrm{CM}}$,基于编队系统质心定义,可以得到

$$
\boldsymbol{r}_{\mathrm{CM}} = \frac{1}{M}\sum_{i=1}^{N} m_i\boldsymbol{r}_i \Rightarrow \sum_{i=1}^{N} m_i\boldsymbol{\rho}_i = 0
$$

$$(7\text{-}21)$$

式中,$M = \sum_{i=1}^{N} m_i$ 为整个编队系统质量。因此如果已知编队中任意 $N-1$ 颗航天器的相对位置矢量,最后一颗航天器的相对位置矢量可随之确定。

假设编队质心沿圆轨道运行,则轨道系 $\mathcal{H}$ 相对惯性系 $\mathcal{N}$ 的旋转角速度,即编队质心轨道平均角速度为

$$
\boldsymbol{\omega}^{\mathcal{H}/\mathcal{N}} = \sqrt{\frac{\mu}{r_{\mathrm{CM}}^3}}\hat{\boldsymbol{z}}_{\mathrm{CM}} = \omega_0\hat{\boldsymbol{z}}_{\mathrm{CM}}
$$

$$(7\text{-}22)$$

根据相对方位角 (φ,θ,ψ) 以及旋转矩阵 $^{\mathcal{B}}\boldsymbol{M}^{\mathcal{H}}$ 的定义,编队固连系 $\mathcal{B}$ 相对轨道系 $\mathcal{H}$ 的角速度在 $\mathcal{B}$ 系中表示为

$$
\boldsymbol{\omega}^{\mathcal{B}/\mathcal{H}} = \begin{bmatrix} \dot{\psi} + \dot{\varphi}\sin\theta \\ \dot{\theta}\sin\psi + \dot{\varphi}\cos\theta\cos\psi \\ \dot{\theta}\cos\psi - \dot{\varphi}\cos\theta\sin\psi \end{bmatrix}
$$

$$(7\text{-}23)$$

由角速度叠加定理,$\mathcal{B}$ 系相对 $\mathcal{N}$ 系的角速度在 $\mathcal{B}$ 系中可表示为上述两部分角速度与的矢量和,即

$$
\boldsymbol{\omega}^{\mathcal{B}/\mathcal{N}} = \boldsymbol{\omega}^{\mathcal{B}/\mathcal{H}} + {}^{\mathcal{B}}\boldsymbol{M}^{\mathcal{H}}\boldsymbol{\omega}^{\mathcal{H}/\mathcal{N}}
$$

$$(7\text{-}24)$$

同样,基于相对姿态角 $(\alpha_i,\beta_i,\gamma_i)$ 以及旋转矩阵 $^{\mathcal{B}_i}\boldsymbol{M}^{\mathcal{B}}$ 的定义,体坐标系 $\mathcal{B}_i$ 相对

编队固连系 $\mathcal{B}$ 的角速度在 $\mathcal{B}$ 系中表示为

$$\boldsymbol{\omega}^{B_i/B}=\begin{bmatrix} -\dot{\beta}_i\sin\alpha_i+\dot{\gamma}_i\cos\alpha_i\cos\beta_i \\ \dot{\beta}_i\cos\alpha_i+\dot{\gamma}_i\sin\alpha_i\cos\beta_i \\ \dot{\alpha}_i-\dot{\gamma}_i\sin\beta_i \end{bmatrix} \tag{7-25}$$

为便于分析,可定义广义速率 $\boldsymbol{u}$ 为线速度与角速度的部分分量,而非简单地选择为广义坐标的导数,即

$$\begin{cases} \boldsymbol{u}=\begin{bmatrix} \boldsymbol{u}_0 & \boldsymbol{u}_1 & \cdots & \boldsymbol{u}_i & \cdots & \boldsymbol{u}_N \end{bmatrix}^{\mathrm{T}} \\ \boldsymbol{u}_0=\begin{bmatrix} u_{01} & u_{02} & u_{03} \end{bmatrix}^{\mathrm{T}}=\begin{bmatrix} \omega_x^{B/N} & \omega_y^{B/N} & \omega_z^{B/N} \end{bmatrix}^{\mathrm{T}} \\ \boldsymbol{u}_i=\begin{bmatrix} u_{i1} & u_{i2} & u_{i3} & u_{i4} & u_{i5} & u_{i6} \end{bmatrix}^{\mathrm{T}}=\begin{bmatrix} \dot{\rho}_{ix} & \dot{\rho}_{iy} & \dot{\rho}_{iz} & \omega_x^{B_i/B} & \omega_y^{B_i/B} & \omega_z^{B_i/B} \end{bmatrix}^{\mathrm{T}} \end{cases} \tag{7-26}$$

式中, $\omega_x^{B/N}$ 、 $\omega_y^{B/N}$ 、 $\omega_z^{B/N}$ 与 $\omega_x^{B_i/B}$ 、 $\omega_y^{B_i/B}$ 、 $\omega_z^{B_i/B}$ 分别为角速度 $\boldsymbol{\omega}^{B/N}$ 与 $\boldsymbol{\omega}^{B_i/B}$ 在 $\mathcal{B}$ 系下的 3 个分量。

为简化表述,令 $c_m=\cos q_{0m}$, $s_m=\sin q_{0m}$, $s_{ik}=\sin q_{ik}$, $c_{ik}=\cos q_{ik}$ $(m=1,2,3;k=4,5,6)$,则广义速率 $\boldsymbol{u}_0$ 、 $\boldsymbol{u}_i$ 可表示为

$$\begin{bmatrix} u_{01} \\ u_{02} \\ u_{03} \end{bmatrix}=\begin{bmatrix} s_2 & 0 & 1 \\ c_2 c_3 & s_3 & 0 \\ -c_2 s_3 & c_3 & 0 \end{bmatrix}\begin{bmatrix} \dot{q}_{01} \\ \dot{q}_{02} \\ \dot{q}_{03} \end{bmatrix}+\begin{bmatrix} -\omega_0 s_1 c_2 \\ \omega_0(c_1 s_3+s_1 s_2 c_3) \\ \omega_0(c_1 c_3-s_1 s_2 s_3) \end{bmatrix}$$

$$\tag{7-27}$$

$$\begin{bmatrix} u_{i4} \\ u_{i5} \\ u_{i6} \end{bmatrix}=\begin{bmatrix} 0 & -s_{i4} & c_{i4} c_{i5} \\ 0 & c_{i4} & s_{i4} c_{i5} \\ 1 & 0 & -s_{i5} \end{bmatrix}\begin{bmatrix} \dot{q}_{i4} \\ \dot{q}_{i5} \\ \dot{q}_{i6} \end{bmatrix}$$

基于广义坐标与广义速率定义,航天器 i 的惯性线速度与角速度分别为

$$\begin{cases} \boldsymbol{v}_i=\dfrac{^N\mathrm{d}\boldsymbol{\rho}_i}{\mathrm{d}t}=\dfrac{^B\mathrm{d}\boldsymbol{\rho}_i}{\mathrm{d}t}+\boldsymbol{\omega}^{B/N}\times\boldsymbol{\rho}_i \\ \qquad=(u_{i1}+q_{i3}u_{02}-q_{i2}u_{03})\hat{\boldsymbol{x}}_B+(u_{i2}+q_{i1}u_{03}-q_{i3}u_{01})\hat{\boldsymbol{y}}_B+(u_{i3}+q_{i2}u_{01}-q_{i1}u_{02})\hat{\boldsymbol{z}}_B \\ \boldsymbol{\omega}_i=\boldsymbol{\omega}^{B_i/B}+\boldsymbol{\omega}^{B/N}=(u_{i4}+u_{01})\hat{\boldsymbol{x}}_B+(u_{i5}+u_{02})\hat{\boldsymbol{y}}_B+(u_{i6}+u_{03})\hat{\boldsymbol{z}}_B \end{cases}$$

$$\tag{7-28}$$

将式(7-28)相对广义速率 $\boldsymbol{u}$ 求偏导数,可分别得到航天器 i 相对第 r 个广义速率的偏速度 $\boldsymbol{v}_r^i$ 与偏角速度 $\boldsymbol{\omega}_r^i$ 为

$$\begin{cases} \boldsymbol{v}_{01}^i=-q_{i3}\hat{\boldsymbol{y}}_B+q_{i2}\hat{\boldsymbol{z}}_B, & \boldsymbol{v}_{02}^i=q_{i3}\hat{\boldsymbol{x}}_B-q_{i1}\hat{\boldsymbol{z}}_B, & \boldsymbol{v}_{03}^i=-q_{i2}\hat{\boldsymbol{x}}_B+q_{i1}\hat{\boldsymbol{y}}_B \\ \boldsymbol{v}_{i1}^i=\hat{\boldsymbol{x}}_B, & \boldsymbol{v}_{i2}^i=\hat{\boldsymbol{y}}_B, & \boldsymbol{v}_{i3}^i=\hat{\boldsymbol{z}}_B, \quad \boldsymbol{v}_{i4}^i=0, \quad \boldsymbol{v}_{i5}^i=0, \quad \boldsymbol{v}_{i6}^i=0 \\ \boldsymbol{\omega}_{01}^i=\hat{\boldsymbol{x}}_B, & \boldsymbol{\omega}_{02}^i=\hat{\boldsymbol{y}}_B, & \boldsymbol{\omega}_{03}^i=\hat{\boldsymbol{z}}_B \\ \boldsymbol{\omega}_{i1}^i=0, & \boldsymbol{\omega}_{i2}^i=0, & \boldsymbol{\omega}_{i3}^i=0, \quad \boldsymbol{\omega}_{i4}^i=\hat{\boldsymbol{x}}_B, \quad \boldsymbol{\omega}_{i5}^i=\hat{\boldsymbol{y}}_B, \quad \boldsymbol{\omega}_{i6}^i=\hat{\boldsymbol{z}}_B \end{cases} \tag{7-29}$$

需要说明的是,航天器 i 相对广义速率 $\boldsymbol{u}_j(j\neq i)$ 的偏速度与偏角速度均为 0, 为简便起见,在式(7-29)中并未列写。偏速度与偏角速度实际上是某些特定基矢量或基矢量的线性组合[1],由此系统理想约束力在其方向上的投影为 0,可直接消去。

7.3.2 广义主动力与广义惯性力

基于 Kane 方法,系统运动方程可由相对各广义速率的广义主动力与广义惯性力之和推导得到。航天器 i 的第 r 个广义惯性力按照下式计算[1,2]:

$$
\begin{aligned}
\boldsymbol{F}_r^* &= \sum_{i=1}^N \boldsymbol{R}_i^* \boldsymbol{v}_r^i + \sum_{i=1}^N \boldsymbol{M}_i^* \boldsymbol{\omega}_r^i \\
&= -\sum_{i=1}^N m_i \boldsymbol{a}_i \boldsymbol{v}_r^i - \sum_{i=1}^N (\boldsymbol{J}_i \dot{\boldsymbol{\omega}}^{\mathcal{B}_i/\mathcal{N}} + \boldsymbol{\omega}^{\mathcal{B}_i/\mathcal{N}} \times \boldsymbol{J}_i \boldsymbol{\omega}^{\mathcal{B}_i/\mathcal{N}}) \boldsymbol{\omega}_r^i
\end{aligned}
\tag{7-30}
$$

式中,$\boldsymbol{R}^*$ 为惯性力;$\boldsymbol{M}^*$ 为惯性力矩;$\boldsymbol{v}_r^i, \boldsymbol{\omega}_r^i$ 为第 r 偏速度与偏角速度;$\boldsymbol{a}_i$ 为航天器 i 的惯性加速度;$\boldsymbol{J}_i$ 为航天器 i 的惯量张量,基于主惯量假设可有 $\boldsymbol{J}_i = J_i \boldsymbol{E}$。

将式(7-28)、式(7-29)代入式(7-30),计算得到航天器 i 的广义惯性力为

$$
\begin{cases}
\boldsymbol{F}_{01}^* = \displaystyle\sum_{i=1}^N \left[m_i(q_{i3}a_{iy} - q_{i2}a_{iz}) - J_i(\dot{u}_{i4} + \dot{u}_{01}) \right] \\[2mm]
\boldsymbol{F}_{02}^* = \displaystyle\sum_{i=1}^M \left[m_i(q_{i1}a_{iz} - q_{i3}a_{ix}) - J_i(\dot{u}_{i5} + \dot{u}_{02}) \right] \\[2mm]
\boldsymbol{F}_{03}^* = \displaystyle\sum_{i=1}^N \left[m_i(q_{i2}a_{ix} - q_{i1}a_{iy}) - J_i(\dot{u}_{i6} + \dot{u}_{03}) \right] \\[2mm]
\boldsymbol{F}_{i1}^* = -m_i a_{ix}, \quad \boldsymbol{F}_{i2}^* = -m_i a_{iy}, \quad \boldsymbol{F}_{i3}^* = -m_i a_{iz} \\[2mm]
\boldsymbol{F}_{i4}^* = -J_i(\dot{u}_{i4} + \dot{u}_{01}) \\[2mm]
\boldsymbol{F}_{i5}^* = -J_i(\dot{u}_{i5} + \dot{u}_{02}) \\[2mm]
\boldsymbol{F}_{i6}^* = -J_i(\dot{u}_{i6} + \dot{u}_{03})
\end{cases}
\tag{7-31}
$$

式中

$$
\boldsymbol{a}_i = \begin{bmatrix}
\dot{u}_{i1} + q_{i3}\dot{u}_{02} - q_{i2}\dot{u}_{03} + 2u_{02}u_{i3} - 2u_{03}u_{i2} - q_{i1}u_{02}^2 + q_{i2}u_{01}u_{02} - q_{i1}u_{03}^2 + q_{i3}u_{01}u_{03} \\[1.5mm]
\dot{u}_{i2} + q_{i1}\dot{u}_{03} - q_{i3}\dot{u}_{01} + 2u_{03}u_{i1} - 2u_{01}u_{i3} - q_{i2}u_{01}^2 + q_{i1}u_{01}u_{02} - q_{i2}u_{03}^2 + q_{i3}u_{02}u_{03} \\[1.5mm]
\dot{u}_{i3} + q_{i2}\dot{u}_{01} - q_{i1}\dot{u}_{02} + 2u_{01}u_{i2} - 2u_{02}u_{i1} - q_{i3}u_{01}^2 + q_{i1}u_{01}u_{03} - q_{i3}u_{02}^2 + q_{i2}u_{02}u_{03}
\end{bmatrix}
\tag{7-32}
$$

航天器 i 的第 r 个广义主动力是航天器所受合力/合力矩与对应偏速度/偏角速度内积的矢量和[1,2],形式如下:

$$
\boldsymbol{F}_r = \sum_{i=1}^N \boldsymbol{R}_i \boldsymbol{v}_r^i + \sum_{i=1}^N \boldsymbol{M}_i \boldsymbol{\omega}_r^i
\tag{7-33}
$$

式中，$\boldsymbol{R}_i$、$\boldsymbol{M}_i$ 分别为作用在航天器 i 上的合外力与合外力矩。

对于星间电磁力作用的航天器编队系统，航天器 i 所受到的合力包括地球引力 $\boldsymbol{F}_i^g$ 与星间电磁力 $\boldsymbol{F}_i^{EM}$，合力矩为电磁力矩 $\boldsymbol{\tau}_i^{EM}$，则计算得到 $\boldsymbol{R}_i$ 的表达式为

$$
\boldsymbol{R}_i = \begin{bmatrix} -\dfrac{\mu m_i}{r_i^3}(r_{\mathrm{CM}}c_1c_2 + q_{i1}) + F_{ix}^{EM} \\[2ex] -\dfrac{\mu m_i}{r_i^3}\big[r_{\mathrm{CM}}(s_1s_3 - c_1s_2c_3) + q_{i2}\big] + F_{iy}^{EM} \\[2ex] -\dfrac{\mu m_i}{r_i^3}\big[r_{\mathrm{CM}}(s_1c_3 + c_1s_2s_3) + q_{i3}\big] + F_{iz}^{EM} \end{bmatrix} \tag{7-34}
$$

将式(7-34)以及合外力矩代入式(7-33)得到航天器 i 的广义主动力为

$$
\begin{cases}
\boldsymbol{F}_{01} = \displaystyle\sum_{i=1}^{N}(q_{i2}R_{iz} - q_{i3}R_{iy} + \tau_{ix}^{EM}) \\[2ex]
\boldsymbol{F}_{02} = \displaystyle\sum_{i=1}^{N}(q_{i3}R_{ix} - q_{i1}R_{iz} + \tau_{iy}^{EM}) \\[2ex]
\boldsymbol{F}_{03} = \displaystyle\sum_{i=1}^{N}q_{i1}R_{iy} - q_{i2}R_{ix} + \tau_{iz}^{EM} \\[2ex]
\boldsymbol{F}_{i1} = -\dfrac{\mu m_i}{r_i^3}(r_{\mathrm{CM}}c_1c_2 + q_{i1}) + F_{ix}^{EM} \\[2ex]
\boldsymbol{F}_{i2} = -\dfrac{\mu m_i}{r_i^3}\big[r_{\mathrm{CM}}(s_1s_3 - c_1s_2c_3) + q_{i2}\big] + F_{iy}^{EM} \\[2ex]
\boldsymbol{F}_{i3} = -\dfrac{\mu m_i}{r_i^3}\big[r_{\mathrm{CM}}(s_1c_3 + c_1s_2s_3) + q_{i3}\big] + F_{iz}^{EM} \\[2ex]
\boldsymbol{F}_{i4} = \tau_{ix}^{EM}, \quad \boldsymbol{F}_{i5} = \tau_{iy}^{EM}, \quad \boldsymbol{F}_{i6} = \tau_{iz}^{EM}
\end{cases} \tag{7-35}
$$

7.3.3 动力学模型

通过反解式(7-26)、式(7-27)可以得到航天器 i 关于广义坐标的 9 个方程为

$$
\begin{cases}
\dot{q}_{01} = (u_{02}c_3 - u_{03}s_3 - \omega_0 s_1 s_2)/c_2 \\[1ex]
\dot{q}_{02} = u_{02}s_3 + u_{03}c_3 - \omega_0 c_1 \\[1ex]
\dot{q}_{03} = u_{01} - (u_{02}c_3 - u_{03}s_3)t_2 + \omega_0 s_1/c_2 \\[1ex]
\dot{q}_{i1} = u_{i1}, \quad \dot{q}_{i2} = u_{i2}, \quad \dot{q}_{i3} = u_{i3} \\[1ex]
\dot{q}_{i4} = (c_{i4}u_{i4} + s_{i4}u_{i5})t_{i5} + u_{i6} \\[1ex]
\dot{q}_{i5} = -s_{i4}u_{i4} + c_{i4}u_{i5} \\[1ex]
\dot{q}_{i6} = (c_{i4}u_{i4} + s_{i4}u_{i5})/c_{i5}
\end{cases} \tag{7-36}
$$

令每个广义速率所对应的广义惯性力和广义主动力之和为 0，所得到的标量

方程组即是系统的动力学方程,即 Kane 方程[1,2],其形式满足

$$\boldsymbol{F}_r^* + \boldsymbol{F}_r = 0 \tag{7-37}$$

联立式(7-31)与式(7-35)进行求解即可得航天器 i 关于广义速率的 9 个方程为

$$\begin{cases} \displaystyle\sum_{i=1}^{N} \left[-M_{ix}^* - m_i(q_{i3}a_{iy} - q_{i2}a_{iz}) - q_{i2}R_{iz} + q_{i3}R_{iy} - \tau_{ix}^{EM} \right] = 0 \\[2mm] \displaystyle\sum_{i=1}^{N} \left[-M_{iy}^* - m_i(q_{i1}a_{iz} - q_{i3}a_{ix}) - q_{i3}R_{ix} + q_{i1}R_{iz} - \tau_{iy}^{EM} \right] = 0 \\[2mm] \displaystyle\sum_{i=1}^{N} \left[-M_{iz}^* - m_i(q_{i2}a_{ix} - q_{i1}a_{iy}) - q_{i1}R_{iy} + q_{i2}R_{ix} - \tau_{iz}^{EM} \right] = 0 \end{cases} \tag{7-38}$$

$$\begin{cases} \dot{u}_{i1} = -\dfrac{\mu}{r_i^3}(r_{CM}c_1c_2 + q_{i1}) + \dfrac{F_{ix}^{EM}}{m_i} \\ \qquad\quad - (q_{i3}\dot{u}_{02} - q_{i2}\dot{u}_{03} + 2u_{02}u_{i3} - 2u_{03}u_{i2} - q_{i1}u_{02}^2 + q_{i2}u_{01}u_{02} - q_{i1}u_{03}^2 + q_{i3}u_{01}u_{03}) \\[2mm] \dot{u}_{i2} = -\dfrac{\mu}{r_i^3}\left[r_{CM}(s_1s_3 - c_1s_2c_3) + q_{i2} \right] + \dfrac{F_{iy}^{EM}}{m_i} \\ \qquad\quad - (q_{i1}\dot{u}_{03} - q_{i3}\dot{u}_{01} + 2u_{03}u_{i1} - 2u_{01}u_{i3} - q_{i2}u_{01}^2 + q_{i1}u_{01}u_{02} - q_{i2}u_{03}^2 + q_{i3}u_{02}u_{03}) \\[2mm] \dot{u}_{i3} = -\dfrac{\mu}{r_i^3}\left[r_{CM}(s_1c_3 + c_1s_2s_3) + q_{i3} \right] + \dfrac{F_{iz}^{EM}}{m_i} \\ \qquad\quad - (q_{i2}\dot{u}_{01} - q_{i1}\dot{u}_{02} + 2u_{01}u_{i2} - 2u_{02}u_{i1} - q_{i3}u_{01}^2 + q_{i1}u_{01}u_{03} - q_{i3}u_{02}^2 + q_{i2}u_{02}u_{03}) \\[2mm] I_i\dot{u}_{i4} = \tau_{ix}^{EM} - J_i\dot{u}_{01} \\[2mm] I_i\dot{u}_{i5} = \tau_{iy}^{EM} - J_i\dot{u}_{02} \\[2mm] I_i\dot{u}_{i6} = \tau_{iz}^{EM} - J_i\dot{u}_{03} \end{cases} \tag{7-39}$$

将 $\boldsymbol{R}_i = \boldsymbol{F}_i^g + \boldsymbol{F}_i^{EM}$ 各分量代入式(7-38),合并包含电磁力/力矩项可得

$$\begin{cases} \displaystyle\sum_{i=1}^{N} \left[-M_{ix}^* - m_i(q_{i3}a_{iy} - q_{i2}a_{iz}) + q_{i3}F_{iy}^g - q_{i2}F_{iz}^g \right] = \sum_{i=1}^{N}(q_{i2}F_{iz}^{EM} - q_{i3}F_{iy}^{EM} + \tau_{ix}^{EM}) \\[2mm] \displaystyle\sum_{i=1}^{N} \left[-M_{iy}^* - m_i(q_{i1}a_{iz} - q_{i3}a_{ix}) + q_{i1}F_{iz}^g - q_{i3}F_{ix}^g \right] = \sum_{i=1}^{N}(q_{i3}F_{ix}^{EM} - q_{i1}F_{iz}^{EM} + \tau_{iy}^{EM}) \\[2mm] \displaystyle\sum_{i=1}^{N} \left[-M_{iz}^* - m_i(q_{i2}a_{ix} - q_{i1}a_{iy}) + q_{i2}F_{ix}^g - q_{i1}F_{iy}^g \right] = \sum_{i=1}^{N}(q_{i1}F_{iy}^{EM} - q_{i2}F_{ix}^{EM} + \tau_{iz}^{EM}) \end{cases} \tag{7-40}$$

注意到式(7-40)右侧对应于星间电磁力/力矩作用的角动量,考虑系统内力作用下的角动量守恒,可进一步化简得到

$$
\begin{cases}
\displaystyle\sum_{i=1}^{N}\left[M_{ix}^{*}+m_{i}\left(q_{i3}a_{iy}-q_{i2}a_{iz}\right)-q_{i3}F_{iy}^{g}+q_{i2}F_{iz}^{g}\right]=0 \\[3mm]
\displaystyle\sum_{i=1}^{N}\left[M_{iy}^{*}+m_{i}\left(q_{i1}a_{iz}-q_{i3}a_{ix}\right)-q_{i1}F_{iz}^{g}+q_{i3}F_{ix}^{g}\right]=0 \\[3mm]
\displaystyle\sum_{i=1}^{N}\left[M_{iz}^{*}+m_{i}\left(q_{i2}a_{ix}-q_{i1}a_{iy}\right)-q_{i2}F_{ix}^{g}+q_{i1}F_{iy}^{g}\right]=0
\end{cases} \tag{7-41}
$$

式(7-41)即给出了广义速率 u_{01}、u_{02}、u_{03} 的运动规律。至此,综合式(7-36)、式(7-39)和式(7-41)即得到多航天器电磁编队一般 6-DOF 动力学方程。由方程形式可以清晰看出,电磁编队动力学具有复杂的非线性与耦合特性,其中非线性主要由三角函数以及电磁力/力矩模型带来,而耦合特性主要体现在相对轨迹/姿态运动耦合以及星间电磁力/力矩耦合。实际上,上述建模过程并未涉及星间电磁力/力矩的具体形式,因此建模思路以及推导得到的动力学模型对一般星间非接触内力作用的多航天器编队系统同样适用,具有一定普适价值。

7.4　相对平衡态分析

相对平衡态特性是编队设计与控制的重要理论基础,电磁编队动力学模型的相对平衡态对应实现静态编队[4]。此时电磁作用抵消航天器之间的相对运动,各航天器运行于非开普勒轨道并保持相对位置/姿态不变,整个编队系统维持恒定的几何构形,在空间中运动特性类似于单刚体航天器。静态编队有利于提升星间电磁力的控制效率,便于编队状态保持。本节从电磁编队 Kane 动力学模型出发,分析星间电磁力作用的相对平衡态,研究实现静态编队的必要条件。

7.4.1　相对平衡态

电磁编队系统的相对平衡态满足以下条件,后面以上标"—"表示各变量的平衡态值。

$$
\dot{\boldsymbol{q}}_i=\mathbf{0},\quad \dot{\boldsymbol{u}}_i=\mathbf{0}\quad(i=1,\cdots,N) \tag{7-42}
$$

将式(7-42)代入式(7-39)的后三个方程,可以得到

$$
\bar{\boldsymbol{\tau}}_i^{EM}=\left[\bar{\tau}_{ix}^{EM}\quad\bar{\tau}_{iy}^{EM}\quad\bar{\tau}_{iz}^{EM}\right]^{\mathrm{T}}=\mathbf{0} \tag{7-43}
$$

式(7-43)表明静态编队条件下各航天器所受到的星间电磁力矩为 0。对于仅存在星间电磁力/力矩作用的电磁编队系统,需要在特定的物理与几何约束下达成这一条件;对于具有其他姿态控制能力的航天器,则需要施加主动控制来抵消电磁力矩作用,如 MIT 提出在每个电磁卫星上安装反作用动量轮。

将式(7-42)代入式(7-41),可发现变量满足

$$
\boldsymbol{M}_i^{*}=\left[M_{ix}^{*}\quad M_{iy}^{*}\quad M_{iz}^{*}\right]^{\mathrm{T}}=\mathbf{0},\quad \bar{\boldsymbol{a}}_i=\bar{\boldsymbol{\omega}}^{B/N}\times\left(\bar{\boldsymbol{\omega}}^{B/N}\times\bar{\boldsymbol{\rho}}_i\right) \tag{7-44}
$$

式中

$$\bar{\boldsymbol{\omega}}^{B/\mathcal{N}} = \begin{bmatrix} \bar{u}_{01} \\ \bar{u}_{02} \\ \bar{u}_{03} \end{bmatrix} = \begin{bmatrix} -\omega_0 \sin\bar{\varphi}\cos\bar{\theta} \\ \omega_0(\cos\bar{\varphi}\,\sin\bar{\psi} + \sin\bar{\varphi}\,\sin\bar{\theta}\cos\bar{\psi}) \\ \omega_0(\cos\bar{\varphi}\,\cos\bar{\psi} - \sin\bar{\varphi}\,\sin\bar{\theta}\sin\bar{\psi}) \end{bmatrix} \tag{7-45}$$

相对平衡态条件下，由 $\dot{\bar{\boldsymbol{q}}}_0 = 0$ 可知 $\bar{\varphi}$、$\bar{\theta}$、$\bar{\psi}$ 均为常值，则圆编队约束下编队系统相对惯性系的旋转角速度 $\bar{\boldsymbol{\omega}}^{B/\mathcal{N}}$ 为常值。将式(7-44)代入式(7-41)的矢量形式，化简得到

$$\sum_{i=1}^{N} \bar{\boldsymbol{\rho}}_i \times m_i \bar{\boldsymbol{a}}_i = \sum_{i=1}^{N} \bar{\boldsymbol{\rho}}_i \times \bar{\boldsymbol{F}}_i^g \tag{7-46}$$

由于 $\boldsymbol{\rho}_i = \boldsymbol{r}_i - \boldsymbol{r}_{\mathrm{CM}}$，考虑到地球引力 $\boldsymbol{F}_i^g$ 沿 $\boldsymbol{r}_i$ 方向，则式(7-46)右侧化为

$$\sum_{i=1}^{N} \bar{\boldsymbol{\rho}}_i \times \bar{\boldsymbol{F}}_i^g = \sum_{i=1}^{N} (\bar{\boldsymbol{r}}_i - \bar{\boldsymbol{r}}_{\mathrm{CM}}) \times \bar{\boldsymbol{F}}_i^g = -\bar{\boldsymbol{r}}_{\mathrm{CM}} \times \sum_{i=1}^{N} \bar{\boldsymbol{F}}_i^g \tag{7-47}$$

定义整个编队系统关于编队质心的惯量张量矩阵为

$$\begin{aligned}
\boldsymbol{J}_{\mathrm{CM}} &= \sum_{i=1}^{N} m_i(\boldsymbol{\rho}_i^{\mathrm{T}}\,\boldsymbol{\rho}_i \cdot \boldsymbol{E} - \boldsymbol{\rho}_i\,\boldsymbol{\rho}_i^{\mathrm{T}}) + \sum_{i=1}^{N} J_i \boldsymbol{E} \\
&= \sum_{i=1}^{N} m_i \begin{bmatrix} q_{i2}^2 + q_{i3}^2 & -q_{i1}q_{i2} & -q_{i1}q_{i3} \\ -q_{i1}q_{i2} & q_{i1}^2 + q_{i3}^2 & -q_{i2}q_{i3} \\ -q_{i1}q_{i3} & -q_{i2}q_{i3} & q_{i1}^2 + q_{i2}^2 \end{bmatrix} + \sum_{i=1}^{N} J_i \boldsymbol{E}
\end{aligned} \tag{7-48}$$

对于星间电磁力作用的静态编队，编队系统可视为质量离散分布的单一刚体。由于此时各航天器的相对位置/姿态保持不变，那么整个编队的构形与质量分布随之确定，即满足 $\bar{\boldsymbol{J}}_{\mathrm{CM}}$ 为常值。航天器编队相对系统质心所受的合力矩为所有航天器相对编队系统质心所受力矩之和，即

$$\boldsymbol{\tau}_{\mathrm{CM}} = \sum_{i=1}^{N} \boldsymbol{\tau}_i = \sum_{i=1}^{N} \left[\boldsymbol{\rho}_i \times (\boldsymbol{F}_5^g i + \boldsymbol{F}_i^{EM}) + \boldsymbol{\tau}_i^{EM} \right] = \sum_{i=1}^{N} \boldsymbol{\rho}_i \times \boldsymbol{F}_i^g = -\boldsymbol{r}_{\mathrm{CM}} \times \sum_{i=1}^{N} \boldsymbol{F}_i^g \tag{7-49}$$

设编队系统相对质心的惯性角动量为 $\boldsymbol{H}_{\mathrm{CM}}$，由角动量定理可知

$$\bar{\boldsymbol{\tau}}_{\mathrm{CM}} = \frac{\mathrm{d}\bar{\boldsymbol{H}}_{\mathrm{CM}}}{\mathrm{d}t} = \frac{\mathrm{d}(\bar{\boldsymbol{J}}_{\mathrm{CM}}\bar{\boldsymbol{\omega}}^{B/\mathcal{N}})}{\mathrm{d}t} = \boldsymbol{0} \tag{7-50}$$

将式(7-50)代入式(7-47)，并展开为分量形式，有

$$\sum_{i=1}^{N} \bar{\boldsymbol{\rho}}_i \times m_i \bar{\boldsymbol{a}}_i = \boldsymbol{0} \Rightarrow \sum_{i=1}^{N} m_i \begin{bmatrix} (\bar{q}_{i2}\bar{u}_{03} - \bar{q}_{i3}\bar{u}_{02})(\bar{q}_{i1}\bar{u}_{01} + \bar{q}_{i2}\bar{u}_{02} + \bar{q}_{i3}\bar{u}_{03}) \\ (\bar{q}_{i3}\bar{u}_{01} - \bar{q}_{i1}\bar{u}_{03})(\bar{q}_{i1}\bar{u}_{01} + \bar{q}_{i2}\bar{u}_{02} + \bar{q}_{i3}\bar{u}_{03}) \\ (\bar{q}_{i1}\bar{u}_{02} - \bar{q}_{i2}\bar{u}_{01})(\bar{q}_{i1}\bar{u}_{01} + \bar{q}_{i2}\bar{u}_{02} + \bar{q}_{i3}\bar{u}_{03}) \end{bmatrix} = \boldsymbol{0}$$

$$\tag{7-51}$$

由于 $\boldsymbol{J}_{\mathrm{CM}}$ 在是在编队固连系 $\mathcal{B}$ 下表示的，考虑到编队固连系三坐标轴沿航天器编队系统惯量主轴，则满足 $\boldsymbol{J}_{\mathrm{CM}}$ 非对角线元素为 0，即

$$\sum_{i=1}^{N} m_i q_{i1} q_{i2} = 0, \quad \sum_{i=1}^{N} m_i q_{i1} q_{i3} = 0, \quad \sum_{i=1}^{N} m_i q_{i2} q_{i3} = 0 \tag{7-52}$$

将式(7-52)代入式(7-51)化简得到

$$\begin{bmatrix} \bar{u}_{02} \bar{u}_{03} \sum_{i=1}^{N} m_i (\bar{q}_{i2}^2 - \bar{q}_{i3}^2) \\ \bar{u}_{01} \bar{u}_{03} \sum_{i=1}^{N} m_i (\bar{q}_{i3}^2 - \bar{q}_{i1}^2) \\ \bar{u}_{01} \bar{u}_{02} \sum_{i=1}^{N} m_i (\bar{q}_{i1}^2 - \bar{q}_{i2}^2) \end{bmatrix} = \mathbf{0} \tag{7-53}$$

下面针对式(7-53)分析静态电磁编队存在的物理与几何条件。

7.4.2　静态编队必要条件

式(7-53)成立等价于以下三种情形成立。

情形 A：$\bar{u}_{02} \bar{u}_{03} = 0，\bar{u}_{01} \bar{u}_{03} = 0，\bar{u}_{01} \bar{u}_{02} = 0$。

满足情形 A 的 $\bar{u}_{01}$、$\bar{u}_{02}$、$\bar{u}_{03}$ 取值存在四种情况，分别代入式(7-45)并讨论如表 7.1 所示。由于 $\varphi、\theta、\psi$ 为编队固连系 $\mathcal{B}$ 与轨道系 $\mathcal{H}$ 之间按照 2-3-1 顺序定义的旋转角，计算结果表明至少绕两个轴的旋转角为 0 或 $\pi/2$，即 $\mathcal{B}$ 系至少有两个坐标轴与 $\mathcal{H}$ 系坐标轴平行，考虑到坐标系定义为右手系，则表明编队固连系 $\mathcal{B}$ 三坐标轴与轨道系 $\mathcal{H}$ 三坐标轴平行。尤其当 $\bar{\varphi} = \bar{\theta} = \bar{\psi} = 0$ 时，两坐标系的三个坐标轴重合。这一结论与文献[4]针对库仑静态编队推导的结论一致。

表 7.1　满足情形 A 的相对平衡态成立条件

成立条件	$\bar{\varphi}、\bar{\theta}、\bar{\psi}$ 可行解
$\bar{u}_{01} = \bar{u}_{02} = \bar{u}_{03} = 0$	无解
$\bar{u}_{01} = \bar{u}_{02} = 0，\bar{u}_{03} \neq 0$	$\bar{\varphi} = 0，\bar{\psi} = 0$ 或 $\bar{\varphi} = 0，\bar{\theta} = \pi/2，\bar{\psi} = 0$ 或 $\bar{\varphi} = \pi/2，\bar{\theta} = \pi/2，\bar{\psi} = \pi/2$
$\bar{u}_{01} = \bar{u}_{03} = 0，\bar{u}_{02} \neq 0$	$\bar{\varphi} = 0，\bar{\psi} = \pi/2$ 或 $\bar{\varphi} = \pi/2，\bar{\theta} = \pi/2，\bar{\psi} = 0$ 或 $\bar{\varphi} = 0，\bar{\theta} = \pi/2，\bar{\psi} = \pi/2$
$\bar{u}_{02} = \bar{u}_{03} = 0，\bar{u}_{01} \neq 0$	$\bar{\varphi} = \pi/2，\bar{\theta} = 0$

情形 B：$\displaystyle\sum_{i=1}^{N} m_i \bar{q}_{i1}^2 = \sum_{i=1}^{N} m_i \bar{q}_{i2}^2 = \sum_{i=1}^{N} m_i \bar{q}_{i3}^2$。

将式(7-52)代入式(7-48)，得到电磁编队系统相对三坐标轴的主惯量满足

$$\begin{cases} J_x = \sum_{i=1}^{N} m_i \bar{q}_{i2}^2 + \sum_{i=1}^{N} m_i \bar{q}_{i3}^2 + \sum_{i=1}^{N} J_i \\[2mm] J_y = \sum_{i=1}^{N} m_i \bar{q}_{i3}^2 + \sum_{i=1}^{N} m_i \bar{q}_{i1}^2 + \sum_{i=1}^{N} J_i \\[2mm] J_z = \sum_{i=1}^{N} m_i \bar{q}_{i1}^2 + \sum_{i=1}^{N} m_i \bar{q}_{i2}^2 + \sum_{i=1}^{N} J_i \end{cases} \tag{7-54}$$

将情形 B 成立条件代入式(7-54)得 $J_x = J_y = J_z$，即编队系统相对编队质心的惯量椭球为一正球体。如果各航天器大小与质量分布相同，则各航天器在空间呈中心对称分布。

情形 C：$\sum_{i=1}^{N} m_i \bar{q}_{im}^2 = \sum_{i=1}^{N} m_i \bar{q}_{in}^2 (m, n = 1, 2, 3; m \neq n)$。

情形 C 下，编队系统相对惯量主轴对称分布，下面分别讨论相对 x_B、y_B、z_B 轴对称时的相对平衡态条件，如表 7.2 所示。

表 7.2　满足情形 C 的相对平衡态成立条件

物理意义	成立条件	
$J_y = J_z$ 编队系统相对 $o_{CM}x_B$ 轴对称分布	$\sum_{i=1}^{N} m_i \bar{q}_{i2}^2 = \sum_{i=1}^{N} m_i \bar{q}_{i3}^2 \neq \sum_{i=1}^{N} m_i \bar{q}_{i1}^2$	$\bar{u}_{01} = 0$ 或 $\bar{u}_{02} = 0, \bar{u}_{03} = 0$
$J_x = J_z$ 编队系统相对 $o_{CM}y_B$ 轴对称分布	$\sum_{i=1}^{N} m_i \bar{q}_{i3}^2 = \sum_{i=1}^{N} m_i \bar{q}_{i1}^2 \neq \sum_{i=1}^{N} m_i \bar{q}_{i2}^2$	$\bar{u}_{02} = 0$ 或 $\bar{u}_{01} = 0, \bar{u}_{03} = 0$
$J_x = J_y$ 编队系统相对 $o_{CM}z_B$ 轴对称分布	$\sum_{i=1}^{N} m_i \bar{q}_{i1}^2 = \sum_{i=1}^{N} m_i \bar{q}_{i2}^2 \neq \sum_{i=1}^{N} m_i \bar{q}_{i3}^2$	$\bar{u}_{03} = 0$ 或 $\bar{u}_{01} = 0, \bar{u}_{02} = 0$

尤其当 $\sum_{i=1}^{N} m_i \bar{q}_{im}^2 = \sum_{i=1}^{N} m_i \bar{q}_{in}^2 = 0 (m, n = 1, 2, 3; m \neq n)$ 成立时，编队各航天器在空间沿对称轴共线分布。

值得说明的是，上述有关相对平衡态的分析同样没有涉及星间电磁力/力矩的具体形式，因此得到的三种情形下的结论适用于一般星间非接触内力作用的航天器编队。此外，得到的结论只是星间非接触内力作用下多航天器编队实现静态编队的必要条件，而非充分条件。这是因为所给出的条件是静态编队对编队系统物理特性以及空间构形的约束，即编队系统转动惯量以及编队固连系与轨道系的相对姿态需要满足特定条件，静态编队的确定需要针对具体编队形式以及航天器数目进行分析。后面将重点针对双星/三星电磁编队具体展开研究。

7.5　小　　结

本章针对航天器电磁编队飞行动力学开展研究,基于 Lagrange 方法建立了相对轨迹运动的动力学模型,进一步基于 Kane 方法建立了相对轨迹/姿态运动的 6-DOF 动力学模型,并针对该 6-DOF 模型开展了相对平衡态分析。本章研究得出以下结论。

(1) 从系统能量角度出发,基于 Euler-Lagrange 方法建立航天器电磁编队飞行动力学模型具有建模简单、不受参考轨道类型限制等优势。

(2) 基于 Kane 方法建立航天器电磁编队飞行 6-DOF 动力学模型充分体现了相对轨迹/姿态、电磁力/力矩作用的强耦合性,并且基于该模型分析编队构形的相对平衡态具有内在一致性。

(3) 航天器电磁编队动力学存在 6-DOF 相对平衡态,即相对编队质心固连系的位置/姿态变化率为零;圆轨道约束下星间电磁力作用实现静态编队存在必要条件,即编队系统转动惯量及编队相对轨道系的方位角需满足一定条件;这些条件可为后续电磁编队构形设计与保持控制提供理论依据,并且对一般星间非接触内力作用的航天器编队具有普适性。

参 考 文 献

[1] 刘延柱,洪嘉振,杨海兴. 多刚体系统动力学[M]. 北京:高等教育出版社,1986.

[2] Kane T R,Levinson D A. Dynamics:Theory and Applications[M]. New York:McGraw-Hill Book Company,1985.

[3] 苏建敏. 电磁卫星编队控制与空间非合作目标相对导航研究[D]. 北京:北京航空航天大学,2012.

[4] Schaub H, Hall C D, Berryman J. Necessary conditions for circularly-restricted static coulomb formations[J]. Journal of the Astronautical Sciences,2006,54(3):525~541.

第8章　双星静态/自旋电磁编队及其稳定性

8.1　概　　述

基于第7章所建电磁编队动力学模型以及给出的相对平衡态必要条件,本章针对双星编队开展静态/自旋构形的磁矩求解及稳定性研究。针对双星电磁编队相对平衡态的分析方法与结论可为后续更复杂的电磁编队动力学分析提供理论参考。

双星编队飞行是最简单的航天器编队任务模式,其动力学及特性研究是多航天器编队飞行的理论基础,具有一般指导意义。结合7.4节圆轨道约束下静态编队必要条件,两航天器在星间电磁力作用下实现的静态编队必然沿轨道系$\mathcal{H}$的坐标轴分布,对应存在三种相对平衡态,即双星沿轨道径向、切向与法向分布,如图8.1所示。针对静态编队构形,重点需要解决电磁力如何作用、磁矩如何配置、编队运动耦合特性以及是否稳定/能控等关键问题。除此之外,常值磁矩作用下自旋双星编队是否存在同样值得进一步讨论。

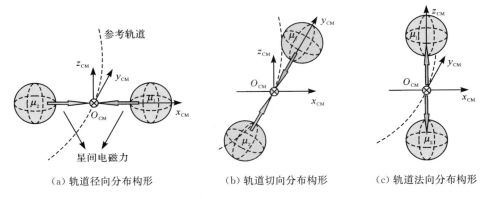

（a）轨道径向分布构形　　　　（b）轨道切向分布构形　　　　（c）轨道法向分布构形

图 8.1　双星电磁编队三种相对平衡态

本章首先分别针对双星径向、切向及法向分布,在第7章所建动力学模型基础上推导对应的简化模型;其次通过分析相对平衡态推导三种静态编队构形条件,研究可行的磁矩配置模式与求解策略,并基于线性系统理论分析各静态编队构形的开环稳定性、耦合特性及控制需求;最后进一步考虑双星自旋编队,讨论常值磁矩作用下编队的存在性、可行条件与稳定性。

8.2　双星电磁编队动力学

记双星电磁编队中两航天器质量分别为 m_1、m_2，其相对编队质心 O_{CM} 的矢径分别为 $\boldsymbol{\rho}_1$、$\boldsymbol{\rho}_2$，则两航天器之间相对位置矢量满足 $\boldsymbol{\rho} = \boldsymbol{\rho}_2 - \boldsymbol{\rho}_1$。考虑到编队质心满足式（7-21），则有

$$\boldsymbol{\rho}_1 = -\frac{m_2}{m_1 + m_2}\boldsymbol{\rho}, \quad \boldsymbol{\rho}_2 = \frac{m_1}{m_1 + m_2}\boldsymbol{\rho} \tag{8-1}$$

因此对于双星共线编队，仅利用航天器之间相对距离 $\rho = |\boldsymbol{\rho}|$ 即可描述编队构形几何。此外，共线构形作为空间一维结构，基于各航天器的主惯量假设，绕双星质心连线方向的旋转不影响编队运动，可以忽略，即轨道系 $\mathcal{H}$ 与编队固连系 $\mathcal{B}$ 的相对方位仅用两个欧拉角即可完全表征[1]。下面分别针对双星编队沿径向、切向与法向分布建立 Kane 动力学模型。

8.2.1　径向分布动力学

对于双星编队沿径向分布，相对位置矢量 $\boldsymbol{\rho}$ 固连于 x_B 轴，在 $\mathcal{B}$ 系下投影记为 $\boldsymbol{\rho} = \rho\hat{\boldsymbol{x}}_B$。忽略共线编队绕 x_B 轴的旋转角 ψ，假设 $\mathcal{B}$ 系可由 $\mathcal{H}$ 系按照 3-2 顺序依次旋转欧拉角 (θ, φ) 得到，如图 8.2 所示。

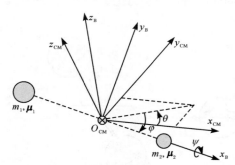

图 8.2　双星电磁编队径向分布相对方位的(3-2)欧拉角描述

以星间距离 ρ 以及方位角 (θ, φ) 描述编队相对轨迹运动，以欧拉角 $(\alpha_i, \beta_i, \gamma_i)$ 描述两航天器相对姿态运动，则定义广义坐标 $\boldsymbol{q}$ 为

$$\begin{aligned}
\boldsymbol{q} &= \begin{bmatrix} q_1 & q_2 & q_3 & q_4 & q_5 & q_6 & q_7 & q_8 & q_9 \end{bmatrix}^T \\
&= \begin{bmatrix} \theta & \varphi & \rho & \alpha_1 & \beta_1 & \gamma_1 & \alpha_2 & \beta_2 & \gamma_2 \end{bmatrix}^T
\end{aligned} \tag{8-2}$$

在圆轨道假设下，通过计算两航天器相对惯性系的线速度与角速度矢量，选取广义速率 $\boldsymbol{u}$ 为

$$\boldsymbol{u}=\begin{bmatrix} u_1 & u_2 & u_3 & u_4 & u_5 & u_6 & u_7 & u_8 & u_9 \end{bmatrix}^{\mathrm{T}}$$

$$=\begin{bmatrix} \dot{\theta}+\omega_0 & \dot{\varphi} & \dot{\rho} & \omega_x^{\mathcal{B}_1/\mathcal{B}} & \omega_y^{\mathcal{B}_1/\mathcal{B}} & \omega_z^{\mathcal{B}_1/\mathcal{B}} & \omega_x^{\mathcal{B}_2/\mathcal{B}} & \omega_y^{\mathcal{B}_2/\mathcal{B}} & \omega_z^{\mathcal{B}_2/\mathcal{B}} \end{bmatrix}^{\mathrm{T}} \quad (8\text{-}3)$$

式中，$\omega_0=\sqrt{\mu/r_{\mathrm{CM}}^3}$ 为轨道平均运动角速度；$\boldsymbol{\omega}^{\mathcal{B}_i/\mathcal{B}}=\begin{bmatrix} \omega_x^{\mathcal{B}_i/\mathcal{B}} & \omega_y^{\mathcal{B}_i/\mathcal{B}} & \omega_z^{\mathcal{B}_i/\mathcal{B}} \end{bmatrix}^{\mathrm{T}}$ 为航天器 $i(i=1,2)$ 相对编队固连系的角速度，表达式如式(7-25)所示。

利用 7.3 节所示的 Kane 方程推导步骤，通过计算偏速度/偏角速度，推导广义惯性力与广义主动力，最后得到双星电磁编队 Kane 动力学方程。方程求解过程中需考虑电磁力作用下双星电磁编队的角动量守恒，即有

$$\boldsymbol{\rho}\times\boldsymbol{F}_{12}^{EM}=\boldsymbol{\tau}_1^{EM}+\boldsymbol{\tau}_2^{EM} \quad (8\text{-}4)$$

式中，F_x^{EM}、F_y^{EM}、F_z^{EM} 为星间电磁力 $\boldsymbol{F}_{12}^{EM}$ 在 $\mathcal{B}$ 系下的分量。

以编队固连系 $\mathcal{B}$ 为计算坐标系，双星电磁编队径向分布 6-DOF 非线性动力学方程为

$$\begin{cases} \dot{u}_1=-\dfrac{1}{c_2 q_3}\left[\mu r_{\mathrm{CM}} s_1\left(\dfrac{1}{r_1^3}-\dfrac{1}{r_2^3}\right)+2c_2 u_1 u_3-2s_2 q_3 u_1 u_2+\dfrac{M}{m_1 m_2}F_y^{EM}-\Delta f_y^{\mathrm{d}}\right] \\[2mm] \dot{u}_2=-\dfrac{1}{q_3}\left[\mu r_{\mathrm{CM}} c_1 s_2\left(\dfrac{1}{r_1^3}-\dfrac{1}{r_2^3}\right)+2u_2 u_3+s_2 c_2 q_3 u_1^2-\dfrac{M}{m_1 m_2}F_z^{EM}+\Delta f_z^{\mathrm{d}}\right] \\[2mm] \dot{u}_3=\mu\left[r_{\mathrm{CM}} c_1 c_2\left(\dfrac{1}{r_1^3}-\dfrac{1}{r_2^3}\right)-\dfrac{q_3}{M}\left(\dfrac{m_2}{r_1^3}+\dfrac{m_1}{r_2^3}\right)\right]+q_3 u_2^2+c_2^2 q_3 u_1^2-\dfrac{M}{m_1 m_2}F_x^{EM}-\Delta f_x^{\mathrm{d}} \\[2mm] \dot{u}_4=(\tau_{1x}^{EM}+\tau_{1x}^{\mathrm{c}}+\tau_{1x}^{\mathrm{d}})/J_1+(s_2\dot{u}_1+c_2 u_1 u_2) \\[2mm] \dot{u}_5=(\tau_{1y}^{EM}+\tau_{1y}^{\mathrm{c}}+\tau_{1y}^{\mathrm{d}})/J_1-u_2 \\[2mm] \dot{u}_6=(\tau_{1z}^{EM}+\tau_{1z}^{\mathrm{c}}+\tau_{1z}^{\mathrm{d}})/J_1-(c_2\dot{u}_1-s_2 u_1 u_2) \\[2mm] \dot{u}_7=(\tau_{2x}^{EM}+\tau_{2x}^{\mathrm{c}}+\tau_{2x}^{\mathrm{d}})/J_2+(s_2\dot{u}_1+c_2 u_1 u_2) \\[2mm] \dot{u}_8=(\tau_{2y}^{EM}+\tau_{2y}^{\mathrm{c}}+\tau_{2y}^{\mathrm{d}})/J_2-u_2 \\[2mm] \dot{u}_9=(\tau_{2z}^{EM}+\tau_{2z}^{\mathrm{c}}+\tau_{2y}^{\mathrm{d}})/J_2-(c_2\dot{u}_1-s_2 u_1 u_2) \end{cases} \quad (8\text{-}5)$$

式中，s_i、c_i 分别指代 $\sin q_i$ 与 $\cos q_i$；$M=m_1+m_2$ 为双星编队总质量；J_i 为航天器 i 主惯量；$\Delta f^{\mathrm{d}}=f_2^{\mathrm{d}}-f_1^{\mathrm{d}}$ 为作用于两航天器上的外界干扰加速度之差；$\boldsymbol{\tau}_i^{\mathrm{c}}$、$\boldsymbol{\tau}_i^{\mathrm{d}}$ 分别为作用于航天器 i 上的反作用飞轮控制力矩与外界干扰力矩；$r_i=|\boldsymbol{r}_i|$ 为航天器 i 质心相对惯性系的矢径，对于径向分布有

$$r_1=\sqrt{r_{\mathrm{CM}}^2-2r_{\mathrm{CM}} c_1 c_2 \frac{m_2}{M}q_3+\left(\frac{m_2}{M}q_3\right)^2}, \quad r_2=\sqrt{r_{\mathrm{CM}}^2+2r_{\mathrm{CM}} c_1 c_2 \frac{m_1}{M}q_3+\left(\frac{m_1}{M}q_3\right)^2}$$

$$(8\text{-}6)$$

式(8-5)前 3 个方程描述双星编队相对轨迹运动，后 6 个方程描述两航天器相对姿态运动。从方程形式来看，双星电磁编队的相对轨迹/姿态运动相互耦合，具有复杂的非线性耦合动力学特性；但分母中的 $\cos q_2$ 项使得方程在 $\varphi=\pm 90°$ 发生奇异，模型的通用性受到局限，因此还需要建立切向/法向分布动力学模型。

8.2.2 切向/法向分布动力学

采用同样的思路可建立双星电磁编队沿切线/法向分布的 Kane 动力学模型。区别在于相对位置矢量 $\boldsymbol{\rho}$ 分别固连于 y_B 轴与 z_B 轴，$\mathcal{B}$系相对$\mathcal{H}$系的方位角分别为 (3-1)欧拉角(θ,ψ)与(2-1)欧拉角(φ,ψ)，如图 8.3 所示。

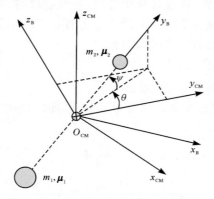 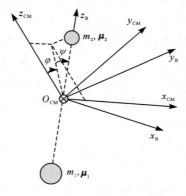

（a）切向分布相对方位的(3-1)欧拉角　　　　（b）法向分布相对方位的(2-1)欧拉角

图 8.3　双星电磁编队切向/法向分布空间相对方位

定义 $q_1 = \theta, q_2 = \psi$，则双星电磁编队切向分布动力学方程为

$$
\begin{cases}
\dot{u}_1 = -\dfrac{1}{c_2 q_3}\left[\mu r_{CM} c_1\left(\dfrac{1}{r_1^3}-\dfrac{1}{r_2^3}\right)+2(c_2 u_1 u_3 - s_2 q_3 u_1 u_2)-\dfrac{M}{m_1 m_2}F_x^{EM}+\Delta f_x^{d}\right]\\[3mm]
\dot{u}_2 = \dfrac{1}{q_3}\left[\mu r_{CM} s_1 s_2\left(\dfrac{1}{r_1^3}-\dfrac{1}{r_2^3}\right)-(2u_2 u_3 + s_2 c_2 q_3 u_1^2)-\dfrac{M}{m_1 m_2}F_z^{EM}+\Delta f_z^{d}\right]\\[3mm]
\dot{u}_3 = -\mu\left[r_{CM} s_1 c_2\left(\dfrac{1}{r_1^3}-\dfrac{1}{r_2^3}\right)+\dfrac{q_3}{M}\left(\dfrac{m_2}{r_1^3}+\dfrac{m_1}{r_2^3}\right)\right]+q_3 u_2^2 + c_2^2 q_3 u_1^2 - \dfrac{M}{m_1 m_2}F_y^{EM}+\Delta f_y^{d}\\[3mm]
\dot{u}_4 = (\tau_{1x}^{EM}+\tau_{1x}^{c}+\tau_{1x}^{d})/J_1 - \dot{u}_2\\[2mm]
\dot{u}_5 = (\tau_{1y}^{EM}+\tau_{1y}^{c}+\tau_{1y}^{d})/J_1 - (s_2\dot{u}_1 + c_2 u_1 u_2)\\[2mm]
\dot{u}_6 = (\tau_{1z}^{EM}+\tau_{1z}^{c}+\tau_{1z}^{d})/J_1 - (c_2\dot{u}_1 - s_2 u_1 u_2)\\[2mm]
\dot{u}_7 = (\tau_{2x}^{EM}+\tau_{2x}^{c}+\tau_{2x}^{d})/J_2 - \dot{u}_2\\[2mm]
\dot{u}_8 = (\tau_{2y}^{EM}+\tau_{2y}^{c}+\tau_{2y}^{d})/J_2 - (s_2\dot{u}_1 + c_2 u_1 u_2)\\[2mm]
\dot{u}_9 = (\tau_{2z}^{EM}+\tau_{2z}^{c}+\tau_{2y}^{d})/J_2 - (c_2\dot{u}_1 - s_2 u_1 u_2)
\end{cases}
\tag{8-7}
$$

式中，切向分布下 r_1、r_2 表达式为

$$
r_1 = \sqrt{r_{CM}^2 + 2r_{CM}s_1 c_2\frac{m_2}{M}q_3 + \left(\frac{m_2}{M}q_3\right)^2}, \quad r_2 = \sqrt{r_{CM}^2 - 2r_{CM}s_1 c_2\frac{m_1}{M}q_3 + \left(\frac{m_1}{M}q_3\right)^2}
\tag{8-8}
$$

对于双星电磁编队法向分布,有 $q_1 = \varphi, q_2 = \psi$,但广义速率 $\boldsymbol{u}$ 选择略有不同,此时 $u_1 = \dot{\varphi}$,导致其非线性动力学方程形式更为复杂,为

$$
\begin{cases}
\dot{u}_1 = \dfrac{1}{c_2 q_3}\Big[\mu r_{\mathrm{CM}} c_1\Big(\dfrac{1}{r_1^3} - \dfrac{1}{r_2^3}\Big) - 2\big(c_2 u_1 u_3 - s_2 q_3 u_1 u_2 + \omega_0 c_1 c_2 u_2 q_3 + \omega_0 c_1 s_2 u_3\big) \\
\qquad + \omega_0^2 s_1 c_1 c_2 q_3 - \dfrac{M}{m_1 m_2} F_x^{EM} + \Delta f_x^{\mathrm{d}}\Big] \\[4pt]
\dot{u}_2 = -\dfrac{1}{q_3}\Big[\mu r_{\mathrm{CM}} s_1 s_2\Big(\dfrac{1}{r_1^3} - \dfrac{1}{r_2^3}\Big) - \big(2\omega_0 s_1 u_3 - 2 u_2 u_3 - s_2 c_2 q_3 u_1^2\big) \\
\qquad - \big(2\omega_0 c_1 c_2^2 u_1 q_3 + \omega_0^2 c_1^2 s_2 c_2 q_3\big) - \dfrac{M}{m_1 m_2} F_y^{EM} + \Delta f_y^{\mathrm{d}}\Big] \\[4pt]
\dot{u}_3 = \mu\Big[r_{\mathrm{CM}} s_1 c_2\Big(\dfrac{1}{r_1^3} - \dfrac{1}{r_2^3}\Big) - \dfrac{q_3}{M}\Big(\dfrac{m_2}{r_1^3} + \dfrac{m_1}{r_2^3}\Big)\Big] + q_3(u_2 - \omega_0 s_1)^2 \\
\qquad + q_3(c_2 u_1 + \omega_0 c_1 s_2)^2 - \dfrac{M}{m_1 m_2} F_z^{EM} + \Delta f_z^{\mathrm{d}}
\end{cases}
$$

$$
\begin{cases}
\dot{u}_4 = (\tau_{1x}^{EM} + \tau_{1x}^{\mathrm{c}} + \tau_{1x}^{\mathrm{d}})/J_1 - (\dot{u}_2 - \omega_0 c_1 u_1) \\
\dot{u}_5 = (\tau_{1y}^{EM} + \tau_{1y}^{\mathrm{c}} + \tau_{1y}^{\mathrm{d}})/J_1 - (c_2 \dot{u}_1 - s_2 u_1 u_2 - \omega_0 s_2 s_1 u_1 + \omega_0 c_1 c_2 u_2) \\
\dot{u}_6 = (\tau_{1z}^{EM} + \tau_{1z}^{\mathrm{c}} + \tau_{1z}^{\mathrm{d}})/J_1 + (s_2 \dot{u}_1 + c_2 u_1 u_2 + \omega_0 s_1 c_2 u_1 + \omega_0 c_1 s_2 u_2) \\
\dot{u}_7 = (\tau_{2x}^{EM} + \tau_{2x}^{\mathrm{c}} + \tau_{2x}^{\mathrm{d}})/J_2 - (\dot{u}_2 - \omega_0 c_1 u_1) \\
\dot{u}_8 = (\tau_{2y}^{EM} + \tau_{2y}^{\mathrm{c}} + \tau_{2y}^{\mathrm{d}})/J_2 - (c_2 \dot{u}_1 - s_2 u_1 u_2 - \omega_0 s_2 s_1 u_1 + \omega_0 c_1 c_2 u_2) \\
\dot{u}_9 = (\tau_{2z}^{EM} + \tau_{2z}^{\mathrm{c}} + \tau_{2y}^{\mathrm{d}})/J_2 + (s_2 \dot{u}_1 + c_2 u_1 u_2 + \omega_0 s_1 c_2 u_1 + \omega_0 c_1 s_2 u_2)
\end{cases} \tag{8-9}
$$

式中,法向分布下 r_1、r_2 表达式为

$$
r_1 = \sqrt{r_{\mathrm{CM}}^2 - 2 r_{\mathrm{CM}} s_1 c_2 \frac{m_2}{M} q_3 + \Big(\frac{m_2}{M} q_3\Big)^2}, \quad r_2 = \sqrt{r_{\mathrm{CM}}^2 + 2 r_{\mathrm{CM}} s_1 c_2 \frac{m_1}{M} q_3 + \Big(\frac{m_1}{M} q_3\Big)^2}
$$

$$\tag{8-10}$$

限于篇幅,上述动力学模型中关于广义坐标的 9 个运动方程并未给出,其可基于广义速率表达式方便地反解得到。

8.3　静态编队及其稳定性

两航天器在星间电磁力作用下实现静态编队,编队系统相对轨道系 $\mathcal{H}$ 静止,共线构形沿轨道系任一坐标轴分布,且两航天器的相对位置/姿态保持不变。静态编队在数学上对应于实现相对平衡态。忽略外界扰动影响以及除星间电磁力/力矩之外的主动控制作用,基于相对平衡态条件研究静态编队条件及其稳定性。

8.3.1　静态编队构形

由相对平衡态条件可验证静态编队下作用于两航天器上的电磁力矩均为 0,

满足式(7-43)。下面重点分析静态编队下的星间电磁力作用与影响。

1) 双星径向分布

将相对平衡态条件 $\dot{q}_i=0$，$\dot{u}_i=0$ 代入径向分布动力学模型式(8-5)，得到广义速率满足 $\bar{u}_1=\omega_0$，$\bar{u}_2\sim\bar{u}_9=0$。径向分布平衡态时，x_B 轴与 x_{CM} 轴重合，有 $\bar{\theta}=0$，$\bar{\varphi}=0$，设两航天器之间期望相对距离为 $\bar{q}_3=\bar{\rho}$，则星间电磁力满足

$$\begin{cases} 0=\mu\left[r_{CM}\left(\dfrac{1}{\bar{r}_1^3}-\dfrac{1}{\bar{r}_2^3}\right)-\dfrac{\bar{\rho}}{M}\left(\dfrac{m_2}{\bar{r}_1^3}+\dfrac{m_1}{\bar{r}_2^3}\right)\right]+\bar{\rho}\omega_0^2-\dfrac{M}{m_1 m_2}\bar{F}_x^{EM} \\ 0=-\dfrac{1}{\bar{\rho}}\dfrac{M}{m_1 m_2}\bar{F}_y^{EM},\quad 0=\dfrac{1}{\bar{\rho}}\dfrac{M}{m_1 m_2}\bar{F}_z^{EM} \end{cases} \tag{8-11}$$

式中，$\bar{r}_1=r_{CM}-m_2\bar{\rho}/M$，$\bar{r}_2=r_{CM}+m_1\bar{\rho}/M$。

因此 $\bar{F}_y^{EM}=\bar{F}_z^{EM}=0$，星间电磁力沿 x_B 轴方向，即仅有径向分量作用。进一步判断 $\bar{F}_x^{EM}$ 方向，对 $1/\bar{r}_i^3(i=1,2)$ 做一阶线性化近似可得

$$\begin{cases} \dfrac{1}{\bar{r}_1^3}=\dfrac{1}{r_{CM}^3}\dfrac{1}{(1-m_2\bar{\rho}/Mr_{CM})^3}\approx\dfrac{1}{r_{CM}^3}\left(1+3\dfrac{m_2\bar{\rho}}{Mr_{CM}}\right) \\ \dfrac{1}{\bar{r}_2^3}=\dfrac{1}{r_{CM}^3}\dfrac{1}{(1+m_1\bar{\rho}/Mr_{CM})^3}\approx\dfrac{1}{r_{CM}^3}\left(1-3\dfrac{m_1\bar{\rho}}{Mr_{CM}}\right) \end{cases} \tag{8-12}$$

将式(8-12)以及圆轨道平均角速度 $\omega_0=\sqrt{\mu/r_{CM}^3}$ 代入式(8-11)，化简得到

$$x^{EM}\approx 3\dfrac{m_1 m_2}{M}\bar{\rho}\omega_0^2\left[1-\dfrac{\bar{\rho}(m_2-m_1)}{Mr_{CM}}\right] \tag{8-13}$$

由于 $\bar{\rho}\ll r_{CM}$，则 $\bar{F}_x^{EM}\approx 3m_1 m_2\bar{\rho}\omega_0^2/M>0$，即作用于航天器 1 上的电磁力沿 x_B 轴正向，为引力作用。星间吸引作用主要用于抵消两航天器之间引力梯度。假设两航天器磁矩仅有径向分量 μ_{1x}、μ_{2x}，则 $\bar{F}_x^{EM}$ 大小与两航天器质量、星间距离以及两磁矩乘积相关。令 $\delta=m_2/m_1$，则磁矩乘积大小随质量比 δ、期望星间距离 $\bar{\rho}$ 的变化关系如图 8.4 所示。很显然，磁矩乘积大小随质量比、星间距离增大而增大；质量比越大，曲线斜率越大，最终逐渐趋于常值。

2) 双星切向分布

对于双星切向分布，相对平衡态条件下广义速率同样满足 $\bar{u}_1=\omega_0$，$\bar{u}_2\sim\bar{u}_9=0$；此时方位角满足 $\bar{\theta}=0$，$\bar{\varphi}=0$，代入动力学模型式(8-7)得到星间电磁力满足

$$\begin{cases} 0=\bar{\rho}\omega_0^2-\mu\dfrac{\bar{\rho}}{M}\left(\dfrac{m_2}{\bar{r}_1^3}+\dfrac{m_1}{\bar{r}_2^3}\right)-\dfrac{M}{m_1 m_2}\bar{F}_y^{EM} \\ 0=\mu r_{CM}\left(\dfrac{1}{\bar{r}_1^3}-\dfrac{1}{\bar{r}_2^3}\right)-\dfrac{M}{m_1 m_2}\bar{F}_x^{EM},\quad \bar{F}_z^{EM}=0 \end{cases} \tag{8-14}$$

式中，$\bar{r}_1=\sqrt{r_{CM}^2+(m_2\bar{\rho}/M)^2}$，$\bar{r}_2=\sqrt{r_{CM}^2+(m_1\bar{\rho}/M)^2}$。

因此，切向分布时电磁力法向分量为 0；且当两航天器质量相等时，有 $\bar{r}_1=\bar{r}_2$，

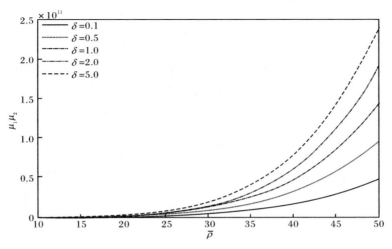

图 8.4 径向分布静态编队解

使得 $\bar{F}_x^{EM}=0$，即径向电磁力分量也为 0，此时星间电磁力仅存在切向分量。类似地，对 $1/\bar{r}_i^3$ 做线性化近似得

$$\frac{1}{\bar{r}_1^3}\approx\frac{1}{\bar{r}_{CM}^3}\left[1-\frac{3}{2}\left(\frac{m_2\bar{\rho}}{Mr_{CM}}\right)\right],\quad \frac{1}{\bar{r}_2^3}\approx\frac{1}{\bar{r}_{CM}^3}\left[1-\frac{3}{2}\left(\frac{m_1\bar{\rho}}{Mr_{CM}}\right)^2\right]\tag{8-15}$$

将式(8-15)代入式(8-14)进一步简化星间电磁力得到

$$\begin{cases}\bar{F}_x^{EM}\approx=\dfrac{3\omega_0^2}{2}\dfrac{\bar{\rho}^2}{r_{CM}}\dfrac{m_1m_2(m_1-m_2)}{M^2}\\[3mm]\bar{F}_y^{EM}\approx=\dfrac{3\omega_0^2}{2}\dfrac{\bar{\rho}^3}{r_{CM}^2}\dfrac{m_1m_2(m_2^3-m_1^3)}{M^4}\end{cases}\tag{8-16}$$

考虑到航天器间距离 $\bar{\rho}$ 仅为数十米量级，则 $\bar{\rho}\ll r_{CM}$，从而使得 $\bar{F}_x^{EM}\to 0$，$\bar{F}_y^{EM}\to 0$，即双星切向分布时，两航天器之间星间电磁力作用近似为 0。实际上，此时双星电磁编队飞行近似传统的跟飞编队，具有相似的动力学特性。

3）双星法向分布

对于双星法向分布，相对平衡态条件下广义速率满足 $\bar{u}_1\sim\bar{u}_9=0$；将方位角条件 $\bar{\varphi}=0$，$\bar{\psi}=0$ 一起代入动力学模型式(8-9)得到

$$\begin{cases}0=-\mu\dfrac{\bar{\rho}}{M}\left(\dfrac{m_2}{\bar{r}_1^3}+\dfrac{m_1}{\bar{r}_2^3}\right)-\dfrac{M}{m_1m_2}\bar{F}_z^{EM}\\[3mm]0=\mu r_{CM}\left(\dfrac{1}{\bar{r}_1^3}-\dfrac{1}{\bar{r}_2^3}\right)-\dfrac{M}{m_1m_2}\bar{F}_x^{EM},\quad \bar{F}_y^{EM}=0\end{cases}\tag{8-17}$$

式中，$\bar{r}_1=\sqrt{r_{CM}^2+(m_2\bar{\rho}/M)^2}$，$\bar{r}_2=\sqrt{r_{CM}^2+(m_1\bar{\rho}/M)^2}$。

采用同样的分析方法，很显然电磁力径向分量 $\bar{F}_x^{EM}\to 0$，尤其在 $m_1=m_2$ 时有

$\overline{F}_x^{EM}=0$。因此法向分布时两航天器之间电磁力作用仅有法向分量,大小为

$$\overline{F}_z^{EM}=-\frac{\mu m_1 m_2}{M^2}\overline{\rho}\left(\frac{m_2}{\overline{r}_1^3}+\frac{m_1}{\overline{r}_2^3}\right)\approx-\frac{m_1 m_2}{M}\overline{\rho}\omega_0^2<0 \tag{8-18}$$

因此作用于航天器 1 上的电磁力沿 z_B 轴负向,表现为斥力作用。类似径向分布,此时磁矩乘积大小随质量比 δ、期望星间距离 $\overline{\rho}$ 的关系如图 8.5 所示,其变化趋势与径向分布类似,但磁矩乘积为负使得电磁力为斥力作用。

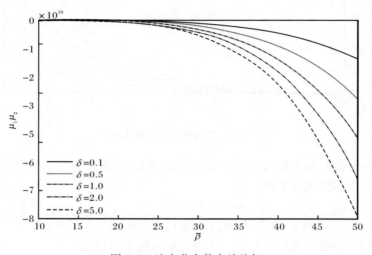

图 8.5 法向分布静态编队解

8.3.2 双星磁矩配置与求解

1. 静态编队双星磁矩配置

由静态编队分析表明,双星电磁编队在实现静态共线构形时仅存在两航天器质心连线方向上的电磁力作用,同时保证各航天器上的电磁力矩为 0。考虑到磁矩矢量在参考系下有直角坐标与极坐标两种等价表示形式[2],下面以极坐标形式分析满足电磁力/力矩条件的磁矩配置。

以双星径向分布为例,将航天器电磁装置等效为一条形磁铁,其磁矩大小分别为 μ_1、μ_2,沿 $\mathcal{B}_i$ 系 x_{bi} 轴布置,如图 8.6 所示。

将体坐标系 $\mathcal{B}_i$ 下的磁矩矢量 $^{\mathcal{B}_i}\boldsymbol{\mu}=\mu_i\hat{x}_{bi}(i=1,2)$ 投影到编队固连系 $\mathcal{B}$,得到磁矩的极坐标表示为

$$^{\mathcal{B}}\boldsymbol{\mu}_1=\mu_1\begin{bmatrix}\cos\alpha_1\cos\beta_1\\\sin\alpha_1\cos\beta_1\\-\sin\beta_1\end{bmatrix},\quad ^{\mathcal{B}}\boldsymbol{\mu}=\mu_2\begin{bmatrix}\cos\alpha_2\cos\beta_2\\\sin\alpha_2\cos\beta_2\\-\sin\beta_2\end{bmatrix} \tag{8-19}$$

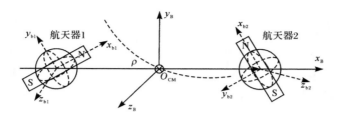

图 8.6　航天器磁矩的条形磁铁描述

代入星间电磁力远场模型，可以得到$\mathcal{B}$系下的星间电磁力/力矩表达式为

$$\boldsymbol{F}_{12}^{EM} = -\frac{3}{4\pi}\frac{\mu_0\mu_1\mu_2}{\rho^4}\begin{bmatrix} \sin\beta_1\sin\beta_2 - \cos\alpha_1\cos\beta_1\cos\alpha_2\cos\beta_2 \\ -\cos\beta_1\cos\beta_2\cos(\alpha_1+\alpha_2) \\ \cos\beta_1\cos\beta_2\sin(\alpha_1+\alpha_2) \\ -\cos\alpha_1\cos\beta_1\sin\beta_2 - \cos\alpha_2\cos\beta_2\sin\beta_1 \end{bmatrix}$$

$$\boldsymbol{\tau}_1^{EM} = \frac{1}{4\pi}\frac{\mu_0\mu_1\mu_2}{\rho^3}\begin{bmatrix} \sin\alpha_1\cos\beta_1\sin\beta_2 - \sin\alpha_2\cos\beta_2\sin\beta_1 \\ -\cos\alpha_1\cos\beta_1\sin\beta_2 - 2\cos\alpha_2\cos\beta_2\sin\beta_1 \\ -\cos\beta_1\cos\beta_2(\cos\alpha_1\sin\alpha_2 + 2\sin\alpha_1\cos\alpha_2) \end{bmatrix} \quad (8\text{-}20)$$

$$\boldsymbol{\tau}_2^{EM} = \frac{1}{4\pi}\frac{\mu_0\mu_1\mu_2}{\rho^3}\begin{bmatrix} -\sin\alpha_1\cos\beta_1\sin\beta_2 + \sin\alpha_2\cos\beta_2\sin\beta_1 \\ -2\cos\alpha_1\cos\beta_1\sin\beta_2 - \cos\alpha_2\cos\beta_2\sin\beta_1 \\ -\cos\beta_1\cos\beta_2(2\cos\alpha_1\sin\alpha_2 + \sin\alpha_1\cos\alpha_2) \end{bmatrix}$$

为满足径向分布静态编队的电磁力/力矩条件，即除了电磁力$\boldsymbol{F}_{12}^{EM}$的 x 分量不为 0 外，其他所有电磁力/力矩分量均为 0，则需满足

$$\begin{cases} \sin\alpha_1\cos\beta_1\sin\beta_2 = \sin\alpha_2\sin\beta_1\cos\beta_2 \\ \cos\alpha_1\cos\beta_1\sin\beta_2 = 0 \\ \cos\alpha_2\cos\beta_2\sin\beta_1 = 0 \\ \cos\alpha_1\sin\alpha_2\cos\beta_1\cos\beta_2 = 0 \\ \sin\alpha_1\cos\alpha_2\cos\beta_1\cos\beta_2 = 0 \end{cases} \quad (8\text{-}21)$$

因此相对姿态角 α_i、β_i 的可行值域仅为 $\{0, \pm\pi/2, \pi\}$，通过分析式(8-21)的可行解空间，得到两磁矩存在共线与平行分布两种可行配置，如图 8.7 所示。

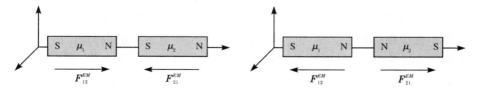

（a）两磁矩共线分布

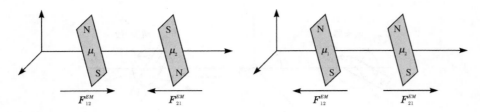

（b）两磁矩平行分布

图 8.7　双星静态编队磁矩配置

1）双星磁矩共线分布

对于径向、切向和法向分布三种静态编队构形，两航天器磁矩分别沿$\mathcal{B}$系x_B轴、y_B轴或z_B轴共线分布。当$\boldsymbol{\mu}_1$、$\boldsymbol{\mu}_2$方向相同时，星间电磁力为引力作用；当$\boldsymbol{\mu}_1$、$\boldsymbol{\mu}_2$方向相反时，星间电磁力为斥力作用，如图8.7（a）所示。该方向上的星间电磁力分量大小为

$$F^{EM} = \frac{3}{2\pi} \frac{\mu_0 \mu_1 \mu_2}{\rho^4} \tag{8-22}$$

2）双星磁矩平行分布

对于径向、切向和法向分布三种静态编队构形，两航天器磁矩分别垂直于$\mathcal{B}$系x_B轴、y_B轴或z_B轴，且相互平行分布。当$\boldsymbol{\mu}_1$、$\boldsymbol{\mu}_2$方向相反时，星间电磁力为引力作用；当$\boldsymbol{\mu}_1$、$\boldsymbol{\mu}_2$方向相同时，星间电磁力为斥力作用，如图8.7（b）所示。此时该方向上的星间电磁力分量大小为

$$F^{EM} = \frac{3}{4\pi} \frac{\mu_0 \mu_1 \mu_2}{\rho^4} \tag{8-23}$$

很显然，若磁矩大小保持不变，则两磁矩共线分布时所提供的电磁力是平行分布时提供电磁力大小的2倍；反之，提供同样大小的电磁力，共线分布时所需的航天器磁矩较小，尤其当$\mu_1 = \mu_2$时，前者仅为后者的$\sqrt{2}/2$。

2. 双星磁矩求解

前面给出的电磁力与磁矩解是理想情况下实现双星静态编队的标称控制量，实际电磁编队飞行控制中，三通道往往都存在星间电磁力作用，根据需要的控制力求解电磁线圈磁矩是必不可少的。然而由于星间电磁力的内力特性，1个矢量方程存在2个未知矢量，磁矩求解存在变量冗余，需要特别处理。对于双星电磁编队，以编队固连系$\mathcal{B}$为计算坐标系，相对位置矢量与星间电磁力形式较为简单，可简化磁矩求解。

假设两航天器沿$\mathcal{B}$系x_B轴分布，则有$\boldsymbol{\rho} = \begin{bmatrix} \rho & 0 & 0 \end{bmatrix}^T$；设两磁矩在$\mathcal{B}$系下投影

分别为 $\boldsymbol{\mu}_1 = \begin{bmatrix} \mu_{1x} & \mu_{1y} & \mu_{1z} \end{bmatrix}^{\mathrm{T}}$，$\boldsymbol{\mu}_2 = \begin{bmatrix} \mu_{2x} & \mu_{2y} & \mu_{2z} \end{bmatrix}^{\mathrm{T}}$，则以直角坐标表示的远场电磁力模型为

$$\boldsymbol{F}_{12}^{EM} = \begin{bmatrix} F_x^{EM} \\ F_y^{EM} \\ F_z^{EM} \end{bmatrix} = -\frac{3\mu_0}{4\pi\rho^4} \begin{bmatrix} -2\mu_{1x}\mu_{2x} + \mu_{1y}\mu_{2y} + \mu_{1z}\mu_{2z} \\ \mu_{1x}\mu_{2y} + \mu_{1y}\mu_{2x} \\ \mu_{1x}\mu_{2z} + \mu_{1z}\mu_{2x} \end{bmatrix} \tag{8-24}$$

下面给出两种简单的磁矩求解策略。

（1）选择 $\boldsymbol{\mu}_1$ 作为自由磁偶极子，可自由取值。当给定 $\boldsymbol{\mu}_1 = \begin{bmatrix} \mu_{1x} & \mu_{1y} & \mu_{1z} \end{bmatrix}^{\mathrm{T}}$ 时，由式(8-24)可以得到磁矩 $\boldsymbol{\mu}_2$ 的解析计算公式为

$$\boldsymbol{\mu}_2 = \begin{bmatrix} \mu_{2x} \\ \mu_{2y} \\ \mu_{2z} \end{bmatrix} = -\frac{4\pi\rho^4}{3\mu_0} \begin{bmatrix} -2\mu_{1x} & \mu_{1y} & \mu_{1z} \\ \mu_{1y} & \mu_{1x} & 0 \\ \mu_{1z} & 0 & \mu_{1x} \end{bmatrix}^{-1} \boldsymbol{F}_{12}^{EM} \tag{8-25}$$

需要说明的是，式(8-25)计算涉及矩阵求逆运算，因此自由磁偶极子 $\boldsymbol{\mu}_1$ 的选取必须保证该矩阵可逆，即满足式(8-26)，否则无法求解。

$$\mu_{1x} \neq 0 \quad \text{或} \quad -2\mu_{1x}^2 \neq \mu_{1y}^2 + \mu_{1z}^2 \tag{8-26}$$

（2）假设两航天器磁矩相等，即令 $\boldsymbol{\mu}_1 = \boldsymbol{\mu}_2 = \begin{bmatrix} \mu_x & \mu_y & \mu_z \end{bmatrix}^{\mathrm{T}}$，代入式(8-24)反解即可得到变量 (μ_x, μ_y, μ_z) 的计算公式为

$$\mu_x = \frac{\sqrt{\sqrt{A^2 + 8(B^2 + C^2)} - A}}{2}, \quad \mu_y = \frac{B}{\mu_x}, \quad \mu_z = \frac{C}{\mu_x} \tag{8-27}$$

式中

$$A = -\frac{4\pi\rho^4}{3\mu_0} F_x^{EM}, \quad B = -\frac{2\pi\rho^4}{3\mu_0} F_y^{EM}, \quad C = -\frac{2\pi\rho^4}{3\mu_0} F_z^{EM}$$

8.3.3　稳定性分析

分析静态编队构形的稳定性，即分析对应动力学模型相对平衡态的稳定性，可基于线性系统理论在对应的线性化模型上进行研究。基于 8.2 节建立的非线性动力学模型，取状态变量为 $\boldsymbol{g} = \begin{bmatrix} \boldsymbol{q}^{\mathrm{T}} & \boldsymbol{u}^{\mathrm{T}} \end{bmatrix}^{\mathrm{T}}$，控制变量为 $\boldsymbol{u}_c = \begin{bmatrix} \boldsymbol{F}_{12}^{EM} & \boldsymbol{\tau}_1^c & \boldsymbol{\tau}_2^c \end{bmatrix}^{\mathrm{T}}$，考虑相对平衡态附近的小扰动假设，定义

$$\boldsymbol{q} = \bar{\boldsymbol{q}} + \Delta\boldsymbol{q}, \quad \boldsymbol{u} = \bar{\boldsymbol{u}} + \Delta\boldsymbol{u}, \quad \boldsymbol{u}_c = \bar{\boldsymbol{u}}_c + \Delta\boldsymbol{u}_c \tag{8-28}$$

式中，$\Delta\boldsymbol{q}$、$\Delta\boldsymbol{u}$、$\Delta\boldsymbol{u}_c$ 为相对平衡态附近偏差；$\bar{\boldsymbol{u}}_c$ 为标称控制，表示为

$$\bar{\boldsymbol{u}}_c = \begin{bmatrix} \bar{F}_x^{EM} & \bar{F}_y^{EM} & \bar{F}_z^{EM} & 0 & 0 & 0 & 0 & 0 & 0 \end{bmatrix}^{\mathrm{T}} \tag{8-29}$$

将非线性动力学方程在相对平衡态 $\bar{\boldsymbol{g}}$、$\bar{\boldsymbol{u}}_c$ 处做一阶泰勒展开，可得到线性动力学方程[3]，表示为

$$\Delta\dot{g} = \begin{bmatrix} \Delta\dot{q} \\ \Delta\dot{u} \end{bmatrix} = \boldsymbol{A}(\bar{q},\bar{u},\bar{u}_c)\begin{bmatrix} \Delta q \\ \Delta u \end{bmatrix} + \boldsymbol{B}(\bar{q},\bar{u},\bar{u}_c)\Delta u_c$$

$$= \begin{bmatrix} \partial\dot{q}/\partial q^{\mathrm{T}} & \partial\dot{q}/\partial u^{\mathrm{T}} \\ \partial\dot{u}/\partial q^{\mathrm{T}} & \partial\dot{u}/\partial u^{\mathrm{T}} \end{bmatrix}_{(\bar{q},\bar{u},\bar{u}_c)}\begin{bmatrix} \Delta q \\ \Delta u \end{bmatrix} + \begin{bmatrix} \partial\dot{q}/\partial u_c^{\mathrm{T}} \\ \partial\dot{u}/\partial u_c^{\mathrm{T}} \end{bmatrix}_{(\bar{q},\bar{u},\bar{u}_c)}\Delta u_c \quad (8\text{-}30)$$

式中，$\boldsymbol{A}$、$\boldsymbol{B}$ 分别为状态矩阵和输入矩阵，由相对平衡态处的雅可比矩阵计算得到。

对于双星电磁编队，矩阵 $\boldsymbol{A}$、$\boldsymbol{B}$ 分别为 18×18 维与 18×9 维矩阵，线性化方程形式复杂，限于篇幅这里不再赘述。不同相对平衡态下 $\boldsymbol{A}$、$\boldsymbol{B}$ 矩阵各元素的解析表达式详见附录。

1. 运动耦合特性

1) 双星径向分布

双星径向分布的线性动力学方程可简写为如下形式：

$$\begin{cases} \Delta\dot{q}_1 = \Delta u_1, \quad \Delta\dot{q}_2 = \Delta u_2, \quad \Delta\dot{q}_3 = \Delta u_3 \\ \Delta\dot{q}_4 = \Delta u_6, \quad \Delta\dot{q}_5 = \Delta u_5, \quad \Delta\dot{q}_6 = \Delta u_4 \end{cases}$$

$$\begin{cases} \Delta\dot{u}_1 = A(10,1)\Delta q_1 + A(10,12)\Delta u_3 + B(10,2)\Delta F_y^{EM} \\ \Delta\dot{u}_2 = A(11,2)\Delta q_2 + B(11,3)\Delta F_z^{EM} \\ \Delta\dot{u}_3 = A(12,3)\Delta q_3 + A(12,10)\Delta u_1 + B(12,1)\Delta F_x^{EM} \end{cases}$$

$$\begin{cases} \Delta\dot{u}_4 = A(13,11)\Delta u_2 + B(13,4)\Delta\tau_{1x}^c \\ \Delta\dot{u}_5 = A(14,2)\Delta q_2 + B(14,3)\Delta F_z^{EM} + B(14,5)\Delta\tau_{1y}^c \\ \Delta\dot{u}_6 = A(15,1)\Delta q_1 + A(15,12)\Delta u_3 + B(15,2)\Delta F_y^{EM} + B(15,6)\Delta\tau_{1z}^c \end{cases}$$

$$(8\text{-}31)$$

式中，$A(i,j)$、$B(i,j)$ 分别为矩阵 $\boldsymbol{A}$、$\boldsymbol{B}$ 第 i 行第 j 列的元素。此外，由于两航天器相对姿态运动特性相同，故将航天器 2 相对姿态运动方程略去，后同。

分析可以得到双星径向分布运动耦合特性结论如下。

（1）由关于 $\Delta\dot{u}_1$、$\Delta\dot{u}_2$、$\Delta\dot{u}_3$ 的方程可知，对于相对轨迹运动，面内角 θ 与星间距离 ρ 运动相互耦合，与面外角 φ 运动解耦；由于 $A(11,2)<0$，则无控制作用时角 φ 的动态响应是等幅振荡的，处于临界稳定。

（2）由关于 $\Delta\dot{u}_4$、$\Delta\dot{u}_5$、$\Delta\dot{u}_6$ 的方程可知，对于相对姿态运动，两航天器相对姿态角 α 运动与面内运动 ρ、θ 耦合，角 β、γ 运动与面外角 φ 耦合。

（3）径向电磁力就能够实现对 ρ 与 θ 的控制，面外运动控制主要依赖于法向电磁力；切向/法向电磁力作用影响相对姿态角 β、γ，反作用飞轮控制力矩除了用于控制相对姿态运动外，还用于抵消电磁力矩作用。

2) 双星切向分布

双星切向分布的线性动力学方程形式为

$$\begin{cases} \Delta \dot{q}_1 = \Delta u_1, \quad \Delta \dot{q}_2 = \Delta u_2, \quad \Delta \dot{q}_3 = \Delta u_3 \\ \Delta \dot{q}_4 = \Delta u_6, \quad \Delta \dot{q}_5 = \Delta u_5, \quad \Delta \dot{q}_6 = \Delta u_4 \end{cases}$$

$$\begin{cases} \Delta \dot{u}_1 = A(10,1)\Delta q_1 + A(10,12)\Delta q_3 + B(10,1)\Delta F_x^{EM} \\ \Delta \dot{u}_2 = A(11,2)\Delta q_2 + B(11,3)\Delta F_z^{EM} \\ \Delta \dot{u}_3 = A(12,10)\Delta u_1 + B(12,2)\Delta F_y^{EM} \end{cases}$$

$$\begin{cases} \Delta \dot{u}_4 = A(13,2)\Delta q_2 + B(13,3)\Delta F_z^{EM} + B(13,4)\Delta \tau_{1x}^c \\ \Delta \dot{u}_5 = A(14,11)\Delta u_2 + B(14,5)\Delta \tau_{1y}^c \\ \Delta \dot{u}_6 = A(15,1)\Delta q_1 + A(15,12)\Delta q_3 + B(15,1)\Delta F_x^{EM} + B(15,6)\Delta \tau_{1z}^c \end{cases}$$

$$(8\text{-}32)$$

对比分析发现,双星切向分布的相对运动耦合特性与径向分布相同:面内运动与面外角运动解耦,相对姿态角分别与面内、面外运动耦合。但此时,仅依靠切向电磁力不足以实现面内耦合运动稳定,需要与径向电磁力一起施加作用;面外角 ψ 稳定仍然依赖于法向电磁力。

3) 双星法向分布

双星法向分布的线性动力学方程可简写为

$$\begin{cases} \Delta \dot{q}_1 = \Delta u_1, \quad \Delta \dot{q}_2 = \Delta u_2, \quad \Delta \dot{q}_3 = \Delta u_3 \\ \Delta \dot{q}_4 = \Delta u_6, \quad \Delta \dot{q}_5 = \Delta u_5, \quad \Delta \dot{q}_6 = \Delta u_4 \end{cases}$$

$$\begin{cases} \Delta \dot{u}_1 = A(10,1)\Delta q_1 + A(10,11)\Delta u_2 + B(10,1)\Delta F_x^{EM} \\ \Delta \dot{u}_2 = A(11,2)\Delta q_2 + A(11,10)\Delta u_1 + B(11,3)\Delta F_y^{EM} \\ \Delta \dot{u}_3 = A(12,3)\Delta q_3 + B(12,1)\Delta F_z^{EM} \end{cases}$$

$$\begin{cases} \Delta \dot{u}_4 = A(13,2)\Delta q_2 + A(13,10)\Delta u_1 + B(13,2)\Delta F_y^{EM} + B(13,4)\Delta \tau_{1x}^c \\ \Delta \dot{u}_5 = A(14,1)\Delta q_1 + A(15,11)\Delta u_2 + B(14,1)\Delta F_x^{EM} + B(14,5)\Delta \tau_{1y}^c \\ \Delta \dot{u}_6 = B(15,6)\Delta \tau_{1z}^c \end{cases}$$

$$(8\text{-}33)$$

分析可以得到双星法向分布运动耦合特性结论如下。

(1) 对于相对轨迹运动,面内角 φ 与面外角 ψ 运动相互耦合,与星间距离 ρ 运动解耦;ρ 的动态响应是等幅振荡的,处于临界稳定。

(2) 对于相对姿态运动,相对姿态角 β、γ 运动与 φ、ψ 耦合,角 α 与其他相对运动解耦,并呈线性运动特性。

(3) 法向电磁力只能控制星间距离,无法影响方位角运动,径向/切向电磁力可用于控制方位角稳定;星间电磁力无法控制姿态角 α 运动,只能通过反作用飞轮施加 z 向控制力矩。

2. 线性稳定性与能控性

基于线性化运动方程式(8-30),状态矩阵 A 的特征值可用于评估静态编队构形的稳定性,再综合输入矩阵 B 可判断该构形的能控性。由于矩阵 A、B 维数大、形式复杂,这里采用数值方法进行分析。

设双星电磁编队沿高度 500km 的圆轨道运行,两航天器之间期望相对距离为 $\bar{\rho}=15\text{m}$,质量、惯量分别为 $m_1=m_2=150\text{kg}$,$J_1=J_2=20\text{kg}\cdot\text{m}^2$,则三种静态编队构形下开环线性化系统的特征值如图 8.8 所示。

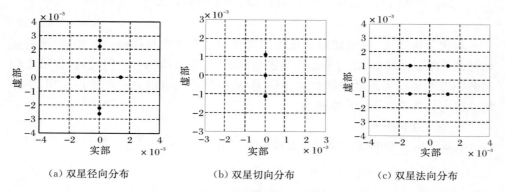

（a）双星径向分布　　　　　　（b）双星切向分布　　　　　　（c）双星法向分布

图 8.8　静态编队开环线性化系统特征值

由特征值分布可以看出,除了双星沿切向分布开环临界稳定以外,另外两种静态编队构形都存在位于复平面右半平面的特征值,其开环系统均不稳定,需要施加反馈控制,以实现闭环系统稳定。

对于线性时不变系统式(8-30),可采用秩判据分析系统能控性。构造能控性判别矩阵 C,则线性系统完全能控的充要条件为[3]:

$$\text{rank}C=\text{rank}([\begin{matrix}\boldsymbol{B}&\boldsymbol{AB}&\boldsymbol{A}^2\boldsymbol{B}&\cdots&\boldsymbol{A}^{n-1}\boldsymbol{B}\end{matrix}])=n \tag{8-34}$$

式中,n 为状态向量维数。

在同样的仿真条件下,采用秩判据进行分析,得到三种静态编队构形下均满足 $\text{rank}C=18$,即对应的线性化系统是能控的。

8.4　自旋编队及其稳定性

本节讨论的自旋编队指的是:在保持两航天器相对位置/姿态不变的前提下,双星编队基于常值电磁线圈磁矩作用,以角速度 $\xi\neq0$ 绕编队质心自旋。

8.4.1 自旋编队可行性分析

参考静态编队分析思路,这里分别针对双星绕$\mathcal{H}$系x_{CM}、y_{CM}、z_{CM}轴自旋情形,讨论其可行性条件,如图 8.9 所示。

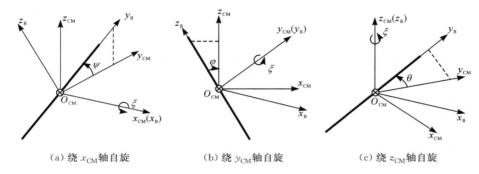

(a) 绕x_{CM}轴自旋　　　(b) 绕y_{CM}轴自旋　　　(c) 绕z_{CM}轴自旋

图 8.9　自旋编队空间几何

1) 双星绕x_{CM}轴自旋

如图 8.9(a)所示,则自旋角速度可定义为$\boldsymbol{\xi}=\xi\hat{\boldsymbol{x}}_{CM}$。假设存在自旋编队,则基于切向分布动力学式(8-7),有$\bar{\theta}=0,\bar{\psi}\neq0,\dot{\bar{\psi}}=\xi$,则广义速率满足$\bar{u}_1=\omega_0,\bar{u}_2=\xi,\bar{u}_3\sim\bar{u}_9=0$。将相对平衡态条件代入相对姿态运动方程得到

$$\begin{cases} \bar{\tau}_{1x}^{EM}=J_1\dot{\xi}, & \bar{\tau}_{1y}^{EM}=J_1\omega_0\xi c_2, & \bar{\tau}_{1z}^{EM}=-J_1\omega_0\xi s_2 \\ \bar{\tau}_{2x}^{EM}=I_2\dot{\xi}, & \bar{\tau}_{2y}^{EM}=J_2\omega_0\xi c_2, & \bar{\tau}_{2z}^{EM}=-J_2\omega_0\xi s_2 \end{cases} \tag{8-35}$$

考虑星间电磁力/力矩作用下双星切向分布的角动量守恒,即应满足

$$\begin{cases} \tau_{1x}^{EM}+\tau_{2x}^{EM}=F_z^{EM}q_3 \\ \tau_{1y}^{EM}+\tau_{2y}^{EM}=0 \\ \tau_{1z}^{EM}+\tau_{2z}^{EM}=-F_x^{EM}q_3 \end{cases} \Rightarrow \begin{cases} (J_1+J_2)\dot{\xi}=\bar{F}_z^{EM}\bar{\rho} \\ (J_1+J_2)\omega_0\xi c_2=0 \\ (J_1+J_2)\omega_0\xi s_2=\bar{F}_x^{EM}\bar{\rho} \end{cases} \tag{8-36}$$

由于编队自旋,角ψ为时变量,即$\cos q_2$不恒为 0,则为保证(8-36)第二式成立,当且仅当$\omega_0=0$成立,即$r_{CM}\to\infty$,双星编队处于深空环境,不受地球引力影响。因此对于低轨运行的双星电磁编队系统,绕x_{CM}轴自旋无法得到可行的磁矩解。注意到,这里并没有限制自旋角加速度$\dot{\xi}$是否等于 0,即无论编队匀速旋转还是变速旋转,该结论均成立。

2) 双星绕y_{CM}轴自旋

如图 8.9(b)所示,自旋角速度定义为$\boldsymbol{\xi}=\xi\hat{\boldsymbol{y}}_{CM}$。基于法向分布动力学式(8-9),自旋编队满足$\bar{\varphi}\neq0,\dot{\bar{\varphi}}=\xi,\bar{\psi}=0$,广义速率满足$\bar{u}_1=\xi,\bar{u}_2\sim\bar{u}_9=0$,代入相对姿态运动方程可得

$$\begin{cases} \bar{\tau}_{1x}^{EM} = -J_1\omega_0\xi c_1, & \bar{\tau}_{1y}^{EM} = J_1\dot{\xi}, & \bar{\tau}_{1z}^{EM} = -J_1\omega_0\xi s_1 \\ \bar{\tau}_{2x}^{EM} = -J_2\omega_0\xi c_1, & \bar{\tau}_{2y}^{EM} = J_2\dot{\xi}, & \bar{\tau}_{2z}^{EM} = -J_2\omega_0\xi s_1 \end{cases} \tag{8-37}$$

类似地，基于法向分布的角动量守恒条件，可以得到

$$\begin{cases} \tau_{1x}^{EM} + \tau_{2x}^{EM} = -F_y^{EM}q_3 \\ \tau_{1y}^{EM} + \tau_{2y}^{EM} = F_x^{EM}q_3 \\ \tau_{1z}^{EM} + \tau_{2z}^{EM} = 0 \end{cases} \Rightarrow \begin{cases} (J_1+J_2)\omega_0\xi c_1 = \bar{F}_y^{EM}\bar{\rho} \\ (J_1+J_2)\dot{\xi} = \bar{F}_x^{EM}\bar{\rho} \\ (J_1+J_2)\omega_0\xi s_1 = 0 \end{cases} \tag{8-38}$$

基于同样的分析，由于角 φ 为时变量，则 $\sin q_1$ 不恒为 0，则为保证式(8-38)成立，当且仅当 $\omega_0=0$ 成立，即双星电磁编队在深空环境中飞行。

3) 双星绕 z_{CM} 轴自旋

如图 8.9(c)所示，定义自旋角速度为 $\xi = \dot{\xi}_{CM}$。基于双星切向分布动力学式(8-7)，此时自旋编队满足 $\bar{\theta} \neq 0, \dot{\bar{\theta}} = \xi, \bar{\psi} = 0$，则广义速率满足 $\bar{u}_1 = \omega_0 + \xi, \bar{u}_2 \sim \bar{u}_9 = 0$，代入动力学模型可得

$$\begin{cases} \bar{F}_x^{EM} = \dfrac{m_1 m_2}{M}\left[\mu r_{CM}c_1\left(\dfrac{1}{\bar{r}_1^3} - \dfrac{1}{\bar{r}_2^3}\right) + \bar{\rho}\dot{\xi}\right], & \bar{F}_z^{EM} = 0 \\ \bar{F}_y^{EM} = \dfrac{m_1 m_2}{M}\left[\bar{\rho}\,(\omega_0+\xi)^2 - \mu\left(r_{CM}s_1\left(\dfrac{1}{\bar{r}_1^3} - \dfrac{1}{\bar{r}_2^3}\right) + \dfrac{\bar{\rho}}{M}\left(\dfrac{m_2}{\bar{r}_1^3} + \dfrac{m_1}{\bar{r}_2^3}\right)\right)\right] \\ \bar{\tau}_{1x}^{EM} = 0, & \bar{\tau}_{1y}^{EM} = 0, & \bar{\tau}_{1z}^{EM} = J_1\dot{\xi} \\ \bar{\tau}_{2x}^{EM} = 0, & \bar{\tau}_{2y}^{EM} = 0, & \bar{\tau}_{2z}^{EM} = J_2\dot{\xi} \end{cases} \tag{8-39}$$

由角动量守恒条件可得 $(J_1+J_2)\dot{\xi} = -\bar{F}_x^{EM}\bar{\rho}$ 成立，由于常值磁矩作用下 $\bar{F}_x^{EM}$ 恒定，则仅当 $\dot{\xi} = const$ 时该式成立。对于双星绕 z_{CM} 轴自旋，两航天器绕质心在轨道面内旋转，多数时间 $\bar{r}_1 \neq \bar{r}_2$，则式(8-39)第一式右侧为时变量，除非在深空环境下可近似认为 $\bar{r}_1 = \bar{r}_2$，从而保证该式成立。因此，低轨条件下双星电磁编队绕 z_{CM} 轴自旋，同样没有可行的磁矩解。

8.4.2 深空自旋编队构形

通过上述分析可以看出，当且仅当双星电磁编队位于深空环境，在常值磁矩作用下存在自旋编队。此时地球引力忽略不计，各卫星只受到电磁力/力矩作用。不失一般性，在双星切向分布动力学基础上进行简化。

深空环境下有 $\omega_0 \to 0, r_i \to +\infty$，则动力学模型式(8-7)中所有涉及地球引力作用项均为 0。自旋编队下，可令 $\bar{\theta} = 0, \bar{\psi} \neq 0, \dot{\bar{\psi}} = \xi \neq 0$，则广义速率满足 $\bar{u}_2 = \xi$，$\bar{u}_i = 0$，代入动力学方程组，可以得到

$$
\begin{cases}
\bar{F}_y^{EM} = \dfrac{m_1 m_2}{M} \bar{\rho}\, \xi^2, & \bar{F}_x^{EM} = 0, & \bar{F}_z^{EM} = 0 \\
\bar{\tau}_{1x}^{EM} = J_1 \dot{\xi}, & \bar{\tau}_{1y}^{EM} = 0, & \bar{\tau}_{1z}^{EM} = 0 \\
\bar{\tau}_{2x}^{EM} = J_2 \dot{\xi}, & \bar{\tau}_{1y}^{EM} = 0, & \bar{\tau}_{1z}^{EM} = 0
\end{cases}
\tag{8-40}
$$

为满足角动量守恒条件式(8-36),则必须有 $\dot{\xi}=0$ 成立。因此对于自旋情形,仅沿双星质心连线方向存在星间电磁力作用,提供旋转所需的向心力。很显然,该电磁力呈引力作用。假设两航天器磁矩沿质心连线方向共线配置,则磁矩大小为

$$
\mu_1 \mu_2 = \frac{2\pi}{3\mu_0} \frac{m_1 m_2}{M} \bar{\rho}^5 \xi^2
\tag{8-41}
$$

8.4.3　稳定性分析

同样基于线性系统理论分析自旋编队的稳定性。基于双星电磁编队切向分布动力学进行简化,深空环境下自旋编队的线性化动力学方程形式为

$$
\begin{cases}
\Delta \dot{q}_1 = \Delta u_1, & \Delta \dot{q}_2 = \Delta u_2, & \Delta \dot{q}_3 = \Delta u_3 \\
\Delta \dot{q}_4 = \Delta u_6, & \Delta \dot{q}_5 = \Delta u_5, & \Delta \dot{q}_6 = \Delta u_4
\end{cases}
$$

$$
\begin{cases}
\Delta \dot{u}_1 = A(10,10)\Delta u_1 + B(10,1)\Delta F_x^{EM} \\
\Delta \dot{u}_2 = A(11,12)\Delta u_3 + B(11,3)\Delta F_z^{EM} \\
\Delta \dot{u}_3 = A(12,3)\Delta q_3 + A(12,11)\Delta u_2 + B(12,2)\Delta F_y^{EM} \\
\Delta \dot{u}_4 = A(13,12)\Delta u_3 + B(13,3)\Delta F_z^{EM} + B(13,4)\Delta \tau_{1x}^{c} \\
\Delta \dot{u}_5 = A(14,10)\Delta u_1 + B(14,1)\Delta F_x^{EM} + B(14,5)\Delta \tau_{1y}^{c} \\
\Delta \dot{u}_6 = A(15,10)\Delta u_1 + B(15,1)\Delta F_x^{EM} + B(15,6)\Delta \tau_{1z}^{c}
\end{cases}
\tag{8-42}
$$

分析可以得到深空自旋编队飞行运动耦合特性结论如下。

(1) 面内角 ψ 与星间距离 ρ 运动相互耦合,与面外角 θ 运动解耦;无控作用下星间距离 ρ 的动态响应是等幅振荡的,处于临界稳定。

(2) 两航天器相对姿态角 γ 运动与星间距离 ρ 运动耦合,α、β 运动与面外角 θ 运动耦合。

(3) 两航天器质心连线方向电磁力可实现面内运动控制,面外运动控制主要依赖于垂直于旋转面的电磁力;旋转面内垂直于质心连线方向的电磁力作用影响星间距离 ρ 以及姿态角 γ 运动,径向电磁力作用影响相对姿态角 α、β;反作用飞轮控制力矩主要用于相对姿态控制。

对于双星电磁自旋编队的线性稳定性与能控性,采用同样的思路进行分析。假设编队自旋角速度大小为 $\xi=2\pi\mathrm{rad/h}$,其他仿真条件同 8.3.3 节,则开环线性化系统特征值如图 8.10 所示,即自旋编队为临界稳定。在此基础上,忽略外界扰

动,考虑初始星间距离偏差 $\delta\rho=0.2\text{m}$,基于完全非线性动力学的开环仿真曲线如图 8.11 所示,有效验证了星间距离 ρ 的动态响应以及其与面内角 ψ、相对姿态角 γ 的运动耦合特性。

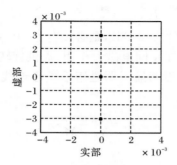

图 8.10　自旋编队开环线性化系统特征值

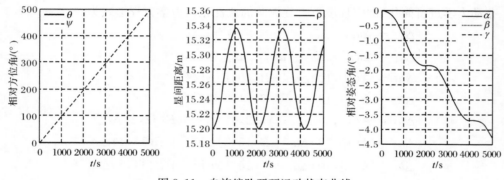

图 8.11　自旋编队开环运动状态曲线

采用秩判据分析该仿真条件下自旋编队的能控性,可以得到满足 $\text{rank}\boldsymbol{C}=18$,即双星电磁自旋编队是能控的。

8.5　小　　结

本章针对双星电磁编队沿编队沿径向、切向和法向分布三种相对平衡态,基于 Kane 动力学模型,研究相对平衡态所对应的静态编队以及自旋编队的构形条件与稳定性问题。本章研究得出以下结论。

（1）切向双星静态电磁编队的电磁力作用为 0,开环临界稳定;沿径向和法向分布的静态编队,星间电磁力沿质心连线方向,分别为引力与斥力,都为开环不稳定。

（2）三种静态编队具有不同的耦合特性与控制需求:双星沿径向或切向分布

时,其面内运动与面外运动解耦,相对轨迹/姿态运动耦合,而法向分布时星间距离与方位角运动解耦,相对俯仰姿态角与其他姿态角解耦;作用于双星质心连线方向的电磁力在径向分布时能实现面内运动控制,切向分布时则需要与径向力一起控制面内运动,而法向分布时仅能实现星间距离控制。

（3）双星自旋编队的充分条件为深空环境,相对运动耦合特性与静态编队存在差异:其面内运动与面外角运动解耦,相对滚动姿态角与其他姿态角运动解耦;自旋面内的电磁力可实现面内运动控制,垂直于自旋面的电磁力可用于面外角控制。

参 考 文 献

[1] Natarajan A. A Study of Dynamics and Stability of Two-Craft Coulomb Tether Formations [D]. Blacksburg: Virginia Polytechnic Institute and State University, 2007.

[2] Schweighart S A. Electromagnetic Formation Flight Dipole Solution Planning [D]. Cambridge: Massachusetts Institute of Technology, 2005.

[3] 郑大钟. 线性系统理论[M]. 2 版. 北京: 清华大学出版社, 2002.

第9章　三星电磁编队不变构形及其稳定性

9.1　概　　述

基于第 7 章所建电磁编队动力学模型以及给出的相对平衡态必要条件,本章针对三星电磁编队开展不变构形的磁矩求解及稳定性研究。

从双星电磁编队到三星电磁编队,虽然只增加了一颗航天器,但编队动力学与构形控制呈现出新的特点:①三星编队实现了从一维共线构形到二维平面构形的拓展,不仅强调构形的大小与方向,还注重构形的几何形状;②三星编队需要考虑电磁场的矢量叠加,强非线性耦合条件下磁矩设计更为复杂;③三星编队需要两两航天器之间通信、相对导航与控制,真正意义上对编队协同做出诠释。因此,三星电磁编队的动力学特性更为复杂,其 6-DOF 相对平衡态问题需要深入研究。相对平衡态条件对应实现电磁编队的不变构形,包括相对轨道系静止的静态编队以及绕编队质心旋转的自旋编队。与双星电磁编队研究相比,这里更关注常值磁矩作用下不变构形是否存在、不变构形及其对应磁矩的解空间如何、能否给出完备解析形式、不变构形的稳定性等问题。

本章首先建立三星共线以及三角形构形的 Kane 动力学模型,通过分析静态/自旋电磁编队的相对平衡态条件,分析不变构形解存在的磁矩与几何条件,进而给出不变构形的解集,最后采用数值方法讨论其稳定性与能控性。

9.2　三星电磁编队动力学

三星编队在空间仅可能形成两种构形:三角构形和三星共线构形,如图 9.1 所示。

由编队质心定义式(7-21)可知,如果任意给定三星编队中两航天器的相对位置矢量 $\boldsymbol{\rho}_1$、$\boldsymbol{\rho}_2$,则第三颗航天器相对位置矢量 $\boldsymbol{\rho}_3$ 可对应求解得到。假设 $\boldsymbol{\rho}_1$、$\boldsymbol{\rho}_2$ 之间夹角为 ϕ,则一般三角形构形可由 $\boldsymbol{\rho}_1$、$\boldsymbol{\rho}_2$、ϕ 完全表征,而共线构形即角 ϕ 等于 0 或 π 的特殊情形。基于上述考虑,下面针对共线构形与三角形构形分别基于 Kane 方法推导其 6-DOF 动力学模型。

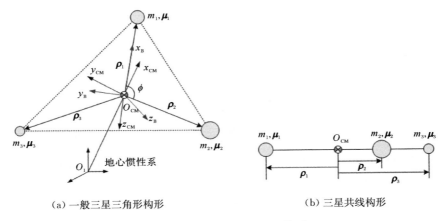

（a）一般三星三角形构形　　　　　　　　　　（b）三星共线构形

图 9.1　三星电磁编队空间几何构形

9.2.1　共线编队

　　类似双星编队，三星共线编队同样存在三种相对平衡态，即分别沿轨道径向、切向与法向分布。由双星电磁编队研究可知，径向分布与切向分布下共线编队具有相同的运动耦合特性，对于三星共线编队可类比得出相似的结论。基于这一考虑，这里仅推导三星沿切向与法向分布的 Kane 动力学模型。

　　不失一般性，考虑如图 9.1(b)所示的三星共线构形，此时相对距离 ρ_1、ρ_2 即可描述编队构形。对于切向分布共线构形，三航天器沿 $\mathcal{B}$ 系 y_B 轴分布，即有

$$\boldsymbol{\rho}_1 = -\rho_1 \hat{\boldsymbol{y}}_{\mathrm{B}}, \quad \boldsymbol{\rho}_2 = \rho_2 \hat{\boldsymbol{y}}_{\mathrm{B}}, \quad \boldsymbol{\rho}_3 = (m_1\rho_1 - m_2\rho_2)/m_3 \hat{\boldsymbol{y}}_{\mathrm{B}} \tag{9-1}$$

与双星编队相同，切向分布共线构形可采用(3-1)欧拉角 (θ, ψ) 来描述 $\mathcal{B}$ 系相对 $\mathcal{H}$ 系的相对方位，如图 9.2(a)所示，则广义坐标定义为

$$\begin{aligned}
\boldsymbol{q} &= \begin{bmatrix} q_1 & q_2 & q_3 & q_4 & q_{5,8,11} & q_{6,9,12} & q_{7,10,13} \end{bmatrix}^{\mathrm{T}} \\
&= \begin{bmatrix} \rho_1 & \rho_2 & \theta & \psi & \alpha_{1,2,3} & \beta_{1,2,3} & \gamma_{1,2,3} \end{bmatrix}^{\mathrm{T}}
\end{aligned} \tag{9-2}$$

根据 $\mathcal{B}$ 系下各航天器的惯性线速度与角速度，选择广义速率为

$$\begin{aligned}
\boldsymbol{u} &= \begin{bmatrix} u_1 & u_2 & u_3 & u_4 & u_{5,8,11} & u_{6,9,12} & u_{7,10,13} \end{bmatrix}^{\mathrm{T}} \\
&= \begin{bmatrix} \dot{\rho}_1 & \dot{\rho}_2 & \dot{\theta}+\omega_0 & \dot{\psi} & \omega_x^{\mathcal{B}_{1,2,3}/\mathcal{B}} & \omega_y^{\mathcal{B}_{1,2,3}/\mathcal{B}} & \omega_z^{\mathcal{B}_{1,2,3}/\mathcal{B}} \end{bmatrix}^{\mathrm{T}}
\end{aligned} \tag{9-3}$$

最后推导得到三星电磁编队切向共线分布的 Kane 动力学模型为

$$
\begin{cases}
\dot{u}_1 = q_1(u_4^2 + c_4^2 u_3^2) - f_{1y} + \Sigma_y \\
\dot{u}_2 = q_2(u_4^2 + c_4^2 u_3^2) + f_{2y} - \Sigma_y \\
\dot{u}_3 = 2\dfrac{s_4}{c_4}u_3 u_4 + \dfrac{1}{[(m_1 q_1 - m_2 q_2)^2 + m_3(m_1 q_1^2 + m_2 q_2^2)]c_4}[m_3 m_1 q_1(f_{1x} - f_{3x}) \\
\qquad - m_3 m_2 q_2(f_{2x} - f_{3x}) + 2(-m_1^2 q_1 + m_1 m_2 q_2 - m_1 m_3 q_1)u_1 u_3 c_4 \\
\qquad + 2(-m_2^2 q_2 + m_1 m_2 q_1 - m_2 m_3 q_2)u_2 u_3 c_4] \\
\dot{u}_4 = -s_4 c_4 u_3^2 + \dfrac{1}{(m_1 q_1 - m_2 q_2)^2 + m_3(m_1 q_1^2 + m_2 q_2^2)}[-m_3 m_1 q_1(f_{1z} - f_{3z}) \\
\qquad + m_3 m_2 q_2(f_{2z} - f_{3z}) + 2(-m_1^2 q_1 + m_1 m_2 q_2 - m_1 m_3 q_1)u_1 u_4 \\
\qquad + 2(-m_2^2 q_2 + m_1 m_2 q_1 - m_2 m_3 q_2)u_2 u_4] \\
\dot{u}_5 = \tau_{1x}^{EM}/J_1 - \dot{u}_4, \quad \dot{u}_6 = \tau_{1y}^{EM}/J_1 - (\dot{u}_3 s_4 + u_3 u_4 c_4) \\
\dot{u}_7 = \tau_{1z}^{EM}/J_1 - (\dot{u}_3 c_4 - u_3 u_4 s_4), \quad \dot{u}_8 = \tau_{2x}^{EM}/J_2 - \dot{u}_4 \\
\dot{u}_9 = \tau_{2y}^{EM}/J_2 - (\dot{u}_3 s_4 + u_3 u_4 c_4), \quad \dot{u}_{10} = \tau_{2z}^{EM}/J_2 - (\dot{u}_3 c_4 - u_3 u_4 s_4) \\
\dot{u}_{11} = \tau_{3x}^{EM}/J_3 - \dot{u}_4, \quad \dot{u}_{12} = \tau_{3y}^{EM}/J_3 - (\dot{u}_3 s_4 + u_3 u_4 c_4) \\
\dot{u}_{13} = \tau_{3z}^{EM}/J_3 - (\dot{u}_3 c_4 - u_3 u_4 s_4)
\end{cases}
$$

$$\tag{9-4}$$

式中，$f_i = f_i^g + f_i^{EM}$ 为作用于航天器 i 上的重力加速度与电磁力加速度矢量和，且

$$
\Sigma_y = \frac{\mu}{M}\left[r_{CM} s_3 c_4\left(\frac{m_1}{r_1^3} + \frac{m_2}{r_2^3} + \frac{m_3}{r_3^3}\right) + m_1 q_1\left(\frac{1}{r_1^3} - \frac{1}{r_3^3}\right) - m_2 q_2\left(\frac{1}{r_2^3} - \frac{1}{r_3^3}\right)\right] \tag{9-5}
$$

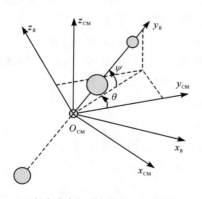

（a）切向分布相对方位的（3-1）欧拉角

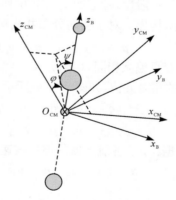

（b）法向分布相对方位的（2-1）欧拉角

图 9.2　三星共线编队空间相对方位

　　对于三星共线电磁编队法向分布，三颗航天器沿 $\mathcal{B}$ 系 z_B 轴分布，选择图 9.2(b) 中所示(2-1)欧拉角 φ、ψ 为广义坐标 q_3、q_4，广义速率 u_3、u_4 定义为 $\dot{\varphi}$、$\dot{\psi}$。推导过程类似，得到的动力学方程形式更为复杂。限于篇幅这里不再列出。

9.2.2　三角形编队

不同于共线构形，三角形构形是二维平面结构，因此还需要 $\phi \in (\pi/2, \pi)$ 来描述编队几何构形。如图 9.1(a)所示，定义 $\mathcal{B}$ 系如下：航天器 1 始终固连于 x_B 轴，航天器 2、3 位于 $x_B y_B$ 面内；此外假设 $\mathcal{B}$ 系由 $\mathcal{H}$ 系按照 2-3-1 欧拉角转序(转角依次为 φ、θ、ψ)旋转得到。则各航天器位置矢量可表示为

$$\begin{cases} \boldsymbol{\rho}_1 = \rho_1 \hat{\boldsymbol{x}}_B, \quad \boldsymbol{\rho}_2 = \rho_2 \cos\phi \hat{\boldsymbol{x}}_B - \rho_2 \sin\phi \hat{\boldsymbol{y}}_B \\ \boldsymbol{\rho}_3 = \left(-\dfrac{m_1}{m_3}\rho_1 - \dfrac{m_2}{m_3}\rho_2 \cos\phi \right)\hat{\boldsymbol{x}}_B + \dfrac{m_2}{m_3}\rho_2 \sin\phi \hat{\boldsymbol{y}}_B \end{cases} \tag{9-6}$$

因此定义广义坐标为

$$\begin{aligned} \boldsymbol{q} &= \begin{bmatrix} q_1 & q_2 & q_3 & q_4 & q_5 & q_6 & q_{7,10,13} & q_{8,11,14} & q_{9,12,15} \end{bmatrix}^T \\ &= \begin{bmatrix} \rho_1 & \rho_2 & \phi & \varphi & \theta & \psi & \alpha_{1,2,3} & \beta_{1,2,3} & \gamma_{1,2,3} \end{bmatrix}^T \end{aligned} \tag{9-7}$$

进而选取广义速率为

$$\begin{aligned} \boldsymbol{u} &= \begin{bmatrix} u_1 & u_2 & u_3 & u_4 & u_5 & u_6 & u_{7,10,13} & u_{8,11,14} & u_{9,12,15} \end{bmatrix}^T \\ &= \begin{bmatrix} \dot{\rho}_1 & \dot{\rho}_2 & \dot{\phi} & \omega_x^{B/N} & \omega_y^{B/N} & \omega_z^{B/N} & \omega_x^{B_{1,2,3}/B} & \omega_y^{B_{1,2,3}/B} & \omega_z^{B_{1,2,3}/B} \end{bmatrix}^T \end{aligned} \tag{9-8}$$

式中

$$\boldsymbol{\omega}^{B/N} = \begin{bmatrix} \dot{\psi} + \dot{\varphi}\sin\theta - \omega_0 \sin\varphi\cos\theta \\ \dot{\theta}\sin\psi + \dot{\varphi}\cos\theta\cos\psi + \omega_0(\cos\varphi\sin\psi + \sin\varphi\sin\theta\cos\psi) \\ \dot{\theta}\cos\psi - \dot{\varphi}\cos\theta\sin\psi + \omega_0(\cos\varphi\cos\psi - \sin\varphi\sin\theta\sin\psi) \end{bmatrix}$$

最后推导得到三星三角形电磁编队动力学方程为

$$\begin{cases} \dot{u}_1 = q_1(u_5^2 + u_6^2) + f_{1x} - \Sigma_x \\ \dot{u}_2 = q_2(u_3 - u_6)^2 + q_2(u_4 s_3 + u_5 c_3)^2 + c_3(f_{2x} - \Sigma_x) - s_3(f_{2y} - \Sigma_y) \\ \dot{u}_3 = (u_4 s_3 + u_5 c_3)(u_4 c_3 - u_5 s_3) - u_4 u_5 + \dfrac{2u_2(u_6 - u_3)}{q_2} - \dfrac{2u_1 u_6}{q_1} \\ \qquad + \dfrac{f_{1y} - \Sigma_y}{q_1} - \dfrac{s_3(f_{2x} - \Sigma_x) + c_3(f_{2y} - \Sigma_y)}{q_2} \\ \dot{u}_4 = 2\dfrac{c_3}{s_3}u_5\left(\dfrac{u_1}{q_1} - \dfrac{u_2}{q_2}\right) + 2u_5 u_3 - \dfrac{2u_4 u_2}{q_2} - \dfrac{2u_4 u_3 c_3}{s_3} - u_6 u_5 - \dfrac{f_{2z} - \Sigma_z}{q_2 s_3} + \dfrac{c_3(f_{1z} - \Sigma_z)}{q_1 s_3} \\ \dot{u}_5 = -(2u_1 u_5 - q_1 u_4 u_6 + f_{1z} - \Sigma_z)/q_1 \\ \dot{u}_6 = -(2u_1 u_6 + q_1 u_4 u_5 - f_{1y} + \Sigma_z)/q_1 \\ \dot{u}_7 = \tau_{1x}^{EM}/J_1 - \dot{u}_4, \quad \dot{u}_8 = \tau_{1y}^{EM}/J_1 - \dot{u}_5, \quad \dot{u}_9 = \tau_{1z}^{EM}/J_1 - \dot{u}_6 \\ \dot{u}_{10} = \tau_{2x}^{EM}/J_2 - \dot{u}_4, \quad \dot{u}_{11} = \tau_{2y}^{EM}/J_2 - \dot{u}_5, \quad \dot{u}_{12} = \tau_{2z}^{EM}/J_2 - \dot{u}_6 \\ \dot{u}_{13} = \tau_{3x}^{EM}/J_3 - \dot{u}_4, \quad \dot{u}_{14} = \tau_{3y}^{EM}/J_3 - \dot{u}_5, \quad \dot{u}_{15} = \tau_{3z}^{EM}/J_3 - \dot{u}_6 \end{cases}$$

$$\tag{9-9}$$

式中，$f_i = f_i^g + f_i^{EM}$，$r_i = |\boldsymbol{r}_i|$。注意到由于旋转矩阵（从 $\mathcal{H}$ 到 $\mathcal{B}$）不同导致这里的形式与式(9-4)存在一定差异，且有

$$\boldsymbol{\Sigma} = \begin{bmatrix} \Sigma_x \\ \Sigma_y \\ \Sigma_z \end{bmatrix} = -\frac{\mu}{M} \begin{bmatrix} r_{\mathrm{CM}} c_4 c_5 \left(\dfrac{m_1}{r_1^3} + \dfrac{m_2}{r_2^3} + \dfrac{m_3}{r_3^3} \right) + m_1 q_1 \left(\dfrac{1}{r_1^3} - \dfrac{1}{r_3^3} \right) + m_2 q_2 c_3 \left(\dfrac{1}{r_2^3} - \dfrac{1}{r_3^3} \right) \\ r_{\mathrm{CM}} (s_4 s_6 - c_4 s_5 c_6) \left(\dfrac{m_1}{r_1^3} + \dfrac{m_2}{r_2^3} + \dfrac{m_3}{r_3^3} \right) - m_2 q_2 s_3 \left(\dfrac{1}{r_2^3} - \dfrac{1}{r_3^3} \right) \\ r_{\mathrm{CM}} (s_4 c_6 + c_4 s_5 c_6) \left(\dfrac{m_1}{r_1^3} + \dfrac{m_2}{r_2^3} + \dfrac{m_3}{r_3^3} \right) \end{bmatrix}$$

$$(9\text{-}10)$$

9.3　电磁编队三星共线不变构形

电磁编队不变构形[1]是指常值磁矩作用的恒定构形，一般表现为静态编队构形以及自旋编队构形。对于三星电磁编队，磁场的矢量叠加使得星间电磁力/力矩模型非线性比双星编队更强，直接从相对平衡态条件分析可行的磁矩解十分困难，因此考虑首先给出满足电磁力矩条件的磁矩解空间，在此基础上再寻找满足电磁力条件的不变构形约束与磁矩解。

9.3.1　满足电磁力矩条件的磁矩解

相对平衡态条件下作用于各航天器上的电磁力矩为 0。对于三星电磁编队，航天器 i 上的电磁力矩是由其他两颗航天器与之相互作用得到的，即有

$$\bar{\boldsymbol{\tau}}_i^{EM} = \bar{\boldsymbol{\mu}}_i \times (\bar{\boldsymbol{B}}_{ij} + \bar{\boldsymbol{B}}_{ik}) = 0 \tag{9-11}$$

为满足式(9-11)成立，当且仅当下列任一条件成立：①$\bar{\boldsymbol{\mu}}_i = 0$；②$\bar{\boldsymbol{B}}_{ij} + \bar{\boldsymbol{B}}_{ik} = 0$；③$\bar{\boldsymbol{\mu}}_i /\!/ (\bar{\boldsymbol{B}}_{ij} + \bar{\boldsymbol{B}}_{ik})$。下面针对共线构形分别讨论满足电磁力矩的磁矩解空间。

对于三星沿切向分布共线构形，将 $\boldsymbol{\rho}_{ij} = \rho_{ij} \hat{\boldsymbol{y}}_{\mathrm{B}}$ 代入磁场表达式有

$$\boldsymbol{B}_{ij}(\boldsymbol{\mu}_j, \boldsymbol{\rho}_{ij}) = \frac{\mu_0}{4\pi \rho_{ij}^3} \begin{bmatrix} -\mu_{jx} & 2\mu_{jy} & -\mu_{jz} \end{bmatrix}^{\mathrm{T}} \tag{9-12}$$

将式(9-12)代入式(9-11)，分情况讨论如下。

情形 A：$\bar{\boldsymbol{\mu}}_i = 0$。

为保证三星编队系统存在电磁效应，则至少其中两个航天器的磁矩不为 0。假设 $\bar{\boldsymbol{\mu}}_i = 0$，则由式(9-12)可知有 $\bar{\boldsymbol{B}}_{ji} = \bar{\boldsymbol{B}}_{ki} = 0$，则

$$\begin{cases} \bar{\boldsymbol{\tau}}_j^{EM} = \bar{\boldsymbol{\mu}}_j \times \bar{\boldsymbol{B}}_{jk} = \bar{\boldsymbol{\mu}}_j \times \dfrac{\mu_0}{4\pi \bar{\rho}_{jk}^3} \begin{bmatrix} -\bar{\mu}_{kx} & 2\bar{\mu}_{ky} & -\bar{\mu}_{kz} \end{bmatrix}^{\mathrm{T}} = 0 \\[3mm] \bar{\boldsymbol{\tau}}_k^{EM} = \bar{\boldsymbol{\mu}}_k \times \bar{\boldsymbol{B}}_{kj} = \bar{\boldsymbol{\mu}}_k \times \dfrac{\mu_0}{4\pi \bar{\rho}_{jk}^3} \begin{bmatrix} -\bar{\mu}_{jx} & 2\bar{\mu}_{jy} & -\bar{\mu}_{jz} \end{bmatrix}^{\mathrm{T}} = 0 \end{cases} \tag{9-13}$$

将式(9-13)展开为分量形式观察可以得到

$$\bar{\mu}_{jy}\bar{\mu}_{kz}+\bar{\mu}_{ky}\bar{\mu}_{jz}=0, \quad \bar{\mu}_{jx}\bar{\mu}_{ky}+\bar{\mu}_{kx}\bar{\mu}_{jy}=0, \quad \bar{\mu}_{jx}\bar{\mu}_{kz}=\bar{\mu}_{kx}\bar{\mu}_{jz} \tag{9-14}$$

此时电磁效应仅存在于航天器 j 与 k 之间,且星间电磁力方向沿 y_B 轴。

情形 B:$\bar{\boldsymbol{B}}_{ij}+\bar{\boldsymbol{B}}_{ik}=0$。

当 $\bar{\boldsymbol{B}}_{ij}=-\bar{\boldsymbol{B}}_{ik}$ 成立时,由式(9-12)可得 $\bar{\boldsymbol{\mu}}_j=-\bar{\rho}_{ij}^3/\bar{\rho}_{ki}^3\bar{\boldsymbol{\mu}}_k$,即 $\bar{\boldsymbol{\mu}}_j//\bar{\boldsymbol{\mu}}_k$,且各分量对应成比例。进而可以得到 $\bar{\boldsymbol{B}}_{kj}=-\bar{\rho}_{ij}^3/\bar{\rho}_{ik}^3\bar{\boldsymbol{B}}_{jk}$ 与 $\bar{\boldsymbol{B}}_{ki}=\bar{\rho}_{ij}^3/\bar{\rho}_{ki}^3\bar{\boldsymbol{B}}_{ji}$ 成立,则有

$$\begin{cases} \bar{\boldsymbol{\tau}}_j^{EM}=-\bar{\rho}_{ij}^3/\bar{\rho}_{ki}^3\bar{\boldsymbol{\mu}}_k\times(\bar{\boldsymbol{B}}_{ji}+\bar{\boldsymbol{B}}_{jk})=0 \\ \bar{\boldsymbol{\tau}}_k^{EM}=\bar{\rho}_{ij}^3/\bar{\rho}_{ki}^3\bar{\boldsymbol{\mu}}_k\times(\bar{\boldsymbol{B}}_{ji}-\bar{\boldsymbol{B}}_{jk})=0 \end{cases} \Rightarrow \begin{cases} \bar{\boldsymbol{\mu}}_k\times\bar{\boldsymbol{B}}_{ji}=0 \\ \bar{\boldsymbol{\mu}}_k\times\bar{\boldsymbol{B}}_{jk}=0 \end{cases} \tag{9-15}$$

将式(9-15)展开为分量形式,观察可得

$$\begin{cases} 2\bar{\mu}_{iy}\bar{\mu}_{kz}+\bar{\mu}_{ky}\bar{\mu}_{iz}=0 \\ \bar{\mu}_{kx}\bar{\mu}_{iz}-\bar{\mu}_{ix}\bar{\mu}_{kz}=0 \\ \bar{\mu}_{ix}\bar{\mu}_{ky}+2\bar{\mu}_{kx}\bar{\mu}_{iy}=0 \end{cases}, \quad \begin{cases} \bar{\mu}_{ky}\bar{\mu}_{kz}=0 \\ \bar{\mu}_{kx}\bar{\mu}_{ky}=0 \end{cases} \tag{9-16}$$

对于式(9-16),$\bar{\boldsymbol{\mu}}_k=0$ 时恒成立,由于在情形 A 中已经进行分析,这里重点讨论其他情形:①当 $\bar{\mu}_{ky}=0$ 且 $\bar{\mu}_{kx}$、$\bar{\mu}_{kz}$ 不同时等于 0 时,为保证式(9-16)成立还必须有 $\bar{\mu}_{iy}=0$ 和 $\bar{\mu}_{kx}\bar{\mu}_{iz}=\bar{\mu}_{ix}\bar{\mu}_{kz}$ 成立,即此时 $\bar{\boldsymbol{\mu}}_i$、$\bar{\boldsymbol{\mu}}_k$ 的 y 向分量均为 0,且其分量对应成比例,有 $\bar{\boldsymbol{\mu}}_i//\bar{\boldsymbol{\mu}}_k$;②当 $\bar{\mu}_{ky}\neq0$ 且 $\bar{\mu}_{kx}=\bar{\mu}_{kz}=0$ 时,此时可推导得到必须有 $\bar{\mu}_{ix}=\bar{\mu}_{iz}=0$ 成立,即 $\bar{\boldsymbol{\mu}}_i$、$\bar{\boldsymbol{\mu}}_k$ 仅存在 y 向分量,同样满足 $\bar{\boldsymbol{\mu}}_i//\bar{\boldsymbol{\mu}}_k$。

综上所述,在情形 B 条件下,三个航天器的磁矩相互平行,或者其 y 向分量均为 0,或者其 x、z 向分量均同时为 0。因此可以定义 $\bar{\boldsymbol{\mu}}_j=-\bar{\rho}_{ij}^3/\bar{\rho}_{ki}^3\bar{\boldsymbol{\mu}}_k$,$\bar{\boldsymbol{\mu}}_i=\lambda\bar{\boldsymbol{\mu}}_k$,其中 λ 为待定比例系数。

情形 C:$\bar{\boldsymbol{\mu}}_i//(\bar{\boldsymbol{B}}_{ij}+\bar{\boldsymbol{B}}_{ik})$。

考虑三个航天器均满足 $\bar{\boldsymbol{\mu}}_i//(\bar{\boldsymbol{B}}_{ij}+\bar{\boldsymbol{B}}_{ik})$,由向量平行关系,可假设

$$\bar{\boldsymbol{\mu}}_i=l_i(\bar{\boldsymbol{B}}_{ij}+\bar{\boldsymbol{B}}_{ik})=l_i\left(\frac{3\bar{\mu}_{jy}}{\bar{\rho}_{ij}^3}\hat{\boldsymbol{y}}-\frac{\bar{\boldsymbol{\mu}}_j}{\bar{\rho}_{ij}^3}+\frac{3\bar{\mu}_{ky}}{\bar{\rho}_{ki}^3}\hat{\boldsymbol{y}}-\frac{\bar{\boldsymbol{\mu}}_k}{\bar{\rho}_{ki}^3}\right) \tag{9-17}$$

式中,$l_i(i=1,2,3)$ 为比例系数。观察三个航天器磁矩形式,可得

$$\begin{cases} \bar{\boldsymbol{\mu}}_1+\dfrac{l_1}{\bar{\rho}_{12}^3}\bar{\boldsymbol{\mu}}_2+\dfrac{l_1}{\bar{\rho}_{31}^3}\bar{\boldsymbol{\mu}}_3=\left(\dfrac{3l_1\bar{\mu}_{2y}}{\bar{\rho}_{12}^3}+\dfrac{3l_1\bar{\mu}_{3y}}{\bar{\rho}_{31}^3}\right)\hat{\boldsymbol{y}} \\[3mm] \bar{\boldsymbol{\mu}}_1+\dfrac{\bar{\rho}_{12}^3}{l_2}\bar{\boldsymbol{\mu}}_2+\dfrac{\bar{\rho}_{12}^3}{\bar{\rho}_{23}^3}\bar{\boldsymbol{\mu}}_3=\left(\dfrac{3\bar{\rho}_{12}^3\bar{\mu}_{1y}}{\bar{\rho}_{12}^3}+\dfrac{3\bar{\rho}_{12}^3\bar{\mu}_{3y}}{\bar{\rho}_{23}^3}\right)\hat{\boldsymbol{y}} \\[3mm] \bar{\boldsymbol{\mu}}_1+\dfrac{\bar{\rho}_{31}^3}{\bar{\rho}_{23}^3}\bar{\boldsymbol{\mu}}_2+\dfrac{\bar{\rho}_{31}^3}{l_3}\bar{\boldsymbol{\mu}}_3=\left(\dfrac{3\bar{\rho}_{31}^3\bar{\mu}_{1y}}{\bar{\rho}_{31}^3}+\dfrac{3\bar{\rho}_{31}^3\bar{\mu}_{2y}}{\bar{\rho}_{23}^3}\right)\hat{\boldsymbol{y}} \end{cases} \tag{9-18}$$

利用 $\bar{\boldsymbol{\mu}}_i$ 对应系数相等可求解得到 l_i,进而得到各航天器磁矩满足关系式:

$$\begin{cases} \bar{\boldsymbol{\mu}}_1 + \dfrac{\bar{\rho}_{31}^3}{\bar{\rho}_{23}^3}\bar{\boldsymbol{\mu}}_2 + \dfrac{\bar{\rho}_{12}^3}{\bar{\rho}_{23}^3}\bar{\boldsymbol{\mu}}_3 = 6\bar{\mu}_{1y}\hat{\boldsymbol{y}}_B \\[3mm] \bar{\mu}_{1y} = \dfrac{\bar{\rho}_{31}^3}{\bar{\rho}_{23}^3}\bar{\mu}_{2y} = \dfrac{\bar{\rho}_{12}^3}{\bar{\rho}_{23}^3}\bar{\mu}_{3y} \end{cases} \Rightarrow \begin{cases} \bar{\mu}_{1x} + \dfrac{\bar{\rho}_{31}^3}{\bar{\rho}_{23}^3}\bar{\mu}_{2x} + \dfrac{\bar{\rho}_{12}^3}{\bar{\rho}_{23}^3}\bar{\mu}_{3x} = 0 \\[3mm] \bar{\mu}_{1y} = \bar{\mu}_{2y} = \bar{\mu}_{3y} = 0 \\[3mm] \bar{\mu}_{1z} + \dfrac{\bar{\rho}_{31}^3}{\bar{\rho}_{23}^3}\bar{\mu}_{2z} + \dfrac{\bar{\rho}_{12}^3}{\bar{\rho}_{23}^3}\bar{\mu}_{3z} = 0 \end{cases} \tag{9-19}$$

因此,在情形 C 条件下,三个航天器的磁矩满足线性关系式(9-19),并且此时所有磁矩的 y 向分量均为 0。

对于三星沿法向分布共线构形,$\boldsymbol{\rho}_{ij} = \rho_{ij}\hat{\boldsymbol{z}}_B$,采用同样的步骤可推导得到不同条件下满足电磁力矩条件的磁矩解空间,具体形式可类比得到,这里不再赘述。

9.3.2 静态共线构形

基于满足电磁力矩条件的磁矩解空间分析结论,分别在不同情形下讨论三星切向分布与法向分布共线编队可行的不变构形解。

1. 三星切向分布

当三星编队在星间电磁力/力矩作用下实现切向分布静态共线构形时,$\mathcal{B}$ 系与 $\mathcal{H}$ 系重合,有 $\bar{q}_1 > 0, \bar{q}_2 > 0, \bar{q}_3 = \bar{q}_4 = 0$,进而得到 $\bar{u}_3 = \omega_0, \bar{u}_i = 0 (i \neq 3)$。考虑三星切向分布时电磁力/力矩的角动量守恒,有

$$\begin{cases} \displaystyle\sum_{i=1}^{3} \tau_{ix}^{EM} = (q_1+q_2)F_{12z}^{EM} + \dfrac{m_1 q_1 - (m_2+m_3)q_2}{m_3}F_{23z}^{EM} + \dfrac{m_2 q_2 - (m_1+m_3)q_1}{m_3}F_{31z}^{EM} \\[4mm] \displaystyle\sum_{i=1}^{3} \tau_{iz}^{EM} = -(q_1+q_2)F_{12x}^{EM} - \dfrac{m_1 q_1 - (m_2+m_3)q_2}{m_3}F_{23x}^{EM} - \dfrac{m_2 q_2 - (m_1+m_3)q_1}{m_3}F_{31x}^{EM} \end{cases}$$
$$\tag{9-20}$$

将 $\dot{q} = 0, \dot{u} = 0$ 以及式(9-20)代入动力学方程式(9-4),化简可得

$$\begin{cases} \bar{q}_1\omega_0^2 - \dfrac{\mu\bar{q}_1}{\bar{r}_1^3} - \dfrac{1}{m_1}(\bar{F}_{12y}^{EM} - \bar{F}_{31y}^{EM}) = 0 \\[4mm] \bar{q}_2\omega_0^2 - \dfrac{\mu\bar{q}_2}{\bar{r}_2^3} + \dfrac{1}{m_2}(\bar{F}_{23y}^{EM} - \bar{F}_{12y}^{EM}) = 0 \\[4mm] m_1\bar{q}_1\left(\dfrac{1}{\bar{r}_1^3} - \dfrac{1}{\bar{r}_3^3}\right) = m_2\bar{q}_2\left(\dfrac{1}{\bar{r}_2^3} - \dfrac{1}{\bar{r}_3^3}\right) \end{cases} \tag{9-21}$$

式中,$\bar{r}_1 = \sqrt{r_{CM}^2 + \bar{q}_1^2}$,$\bar{r}_2 = \sqrt{r_{CM}^2 + \bar{q}_2^2}$,$\bar{r}_3 = \sqrt{r_{CM}^2 + (m_1\bar{q}_1 - m_2\bar{q}_2)^2/m_3^2}$。

针对 9.3.1 节中三种情形分别讨论如下。

情形 A:假设 $\bar{\boldsymbol{\mu}}_1 = 0$,星间电磁力除 $\bar{F}_{23y}^{EM}$ 外全为 0。由式(9-21)第一式可得 $\bar{q}_1 = 0$,即航天器 1 位于编队质心,航天器 2、3 分别位于编队质心右侧与左侧;此外,由式(9-21)第三式可得 $\bar{r}_2 = \bar{r}_3$,因此必然有 $m_2 = m_3$ 与 $\bar{q}_2 = \bar{\rho}_3$ 成立。因此航

天器 2、3 沿切向等质量、等距分布。当 $\bar{\mu}_2$ 或 $\bar{\mu}_3$ 为 0 时可以得到同样结论。实际上，此时的共线编队即为等质量双星电磁编队。特别地，当假设两航天器磁矩大小相等，即 $\bar{\mu}_2 = \bar{\mu}_3 = \bar{\mu}_y \, \hat{\boldsymbol{y}}_B$ 时，可求解得到

$$\bar{\mu}_y = \sqrt{32\pi \bar{q}_2^4 \, | \, \bar{F}_{23y}^{EM} \, | \, /(3\mu_0)} \tag{9-22}$$

式中，$\bar{F}_{23y}^{EM} = -m_2 \bar{q}_2 (\omega_0^2 - \mu / \bar{r}_2^3) \approx 0^-$，表现为引力作用。

情形 B：假设航天器磁矩满足 $\bar{\boldsymbol{\mu}}_1 = \lambda \bar{\boldsymbol{\mu}}_3$，$\bar{\boldsymbol{\mu}}_2 = -\bar{\rho}_{12}^3 / \bar{\rho}_{31}^3 \bar{\boldsymbol{\mu}}_3$，且有 $\bar{\mu}_{iy} = 0$ 或 $\bar{\mu}_{ix} = \bar{\mu}_{iz} = 0$，则星间电磁力可表示为

$$\begin{cases} \bar{\boldsymbol{F}}_{12}^{EM} = \dfrac{3\mu_0 (\bar{\mu}_{3x}^2 + \bar{\mu}_{3z}^2)\lambda}{4\pi (\bar{q}_1 + \bar{q}_2)(\bar{q}_1 + \bar{\rho}_3)^3} \hat{\boldsymbol{y}}_B \\[3mm] \bar{\boldsymbol{F}}_{23}^{EM} = \dfrac{3\mu_0 (\bar{\mu}_{3x}^2 + \bar{\mu}_{3z}^2)(\bar{q}_1 + \bar{q}_2)^3}{4\pi (\bar{q}_1 + \bar{\rho}_3)^3 (\bar{q}_2 - \bar{\rho}_3)^4} \hat{\boldsymbol{y}}_B \\[3mm] \bar{\boldsymbol{F}}_{31}^{EM} = \dfrac{3\mu_0 (\bar{\mu}_{3x}^2 + \bar{\mu}_{3z}^2)\lambda}{4\pi (\bar{q}_1 + \bar{\rho}_3)^4} \hat{\boldsymbol{y}}_B \end{cases} \quad \text{或} \quad \begin{cases} \bar{\boldsymbol{F}}_{12}^{EM} = -\dfrac{3\mu_0 \bar{\mu}_{3y}^2 \lambda}{2\pi (\bar{q}_1 + \bar{q}_2)(\bar{q}_1 + \bar{\rho}_3)^3} \hat{\boldsymbol{y}}_B \\[3mm] \bar{\boldsymbol{F}}_{23}^{EM} = -\dfrac{3\mu_0 \bar{\mu}_{3y}^2 (\bar{q}_1 + \bar{q}_2)^3}{2\pi (\bar{q}_1 + \bar{\rho}_3)^3 (\bar{q}_2 - \bar{\rho}_3)^4} \hat{\boldsymbol{y}}_B \\[3mm] \bar{\boldsymbol{F}}_{31}^{EM} = -\dfrac{53\mu_0 \bar{\mu}_{3y}^2 \lambda}{2\pi (\bar{q}_1 + \bar{\rho}_3)^4} \hat{\boldsymbol{y}}_B \end{cases} \tag{9-23}$$

将 $1/\bar{r}_i^3$ 做一阶线性化处理，由式 (9-21) 可以得到 $\bar{F}_{12y}^{EM} \approx \bar{F}_{31y}^{EM} \approx \bar{F}_{23y}^{EM}$。对比式 (9-23) 可以得到 $\bar{\rho}_3 = -\bar{q}_1$ 或 $\bar{\rho}_3 = \bar{q}_2$ 成立，即航天器 3 或者与航天器 1 位置重合，或者与航天器 2 位置重合，这实际上是无法实现的，即情形 B 条件成立时，不存在可行的不变构形解。

情形 C：假设给定磁矩 $\bar{\boldsymbol{\mu}}_2$、$\bar{\boldsymbol{\mu}}_3$，则有 $\bar{\boldsymbol{\mu}}_1 = -\bar{\rho}_{31}^3 / \bar{\rho}_{23}^3 \bar{\boldsymbol{\mu}}_2 - \bar{\rho}_{12}^3 / \bar{\rho}_{23}^3 \bar{\boldsymbol{\mu}}_3$，同时所有磁矩的 y 向分量 $\bar{\mu}_{iy} = 0$。则星间电磁力形式写为

$$\begin{cases} \bar{\boldsymbol{F}}_{12}^{EM} = -\dfrac{3\mu_0 [(\bar{\mu}_{2x}\bar{\mu}_{3x} + \bar{\mu}_{2z}\bar{\mu}_{3z})(\bar{q}_1 + \bar{q}_2)^3 + (\bar{\mu}_{2x}^2 + \bar{\mu}_{2z}^2)(\bar{q}_1 + \bar{\rho}_3)^3]}{4\pi (\bar{q}_1 + \bar{q}_2)^4 (\bar{q}_2 - \bar{\rho}_3)^3} \hat{\boldsymbol{y}}_B \\[3mm] \bar{\boldsymbol{F}}_{23}^{EM} = -\dfrac{3\mu_0 (\bar{\mu}_{2x}\bar{\mu}_{3x} + \bar{\mu}_{2z}\bar{\mu}_{3z})}{4\pi (\bar{q}_2 - \bar{\rho}_3)^4} \hat{\boldsymbol{y}}_B \\[3mm] \bar{\boldsymbol{F}}_{31}^{EM} = \dfrac{3\mu_0 [(\bar{\mu}_{2x}\bar{\mu}_{3x} + \bar{\mu}_{2z}\bar{\mu}_{3z})(\bar{q}_1 + \bar{\rho}_3)^3 + (\bar{\mu}_{3x}^2 + \bar{\mu}_{3z}^2)(\bar{q}_1 + \bar{q}_2)^3]}{4\pi (\bar{q}_1 + \bar{\rho}_3)^4 (\bar{q}_2 - \bar{\rho}_3)^3} \hat{\boldsymbol{y}}_B \end{cases} \tag{9-24}$$

同样，切向分布下考虑 $\bar{F}_{12y}^{EM} \approx \bar{F}_{31y}^{EM} \approx \bar{F}_{23y}^{EM}$，可以得到

$$\frac{\bar{\mu}_{2x}^2 + \bar{\mu}_{2z}^2}{\bar{\mu}_{3x}^2 + \bar{\mu}_{3z}^2} = -[(\bar{q}_1 + \bar{q}_2)/(\bar{q}_1 + \bar{\rho}_3)]^5 > 0 \tag{9-25}$$

为满足式 (9-25) 则必有 $\bar{q}_1 + \bar{\rho}_3 < 0$ 成立，即表明此时航天器 3 位于三星共线构形最左侧。特别地，当 $\bar{\boldsymbol{\mu}}_2 = \bar{\boldsymbol{\mu}}_3$ 时可以得到特解为

$$\bar{\rho}_3 = -2\bar{q}_1 - \bar{q}_2 \Rightarrow (m_1 + 2m_3)\bar{q}_1 = (m_2 - m_3)\bar{q}_2 \tag{9-26}$$

考虑到 $m_i > 0$ 以及 $\bar{q}_i > 0$，则满足式 (9-26) 的构形解存在的条件是 $m_2 > m_3$ 成

立。当给定 m_i 后,利用式(9-26)即可求解得到不变构形解集。

2. 三星法向分布

对于三星电磁编队沿法向分布共线构形,其实现静态编队的广义坐标条件与切向分布一致,但广义速率 $\bar{u}_1 \sim \bar{u}_{13} = 0$。同样考虑角动量守恒条件,则相对平衡态条件下的运动方程可简化为

$$
\begin{cases}
-\dfrac{\mu \bar{q}_1}{\bar{r}_1^3} - \dfrac{1}{m_1}(\bar{F}_{12z}^{EM} - \bar{F}_{31z}^{EM}) = 0 \\[3mm]
-\dfrac{\mu \bar{q}_2}{\bar{r}_2^3} + \dfrac{1}{m_2}(\bar{F}_{23z}^{EM} - \bar{F}_{12z}^{EM}) = 0 \\[3mm]
m_1 \bar{q}_1 \left(\dfrac{1}{\bar{r}_1^3} - \dfrac{1}{\bar{r}_3^3}\right) = m_2 \bar{q}_2 \left(\dfrac{1}{\bar{r}_2^3} - \dfrac{1}{\bar{r}_3^3}\right)
\end{cases}
\tag{9-27}
$$

式中,$\bar{r}_i$ 表达式如式(9-21)所示。同样针对 9.3.1 节中三种情形分别讨论如下。

情形 A:不失一般性假设 $\bar{\boldsymbol{\mu}}_3 = 0$,则除了 $\bar{F}_{12z}^{EM}$ 以外的其他星间电磁力分量均为 0,且 $\bar{F}_{12y}^{EM}$ 呈斥力作用。由式(9-27)可得 $m_1 \bar{q}_1 = m_2 \bar{q}_2$,则 $\bar{\rho}_3 = 0$,即航天器 3 位于编队质心;进而可以得到 $\bar{r}_1 = \bar{r}_2$,使得 $\bar{q}_1 = \bar{q}_2$ 与 $m_1 = m_2$ 成立,即表示航天器 1、2 等质量、等距分布于编队中心左侧与右侧。该结论与切向分布一致,即简化为等质量双星电磁编队飞行。特别当 $\bar{\boldsymbol{\mu}}_1 = \bar{\boldsymbol{\mu}}_2 = \mu_z \hat{\boldsymbol{z}}_B$ 时,静态编队磁矩特解为

$$
\bar{\mu}_z = \sqrt{-\frac{32\pi \bar{q}^4}{3\mu_0} \bar{F}_z^{EM}} \approx \sqrt{\frac{32\pi m_1 \bar{q}_1^5}{3\mu_0} \omega_0^2}
\tag{9-28}
$$

情形 B:情形 B 成立时,各航天器磁矩满足 $\bar{\boldsymbol{\mu}}_i = \lambda' \bar{\boldsymbol{\mu}}_k$,$\bar{\boldsymbol{\mu}}_j = -\bar{\rho}_{ij}^3 / \bar{\rho}_{ki}^3 \bar{\boldsymbol{\mu}}_k$,且 $\bar{\mu}_{iz} = 0$ 或 $\bar{\mu}_{ix} = \bar{\mu}_{iy} = 0$,其中 λ' 为待定系数。假设给定 $\bar{\boldsymbol{\mu}}_3 = \bar{\boldsymbol{\mu}}_k$,则星间电磁力形式与式(9-23)类似,差别在于将 $\hat{\boldsymbol{y}}_B$ 以 $\hat{\boldsymbol{z}}_B$ 代替。将 $1/\bar{r}_i^3$ 做一阶泰勒展开,并忽略 ρ_i / r_{CM} 的高阶项,化简式(9-27)得到

$$
\begin{cases}
\bar{F}_{12z}^{EM} - \bar{F}_{31z}^{EM} \approx -\dfrac{\mu m_1 \bar{q}_1}{r_{CM}^3} < 0 \\[3mm]
\bar{F}_{12z}^{EM} - \bar{F}_{23z}^{EM} \approx -\dfrac{\mu m_2 \bar{q}_2}{r_{CM}^3} < 0
\end{cases}
\tag{9-29}
$$

将星间电磁力表达式代入式(9-29),且两式相除则可求解得到待定系数 λ' 为

$$
\lambda' = \frac{m_1 \bar{q}_1 (\bar{q}_1 + \bar{\rho}_3)(\bar{q}_1 + \bar{q}_2)^4}{(\bar{q}_2 - \bar{\rho}_3)^4 (m_1 \bar{q}_1^2 + m_2 \bar{q}_2^2 + m_3 \bar{\rho}_3^2)}
\tag{9-30}
$$

为保证式(9-30)的分母有意义,则有 $\bar{q}_2 \neq \bar{\rho}_3$ 成立。进而求解得到 $\bar{\boldsymbol{\mu}}_3$ 满足

$$
\bar{\mu}_{3z}^2 \text{ 或 } (\bar{\mu}_{3x}^2 + \bar{\mu}_{3y}^2) = -\frac{2\pi \mu}{3\mu_0 \bar{r}_1^3} \frac{(\bar{q}_1 + \bar{\rho}_3)^3 (\bar{q}_2 - \bar{\rho}_3)^3}{(\bar{q}_1 + \bar{q}_2)^3} (m_1 \bar{q}_1^2 + m_2 \bar{q}_2^2 + m_3 \bar{\rho}_3^2)
$$

$$
\tag{9-31}
$$

由于式(9-31)左侧为恒大于零的实数,因此还需要满足 $\bar{q}_2 < \bar{\rho}_3$ 同时成立,即航天器 3 位于三星共线构形最右侧。

情形 C:各航天器磁矩满足线性关系 $\bar{\boldsymbol{\mu}}_1 + \bar{\rho}_{31}^3/\bar{\rho}_{23}^3 \bar{\boldsymbol{\mu}}_2 + \bar{\rho}_{12}^3/\bar{\rho}_{23}^3 \bar{\boldsymbol{\mu}}_3 = 0$,且有 $\bar{\mu}_{iz} = 0$;此时星间电磁力表达式与式(9-24)类似,区别在于将 $\hat{\mathbf{y}}_B$ 以 $\hat{\mathbf{z}}_B$ 代替,将其代入式(9-29),再由两式相比可以得到

$$\frac{m_3 \bar{\rho}_3}{m_2 \bar{q}_2} = \frac{(\bar{q}_1 + \bar{q}_2)^5}{(\bar{q}_1 + \bar{\rho}_3)^5} \frac{(\bar{\mu}_{3x}^2 + \bar{\mu}_{3y}^2)(\bar{q}_1 + \bar{q}_2)^2(\bar{q}_2 - \bar{\rho}_3) + (\bar{\mu}_{2x}\bar{\mu}_{3x} + \bar{\mu}_{2y}\bar{\mu}_{3y})(\bar{q}_1 + \bar{\rho}_3)^3}{(\bar{\mu}_{2x}^2 + \bar{\mu}_{2y}^2)(\bar{q}_1 + \bar{\rho}_3)^2(\bar{q}_2 - \bar{\rho}_3) - (\bar{\mu}_{2x}\bar{\mu}_{3x} + \bar{\mu}_{2y}\bar{\mu}_{3y})(\bar{q}_1 + \bar{q}_2)^3}$$

(9-32)

式(9-32)给出了三星电磁编队各航天器质量、几何构形以及磁矩之间所需满足的约束关系。特别地,令 $\chi = \bar{q}_1/\bar{q}_2$,$\delta = m_1/m_3$,$\sigma = m_2/m_3$,其均为正实数。考虑 $\bar{\boldsymbol{\mu}}_2 = \bar{\boldsymbol{\mu}}_3$ 时的特解,化简式(9-32)可以得到

$$\frac{\delta\chi - \sigma}{\sigma} = \frac{(\chi + 1)^5}{(\chi + \delta\chi - \sigma)^5} \frac{(\chi + 1)^2(1 - \delta\chi + \sigma) + (\chi + \delta\chi - \sigma)^3}{(\chi + \delta\chi - \sigma)^2(1 - \delta\chi + \sigma) - (\chi + 1)^3}$$

(9-33)

式(9-33)是一个以 δ、σ 为自变量,关于参数 χ 的高阶多项式。基于 χ 定义,满足式(9-33)的每个解即对应于一组不变构形解。χ 与参数 δ、σ 的变化关系如图 9.3 所示。数值仿真表明,χ 与 σ 近似呈线性关系,且对于任意给定的 δ、$\sigma > 0$,χ 最多存在一个可行解,而当 $\sigma < 1$ 时不存在可行的构形解。

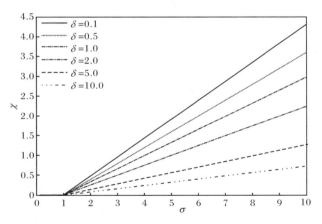

图 9.3　三星电磁编队法向分布静态不变构形特解

进而求解得到 $\bar{\boldsymbol{\mu}}_2 = \bar{\boldsymbol{\mu}}_3$ 时同时满足

$$\bar{\mu}_{3x}^2 + \bar{\mu}_{3z}^2 = \frac{4\pi\mu m_1 \bar{q}_1}{3\mu_0 \bar{r}_1^3} \frac{(\bar{q}_2 - \bar{\rho}_3)^3}{(\bar{q}_1 + \bar{q}_2)^3 + (\bar{q}_1 + \bar{\rho}_3)^3} \frac{(\bar{q}_1 + \bar{q}_2)^4 (\bar{q}_1 + \bar{\rho}_3)^4}{(\bar{q}_1 + \bar{q}_2)^4 + (\bar{q}_1 + \bar{\rho}_3)^4}$$

(9-34)

9.3.3 自旋共线构形

分别就三星共线构形绕 $\mathcal{H}$ 系任意一轴旋转进行讨论。基于共线编队沿切向分布动力学模型，首先讨论共线构形绕 x_{CM} 轴自旋情形。类似图 8.9(a)所示，定义 $\boldsymbol{\xi}=\xi\hat{x}_{CM}$，如果三星共线编队实现自旋不变构形，则有 $\bar{q}_3=0$，$\bar{q}_4\neq0$，$\dot{\bar{q}}_4=\xi$，进而得到 $\bar{u}_3=\omega_0$，$\bar{u}_4=\xi$；将相对平衡态条件代入式(9-4)相对姿态运动方程，则电磁力矩满足

$$\begin{cases} \bar{\tau}_{1x}^{EM}=J_1\dot{\xi}, & \bar{\tau}_{1y}^{EM}=J_1\omega_0\xi c_4, & \bar{\tau}_{1z}^{EM}=-J_1\omega_0\xi s_4 \\ \bar{\tau}_{2x}^{EM}=J_2\dot{\xi}, & \bar{\tau}_{2y}^{EM}=J_2\omega_0\xi c_4, & \bar{\tau}_{2z}^{EM}=-J_2\omega_0\xi s_4 \\ \bar{\tau}_{3x}^{EM}=J_3\dot{\xi}, & \bar{\tau}_{3y}^{EM}=J_3\omega_0\xi c_4, & \bar{\tau}_{3z}^{EM}=-J_3\omega_0\xi s_4 \end{cases} \tag{9-35}$$

考虑到切向分布时角动量守恒条件满足 $\tau_{1y}^{EM}+\tau_{2y}^{EM}+\tau_{3y}^{EM}=0$，由于编队自旋时角 ψ 为时变量，则 $\cos q_2$ 不恒为 0，为保证该条件成立，必然有 $\omega_0=0$ 成立，因此考虑地球引力作用下三星共线电磁编队无法实现绕 x_{CM} 自旋的不变构形，除非编队处于深空环境。上述分析同样并未限制 $\dot{\xi}$，即无论是否匀速自旋，该结论始终成立。同理，当共线构形绕 y_{CM} 轴自旋时同样需要有 $\omega_0=0$ 成立。

接下来分析三星共线构形绕 z_{CM} 轴自旋情形。此时设 $\boldsymbol{\xi}=\xi\hat{z}_{CM}$，则有 $\bar{q}_3\neq0$，$\dot{\bar{q}}_3=\xi$，$\bar{q}_4=0$，进而有 $\bar{u}_3=\omega_0+\xi$。此时相对平衡态下的电磁力矩满足

$$\begin{cases} \bar{\tau}_{ix}^{EM}=\bar{\tau}_{iy}^{EM}=0, & i=1,2,3 \\ \bar{\tau}_{1z}^{EM}=J_1\dot{\xi}, & \bar{\tau}_{2z}^{EM}=J_2\dot{\xi}, & \bar{\tau}_{3z}^{EM}=J_3\dot{\xi} \end{cases} \tag{9-36}$$

由角动量守恒条件式(9-20)，考虑常值磁矩下星间电磁力为常值，则必须满足 $\dot{\xi}=0$，即 $\xi=$ const。进而相对运动方程简化为

$$\begin{cases} \bar{q}_1(\omega_0+\xi)^2-\dfrac{\mu\bar{q}_1}{\bar{r}_1^3}=\dfrac{1}{m_1}(\bar{F}_{12y}^{EM}-\bar{F}_{31y}^{EM}) \\ \bar{q}_2(\omega_0+\xi)^2-\dfrac{\mu\bar{q}_2}{\bar{r}_2^3}=-\dfrac{1}{m_2}(\bar{F}_{23y}^{EM}-\bar{F}_{12y}^{EM}) \end{cases} \tag{9-37}$$

同样考虑常值磁矩，式(9-37)右侧为常值。绕 z_{CM} 轴自旋即三星编队在轨道面内自旋，则 $\bar{r}_i$ 为时变量，使得式(9-37)左侧也为时变量。因此在考虑地球引力的条件下式(9-37)无法成立，即该自旋编队无法实现。式(9-37)等号成立的充要条件是当 $\bar{r}_i\to\infty$ 使得 $\omega_0=0$。综合上述分析，对于三星共线电磁编队，其满足自旋不变构形解存在的前提是：编队系统运行于深空环境，不受地球引力影响。

当三星共线编队在深空环境下自旋时，各航天器上主动力仅为电磁力，其提供编队维持旋转的向心力。深空背景下编队系统绕 $\mathcal{H}$ 系任意轴自旋并无差别。因此基于切向分布动力学模型式(9-4)，可得到简化的相对平衡态运动方程满足

$$\begin{cases} \bar{F}_{12y}^{EM} - \bar{F}_{31y}^{EM} = m_1 \bar{q}_1 \xi^2 > 0 \\ \bar{F}_{12y}^{EM} - \bar{F}_{23y}^{EM} = m_2 \bar{q}_2 \xi^2 > 0 \end{cases} \tag{9-38}$$

式(9-38)与三星法向分布式(9-29)相比,两者形式类似,区别在于式(9-38)右侧符号与之相反,且电磁力大小依赖于自旋角速度大小 ξ。按照 4.3.2 节同样的推导过程,最终得到的不变构形解具有类似的形式,限于篇幅这里仅给出主要结论以及对应情形下的磁矩 $\bar{\boldsymbol{\mu}}_i$。

情形 A:若 $\bar{\boldsymbol{\mu}}_1 = 0$,此时仅有 $\bar{F}_{23y}^{EM} \neq 0$,则无法满足式(9-38)第一式,即不存在可行解;同理,$\bar{\boldsymbol{\mu}}_2 = 0$ 时也不存在可行的构形解。这与静态共线构形的结论不同。

若 $\bar{\boldsymbol{\mu}}_3 = 0$,此时仅有 $\bar{F}_{12y}^{EM} \neq 0$,则式(9-38)两式相减可得 $m_1 \bar{q}_1 = m_2 \bar{q}_2$ 成立,即 $\boldsymbol{\rho}_3 = 0$,航天器 3 位于编队质心。此时航天器 1、2 之间的电磁力沿双星质心连线方向,且提供自旋所需向心力。考虑两磁矩共线分布,则满足

$$\mu_1 \mu_2 = \frac{2\pi}{3\mu_0} m_1 \bar{q}_1 (\bar{q}_1 + \bar{q}_2)^4 \xi^2 \tag{9-39}$$

情形 B:情形 B 成立时,各航天器磁矩满足 $\bar{\boldsymbol{\mu}}_i = \lambda' \bar{\boldsymbol{\mu}}_k$,$\bar{\boldsymbol{\mu}}_j = -\bar{\rho}_{ij}^3 / \bar{\rho}_{ki}^3 \bar{\boldsymbol{\mu}}_k$,且有 $\bar{\mu}_{iy} = 0$ 或 $\bar{\mu}_{ix} = \bar{\mu}_{iz} = 0$。则星间电磁力如式(9-23)所示,待定比例系数 λ' 满足关系式(9-30),进而求解得到磁矩 $\bar{\boldsymbol{\mu}}_3$ 满足

$$\bar{\mu}_{3z}^2 \text{ 或}(\bar{\mu}_{3x}^2 + \bar{\mu}_{3z}^2) = \frac{2\pi \xi^2}{3\mu_0} \frac{(\bar{q}_1 + \bar{\rho}_3)^3 (\bar{q}_2 - \bar{\rho}_3)^3}{(\bar{q}_1 + \bar{q}_2)^3} (m_1 \bar{q}_1^2 + m_2 \bar{q}_2^2 + m_3 \bar{\rho}_3^2) \tag{9-40}$$

情形 C:此时,各航天器磁矩满足线性关系 $\bar{\boldsymbol{\mu}}_1 + \bar{\rho}_{31}^3 / \bar{\rho}_{23}^3 \bar{\boldsymbol{\mu}}_2 + \bar{\rho}_{12}^3 / \bar{\rho}_{23}^3 \bar{\boldsymbol{\mu}}_3 = 0$,且有 $\bar{\mu}_{iy} = 0$。星间电磁力如式(9-24)所示,构形几何与磁矩关系满足式(9-32)以及式(9-33)。对于自旋不变构形,$\bar{\boldsymbol{\mu}}_2 = \bar{\boldsymbol{\mu}}_3$ 时磁矩满足

$$\bar{\mu}_{3x}^2 + \bar{\mu}_{3z}^2 = -\frac{4\pi m_1 \bar{q}_1 \xi^2}{3\mu_0} \frac{(\bar{q}_2 - \bar{\rho}_3)^3}{(\bar{q}_1 + \bar{q}_2)^3 + (\bar{q}_1 + \bar{\rho}_3)^3} \frac{(\bar{q}_1 + \bar{q}_2)^4 (\bar{q}_1 + \bar{\rho}_3)^4}{(\bar{q}_1 + \bar{q}_2)^4 + (\bar{q}_1 + \bar{\rho}_3)^4} \tag{9-41}$$

9.4　电磁编队三角形不变构形

不同于共线构形,三角形构形的电磁力矩模型非线性更强,无法得到相对平衡态条件的解析表达式,其可行磁矩的完备解空间求解十分困难,通常采用数值方法,如文献[2]提出两种关于求解磁偶极子多项式方程的数值方法,一种是牛顿法,一种是同伦延拓法。这里,首先基于角动量守恒条件确定三角形不变构形存在的必要物理与几何约束,然后根据特定的几何构形寻找满足相对平衡态条件的磁矩特解。

9.4.1 静态三角形构形

当三星电磁编队实现三角形静态编队构形时，各航天器上电磁力矩均为 0，代入角动量守恒条件可得

$$
\begin{cases}
0 = \bar{f}_{2z}^{EM} - \bar{f}_{3z}^{EM}, \quad 0 = \bar{f}_{1z}^{EM} - \bar{f}_{3z}^{EM} \\
0 = m_1 \bar{q}_1 (\bar{f}_{1y}^{EM} - \bar{f}_{3y}^{EM}) + m_2 \bar{q}_2 c_3 (\bar{f}_{2y}^{EM} - \bar{f}_{3y}^{EM}) + m_2 \bar{q}_2 s_3 (\bar{f}_{2x}^{EM} - \bar{f}_{3x}^{EM})
\end{cases}
\tag{9-42}
$$

1. 静态编队构形约束

由电磁编队实现静态编队的必要条件可知，任意三角形电磁编队的 z_B 轴在实现静态编队时必须与 $\mathcal{H}$ 系其中一个坐标轴重合，因此分别针对三航天器所在平面垂直于 $\mathcal{H}$ 系某一坐标轴进行分析。

当三星静态电磁编队位于轨道面内时，三角形平面垂直于 z_{CM} 轴，$\mathcal{B}$ 系与 $\mathcal{H}$ 系重合，可取 $\bar{q}_4 = \bar{q}_5 = \bar{q}_6 = 0$，则广义速率满足 $\bar{u}_6 = \omega_0$。代入动力学方程式(9-9)可以得到相对平衡态下各航天器上的地球引力加速度 $\bar{f}_i^g$ 以及合外力加速度 $\bar{f}_i$ 分别为

$$
\bar{f}_1^g = -\frac{\mu}{r_1^3}
\begin{bmatrix} r_{CM} + \bar{q}_1 \\ 0 \\ 0 \end{bmatrix}, \quad
\bar{f}_2^g = -\frac{\mu}{r_2^3}
\begin{bmatrix} r_{CM} + \bar{q}_2 c_3 \\ -\bar{q}_2 s_3 \\ 0 \end{bmatrix}
$$

$$
\bar{f}_3^g = -\frac{\mu}{r_3^3}
\begin{bmatrix} r_{CM} - m_1/m_3 \bar{q}_1 - m_2/m_3 \bar{q}_2 c_3 \\ m_2/m_3 \bar{q}_2 s_3 \\ 0 \end{bmatrix}
\tag{9-43}
$$

$$
\bar{f}_1 = \begin{bmatrix} \bar{\Sigma}_x - \bar{q}_1 \omega_0^2 \\ \bar{\Sigma}_y \\ 0 \end{bmatrix}, \quad
\bar{f}_2 = \begin{bmatrix} \bar{\Sigma}_x - \bar{q}_2 c_3 \omega_0^2 \\ \bar{\Sigma}_y + \bar{q}_2 s_3 \omega_0^2 \\ 0 \end{bmatrix}
$$

$$
\bar{f}_3 = \begin{bmatrix} \bar{\Sigma}_x + m_1/m_3 \bar{q}_1 \omega_0^2 + m_2/m_3 \bar{q}_2 c_3 \omega_0^2 \\ \bar{\Sigma}_y - m_2/m_3 \bar{q}_2 s_3 \omega_0^2 \\ 0 \end{bmatrix}
\tag{9-44}
$$

式中

$$
\bar{r}_1 = r_{CM} + \bar{q}_1, \quad \bar{r}_2 = \sqrt{r_{CM}^2 + 2 r_{CM} \bar{q}_2 c_3 + \bar{q}_2^2}
$$

$$
\bar{r}_3 = \sqrt{r_{CM}^2 - 2 r_{CM} \frac{m_1}{m_3} \bar{q}_1 - 2 r_{CM} \frac{m_2}{m_3} \bar{q}_2 c_3 + 2 \frac{m_1 m_2}{m_3^2} \bar{q}_1 \bar{q}_2 c_3 + \left(\frac{m_1}{m_3} \bar{q}_1\right)^2 + \left(\frac{m_2}{m_3} \bar{q}_2\right)^2}
$$

由 $\bar{f}_i^{EM} = \bar{f}_i - \bar{f}_i^g$ 可以得出相对平衡态下各航天器上的电磁力加速度，将 $\bar{f}_i^{EM}$ 代入式(9-42)，检验得到三角形静态编队存在条件为

$$
\bar{r}_2 = \bar{r}_3 \Rightarrow 2 m_3 r_{CM} [m_1 \bar{q}_1 + (m_2 + m_3) \bar{q}_2 c_3] = 2 m_1 m_2 \bar{q}_1 \bar{q}_2 c_3 + m_1^2 \bar{q}_1^2 + m_2^2 \bar{q}_2^2 - m_3^2 \bar{q}_2^2
\tag{9-45}
$$

很显然,航天器 2、3 距离地球质心等距分布。特别当 $m_1 \bar{q}_1 + (m_2 + m_3) \bar{q}_2 c_3 = 0$ 时,有 $\bar{q}_2 c_3 = -m_1/m_3 \bar{q}_1 - m_2/m_3 \bar{q}_2 c_3$,即 $\bar{\boldsymbol{\rho}}_2$、$\bar{\boldsymbol{\rho}}_3$ 在 x_B 轴上投影大小相等,因此此时的三角形构形应该是一个相对 x_B 轴对称的等腰三角形。进而化简式(9-45)右侧有 $m_2 = m_3$ 同时成立,即航天器 2、3 关于轨道径向等质量对称分布。对于三角形编队平面垂直于轨道切向分布,可以得到同样的结论。

若三角形构形垂直于轨道径向,当编队实现静态不变构形时 z_B 轴沿轨道径向。可令 $\bar{q}_4 = \pi/2, \bar{q}_5 = \bar{q}_6 = 0$,则有 $\bar{u}_4 = -\omega_0, \bar{u}_i = 0$。采用同样的推导过程得到

$$\begin{cases} \bar{r}_1 = \bar{r}_2 = \bar{r}_3 \\ m_1 \bar{q}_1 + (m_2 + m_3) \bar{q}_2 c_3 = 0 \end{cases} \Rightarrow \begin{cases} \bar{q}_1 = \bar{q}_2 \\ 2 m_1 m_2 c_3 = m_3^2 - m_1^2 - m_2^2 \end{cases} \quad (9\text{-}46)$$

式中

$$\bar{r}_1 = \sqrt{r_{CM}^2 + \bar{q}_1^2}, \quad \bar{r}_2 = \sqrt{r_{CM}^2 + \bar{q}_2^2}$$
$$\bar{r}_3 = \sqrt{r_{CM}^2 + 2 m_1 m_2 \bar{q}_1 \bar{q}_2 c_3 / m_3^2 + (m_1 \bar{q}_1/m_3)^2 + (m_2 \bar{q}_2/m_3)^2} \quad (9\text{-}47)$$

式(9-46)表明此时三航天器相对地球质心的距离相等,且构成等腰三角形;进一步验证同样有 $m_2 = m_3$ 成立,则航天器 2、3 相对 x_B 轴等质量对称分布。该构形条件相对(9-45)而言更为严格,同时要求 $\bar{q}_1 = \bar{q}_2$。

2. 特殊构形下的静态编队解

基于上述分析,为保持三星电磁编队相对 $\mathcal{H}$ 系呈静态编队,其构形必然为等腰三角形;然而这一条件仅仅是充分条件,不能证明是否存在可行的磁矩解。由角动量守恒条件式(9-42)可以看出,三航天器沿 z_B 轴的电磁力加速度相等,进而可得 $\bar{F}_{12z}^{EM} = \bar{F}_{23z}^{EM} = \bar{F}_{31z}^{EM}$。由于三角形构形下电磁力形式较为复杂,观察后可取 $\bar{\mu}_{iz} = 0$ 使得 $\bar{F}_{iz}^{EM} = 0$ 作为特解。下面基于这一假设寻找可行磁矩解。

结合 9.4.1 节分析结论,针对静态编队下的等腰三角形构形,假设其满足约束:$\bar{q}_1 = \bar{q}_2 = \bar{q}, m_2 = m_3, c_3 = -m_1/2m_2$,则各航天器相对位置矢量为

$$\boldsymbol{\rho}_1 = \bar{q}\,\hat{\boldsymbol{x}}_B, \quad \boldsymbol{\rho}_2 = \bar{q} c_3 \hat{\boldsymbol{x}}_B - \bar{q} s_3 \hat{\boldsymbol{y}}_B, \quad \boldsymbol{\rho}_3 = \bar{q} c_3 \hat{\boldsymbol{x}}_B + \bar{q} s_3 \hat{\boldsymbol{y}}_B \quad (9\text{-}48)$$

三星电磁编队垂直于轨道径向条件下的电磁力加速度计算为

$$\begin{cases} \bar{f}_{1x}^{EM} = \mu \bar{q}/\bar{r}_1^3 \\ \bar{f}_{1y}^{EM} = 0 \end{cases}, \quad \begin{cases} \bar{f}_{2x}^{EM} = \bar{\mu} \bar{q} c_3/\bar{r}_1^3 = c_3 \bar{f}_{1x}^{EM} \\ \bar{f}_{2y}^{EM} = \bar{q} s_3 \omega_0^2 - \mu \bar{q} s_3/\bar{r}_1^3 \end{cases}, \quad \begin{cases} \bar{f}_{3x}^{EM} = \bar{f}_{2x}^{EM} \\ \bar{f}_{3y}^{EM} = -\bar{f}_{2y}^{EM} \end{cases} \quad (9\text{-}49)$$

式中,$\bar{r}_1 = \sqrt{r_{CM}^2 + \bar{q}^2}$;$\bar{r}_2 = \bar{r}_3 = \bar{r}_1$,地球引力主要指向面外。对于三星编队位于轨道面内的情形,可以得到类似的表达式,同样满足 $\bar{f}_{1y}^{EM} = 0, \bar{f}_{3x}^{EM} = \bar{f}_{2x}^{EM}, \bar{f}_{3y}^{EM} = -\bar{f}_{2y}^{EM}$,此时地球引力主要作用于面内。两者空间受力情况如图 9.4 所示。

可以看出,三角形电磁静态编队下,航天器 1 对其他两航天器施加电磁斥力作用,而航天器 2、3 之间呈电磁引力作用;或前者呈引力作用,后者即呈斥力作

用。因此，作用于三星编队系统上的星间电磁力关于 x_B 轴对称，则相应的各磁矩也应满足同样的对称性。

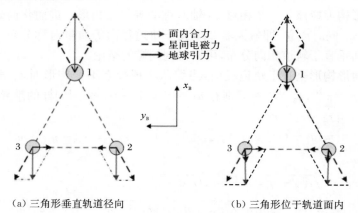

（a）三角形垂直轨道径向　　　　（b）三角形位于轨道面内

图 9.4　三星三角形电磁静态编队受力分析

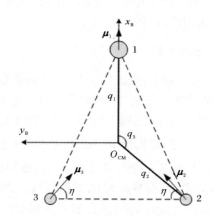

图 9.5　三星三角形静态不变构形磁矩配置

假设各航天器磁矩如图 9.5 所示配置，则 $\bar{\boldsymbol{\mu}}_i$ 在 $\mathcal{B}$ 系下投影写为

$$\bar{\boldsymbol{\mu}}_1 = \begin{bmatrix} \bar{\mu}_1 \\ 0 \\ 0 \end{bmatrix}, \quad \bar{\boldsymbol{\mu}}_2 = \begin{bmatrix} \bar{\mu}_2 \sin\eta \\ \bar{\mu}_2 \cos\eta \\ 0 \end{bmatrix}, \quad \bar{\boldsymbol{\mu}}_3 = \begin{bmatrix} \bar{\mu}_2 \sin\eta \\ -\bar{\mu}_2 \cos\eta \\ 0 \end{bmatrix} \qquad (9\text{-}50)$$

式中，$\bar{\mu}_i = |\bar{\boldsymbol{\mu}}_i|$；$\eta \in (0, \pi/2)$ 为 $\bar{\boldsymbol{\mu}}_i$ 指向与 y_B 轴之间所夹锐角。将式（9-50）代入 $\bar{\boldsymbol{\tau}}_i^{EM} = 0$，化简其分量表达式可得 $\bar{\mu}_i$ 满足关系式：

$$\bar{\mu}_2 = \bar{\mu}_3 = -\bar{\mu}_1 \frac{5\cos\eta - 7\cos(\bar{q}_3 - \eta) + 3\cos(2\bar{q}_3 - \eta) - \cos(\bar{q}_3 + \eta)}{4\sin 2\eta \sin^5(\bar{q}_3/2)} \sin^3 \bar{q}_3$$

$$(9\text{-}51)$$

对应的星间电磁力分别为

$$\begin{cases} \bar{\boldsymbol{F}}_{12}^{EM} = \begin{bmatrix} -\dfrac{3\mu_0\bar{\mu}_1\bar{\mu}_2\left(7\sin(\bar{q}_3-\eta)-5\sin(2\bar{q}_3-\eta)-\sin(\eta+\bar{q}_3)+3\sin\eta\right)}{512\pi\bar{q}^4\sin^5(\bar{q}_3/2)} \\ -\dfrac{3\mu_0\bar{\mu}_1\bar{\mu}_2\left(5\cos(\bar{q}_3-\eta)-5\cos(2\bar{q}_3-\eta)-\cos(\eta+\bar{q}_3)+\cos\eta\right)}{512\pi\bar{q}^4\sin^5(\bar{q}_3/2)} \\ 0 \end{bmatrix} \\[4ex] \bar{\boldsymbol{F}}_{23}^{EM} = \begin{bmatrix} 0 \\ \dfrac{3\mu_0\bar{\mu}_2\bar{\mu}_3\left(\sin^2\eta-2\right)}{64\pi\bar{q}^4\sin^4\bar{q}_3} \\ 0 \end{bmatrix}, \quad \bar{\boldsymbol{F}}_{31}^{EM} = \begin{bmatrix} -\bar{F}_{12x}^{EM} \\ \bar{F}_{12y}^{EM} \\ 0 \end{bmatrix} \end{cases}$$

$$(9\text{-}52)$$

此外,对 $1/\bar{r}_1^3$ 做一阶线性化近似,代入式(9-49)可知 $\bar{f}_{2y}^{EM}=(\bar{F}_{23y}^{EM}-\bar{F}_{12y}^{EM})/m_2\approx 0$,则 η 值可由式(9-51)和式(9-52)联立求解得到,其满足关系式

$$\sin\bar{q}_3\sin 2\eta\left[5\cos(\bar{q}_3-\eta)-5\cos(2\bar{q}_3-\eta)-\cos(\eta+\bar{q}_3)+\cos\eta\right]$$
$$=2(\sin^2\eta-2)\left[5\cos\eta-7\cos(\bar{q}_3-\eta)+3\cos(2\bar{q}_3-\eta)-\cos(\bar{q}_3+\eta)\right]$$

$$(9\text{-}53)$$

由此,式(9-51)~式(9-53)即给出当给定 $\bar{q}$、$\bar{q}_3$ 以及 $\bar{\mu}_1$ 时,等腰三角形三星静态电磁编队的不变构形解。η 角与夹角 $\bar{q}_3$ 的变化关系如图 9.6 所示,值得说明的是,η 并不等于 $\bar{q}_3/2$,即 $\bar{\mu}_2$、$\bar{\mu}_3$ 不指向航天器 1,仅在 $\bar{q}_3\approx 109.05°$ 时存在特例,这是由地球引力作用导致的。特别地,当 $\bar{q}_3=2\pi/3$ 时三星编队为等边三角形构形,且由 $c_3=-m_1/2m_2$ 可得 $m_1=m_2$,即三星质量相等,此时 $\eta\approx 58.345°$。相应地,由式(9-51)可得 $\bar{\mu}_i$ 之间的比例关系如图 9.7 所示;给定 $\bar{\mu}_1=10^5$ A·m²,$\bar{q}=15\text{m}$,由式(9-52)得到星间电磁力变化趋势如图 9.8 所示。

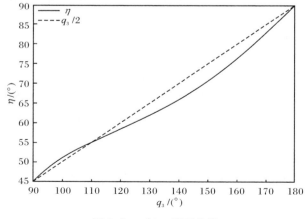

图 9.6　η 与 q_3 关系曲线

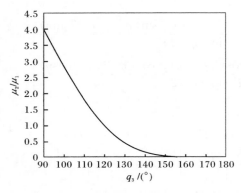

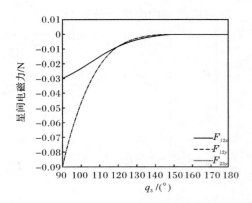

图 9.7 　静态三角形构形下 μ_2/μ_1 曲线　　　　图 9.8 　静态三角形构形下电磁力曲线

9.4.2 自旋三角形构形

对于三角形构形绕 z_B 轴自旋的情形,类似 9.4.1 节分析,这里分别考虑自旋平面在轨道面内,或者垂直于轨道径向。同样首先根据角动量守恒条件分析自旋编队不变构形存在的约束条件,再结合特定约束寻找可行的磁矩特解。

当三角形构形在轨道面内自旋时,令 $\xi = \xi \hat{z}_{CM} = \xi \hat{z}_B$,此时有 $\bar{q}_4 = \bar{q}_6 = 0, \bar{q}_5 \neq 0, \dot{q}_5 = \xi$,进而有 $\bar{u}_6 = \omega_0 + \xi$。则角动量守恒条件满足

$$\sum_{i=1}^{3} J_i \dot{\xi} = m_1 \bar{q}_1 (\bar{f}_{1y}^{EM} - \bar{f}_{3y}^{EM}) + m_2 \bar{q}_2 c_3 (\bar{f}_{2y}^{EM} - \bar{f}_{3y}^{EM}) + m_2 \bar{q}_2 s_3 (\bar{f}_{2x}^{EM} - \bar{f}_{3x}^{EM})$$

$$(9\text{-}54)$$

由于常值电磁力作用,式(9-54)成立当且仅当 $\dot{\xi} = 0$,即各航天器保持匀速自旋。进而基于 $\bar{f}_i^{EM} = \bar{f}_i - \bar{f}_i^g$ 计算各航天器电磁力加速度,重新代入角动量守恒条件得到

$$m_1 \bar{q}_1 s_5 \left(\frac{1}{r_3^3} - \frac{1}{r_1^3} \right) + m_2 \bar{q}_2 c_3 s_5 \left(\frac{1}{r_3^3} - \frac{1}{r_2^3} \right) + m_2 \bar{q}_2 s_3 c_5 \left(\frac{1}{r_2^3} - \frac{1}{r_3^3} \right) = 0 \quad (9\text{-}55)$$

考虑到 q_5 为时变量,则式(9-55)成立的充要条件为 $\bar{r}_1 = \bar{r}_2 = \bar{r}_3$。由于各航天器在轨道面内自旋,从几何意义即可看出 $\bar{r}_1$、$\bar{r}_2$、$\bar{r}_3$ 不可能彼此相等,即此时不存在可行的不变构形。实际上,轨道面内实时变化的地球引力使得各航天器无法提供维持匀速旋转所需的常值向心力,除非在深空环境下无地球引力作用,即仅由电磁力提供自旋向心力。

当三星编队绕轨道径向自旋时,z_B 轴与 x_{CM} 轴重合,自旋相对平衡态条件满足 $\bar{q}_4 = \pi/2, \bar{q}_6 = 0, \bar{q}_5 \neq 0, \dot{q}_5 \neq \xi$,进而有 $\bar{u}_4 = -\omega_0 c_5, \bar{u}_5 = \omega_0 s_5, \bar{u}_6 = \xi$。同样为满足角动量守恒条件,必然有 $\dot{\xi} = 0$ 成立。进而角动量守恒条件写为

$$\begin{cases} \mu r_{CM}\left(\dfrac{1}{\overline{r}_1^3}-\dfrac{1}{\overline{r}_3^3}\right)=\dfrac{m_2}{m_3}\overline{q}_2\omega_0\xi(c_3c_5+s_3s_5)+\dfrac{m_1+m_3}{m_3}\overline{q}_1\omega_0\xi c_5 \\[3mm] \mu r_{CM}\left(\dfrac{1}{\overline{r}_2^3}-\dfrac{1}{\overline{r}_3^3}\right)=\dfrac{m_2+m_3}{m_3}\overline{q}_2\omega_0\xi(c_3c_5+s_3s_5)+\dfrac{m_1}{m_3}\overline{q}_1\omega_0\xi c_5 \end{cases} \tag{9-56}$$

式中，$\overline{r}_i$ 表达式如式（9-47）所示。

很显然在当前构形下，$\overline{r}_i$ 为常值，则式（9-56）右侧为常值当且仅当 $\omega_0=0$ 成立，即不变构形存在的前提是电磁编队处于深空环境；进而有 $\overline{r}_1=\overline{r}_2=\overline{r}_3$ 成立。基于 $\overline{r}_i$ 表达式，按照 4.4.1 节中分析可得 $\overline{q}_1=\overline{q}_2$，$m_2=m_3$，此时三角形构形为相对 x_B 轴对称的等腰三角形。

考虑深空环境，则各航天器上电磁力提供等腰三角形构形以常值角速度 ξ 自旋所需的向心力。简便起见，这里仅给出 $\overline{\mu}_{iz}=0$ 时的磁矩特解。同样假设该三角形构形满足约束：$\overline{q}_1=\overline{q}_2=\overline{q}$，$m_2=m_3$，此时所需的电磁力加速度满足

$$\begin{cases} \overline{f}_{1x}^{EM}=-\overline{q}\xi^2 \\ \overline{f}_{1y}^{EM}=0 \end{cases},\quad \begin{cases} \overline{f}_{2x}^{EM}=-\overline{q}c_3\xi^2 \\ \overline{f}_{2y}^{EM}=\overline{q}s_3\xi^2 \end{cases},\quad \begin{cases} \overline{f}_{3x}^{EM}=\overline{f}_{2x}^{EM} \\ \overline{f}_{3y}^{EM}=-\overline{f}_{2y}^{EM} \end{cases} \tag{9-57}$$

式（9-57）表明各航天器上电磁力指向编队系统质心，则考虑配置航天器磁矩沿圆环首尾顺序相接，且满足 $\overline{\boldsymbol{\mu}}_i$ 垂直于 $\boldsymbol{\rho}_i$，如图 9.9 所示。则 $\overline{\boldsymbol{\mu}}_i$ 在 $\mathcal{B}$ 系下投影为

$$\overline{\boldsymbol{\mu}}_1=\begin{bmatrix} 0 \\ \overline{\mu}_1 \\ 0 \end{bmatrix},\quad \overline{\boldsymbol{\mu}}_2=\begin{bmatrix} \overline{\mu}_2\sin\overline{q}_3 \\ \overline{\mu}_2\cos\overline{q}_3 \\ 0 \end{bmatrix},\quad \overline{\boldsymbol{\mu}}_3=\begin{bmatrix} -\overline{\mu}_2\sin\overline{q}_3 \\ \overline{\mu}_2\cos\overline{q}_3 \\ 0 \end{bmatrix} \tag{9-58}$$

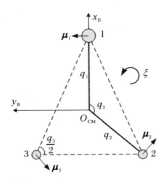

图 9.9　三星三角形自旋不变构形磁矩配置

将式（9-58）代入 $\overline{\boldsymbol{\tau}}_i^{EM}=0$，化简其分量表达式可得 $\overline{\mu}_i$ 满足关系式

$$\overline{\mu}_2=\overline{\mu}_3=-\frac{\sin^3\overline{q}_3}{2\cos\overline{q}_3\,\sin^3(\overline{q}_3/2)}\overline{\mu}_1 \tag{9-59}$$

对应的星间电磁力分别为

$$
\begin{cases}
\overline{\boldsymbol{F}}_{12}^{EM} = \begin{bmatrix} \dfrac{3\mu_0\overline{\mu}_1\overline{\mu}_2}{512\pi\overline{q}^4\sin^5(\overline{q}_3/2)}(\cos2\overline{q}_3+2\cos\overline{q}_3-5) \\[3mm] -\dfrac{3\mu_0\overline{\mu}_1\overline{\mu}_2}{128\pi\overline{q}^4\sin^5(\overline{q}_3/2)}\sin\overline{q}_3(1+\cos^2(\overline{q}_3/2)) \\[3mm] 0 \end{bmatrix} \\[15mm]
\overline{\boldsymbol{F}}_{23}^{EM} = \begin{bmatrix} 0 \\[2mm] -\dfrac{3\mu_0\overline{\mu}_2\overline{\mu}_3(\sin^2\overline{q}_3-2)}{64\pi\overline{q}^4\sin^4\overline{q}_3} \\[2mm] 0 \end{bmatrix}, \quad \overline{\boldsymbol{F}}_{31}^{EM} = \begin{bmatrix} -\overline{F}_{12x}^{EM} \\[2mm] \overline{F}_{12y}^{EM} \\[2mm] 0 \end{bmatrix}
\end{cases}
\tag{9-60}
$$

图 9.10、图 9.11 分别给出等腰三角形构形深空自旋条件下 $\overline{\mu}_i$ 之间的比例关系以及相应的星间电磁力变化曲线。特别地,当 $\overline{q}_3=2\pi/3$ 时,三角形构形简化为等边三角形,此时三个航天器质量相等,其磁矩满足 $\overline{\mu}_1=\overline{\mu}_2=\overline{\mu}_3$。

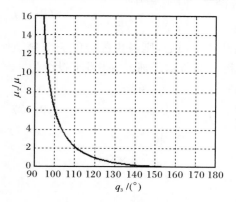

图 9.10　自旋三角形不变构形下 μ_2/μ_1 曲线

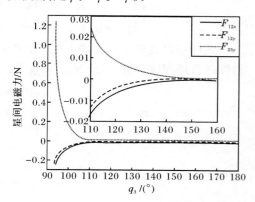

图 9.11　自旋三角形不变构形下电磁力曲线

到目前为止,已针对三星电磁编队共线构形以及三角形构形,分别给出其可行的静态/自旋不变构形解。然而这些不变构形的稳定性与能控性如何尚不可知,下面将针对这一问题进行讨论。

9.5　稳定性分析

为分析三星电磁编队不变构形的稳定性,需建立对应相对平衡态下的线性运动方程。基于 9.2 节针对共线构形以及三角形构形建立的非线性动力学模型,取状态变量为 $\boldsymbol{g}=[\boldsymbol{q}^{\mathrm{T}}\quad\boldsymbol{u}^{\mathrm{T}}]^{\mathrm{T}}$,控制变量为 $\boldsymbol{u}_{\mathrm{c}}=[\boldsymbol{F}_{12}^{EM}\quad\boldsymbol{F}_{23}^{EM}\quad\boldsymbol{F}_{31}^{EM}\quad\tau_1^{EM}\quad\tau_2^{EM}\quad\tau_3^{EM}]^{\mathrm{T}}$,同样考虑相对平衡态附近的小扰动 $\Delta\boldsymbol{q}$、$\Delta\boldsymbol{u}$、$\Delta\boldsymbol{u}_{\mathrm{c}}$,将非线性动力学方程在相对平衡态 $\overline{\boldsymbol{g}}$、$\overline{\boldsymbol{u}}_{\mathrm{c}}$ 处做一阶泰勒展开,可以得到如式(8-30)所示的线性动力学方程。

相比双星电磁编队,针对三星电磁编队得到的雅可比矩阵 $\boldsymbol{A}$、$\boldsymbol{B}$ 形式更为复杂,矩阵维数更大:其中共线构形下 $\boldsymbol{A}$、$\boldsymbol{B}$ 分别为 26×26 维与 26×18 维矩阵;三角形构形下 $\boldsymbol{A}$、$\boldsymbol{B}$ 分别为 30×30 维与 30×18 维矩阵。鉴于此,同样采用数值方法计算状态矩阵 $\boldsymbol{A}$ 的特征值来分析不同构形解的稳定性,再综合输入矩阵 $\boldsymbol{B}$ 评估其能控性。

对于静态不变构形,假定三星电磁编队质心沿高度为 $500\mathrm{km}$ 的圆轨道运动,取四种典型构形作为示例,构形参数如表 9.1 所示。

表 9.1　不同三星静态不变构形参数

构形类别	$\delta=m_1/m_3$	$\sigma=m_2/m_3$	$\chi=\bar{q}_1/\bar{q}_2$
切向分布共线构形	1.0	1.0	1.0
	0.5	4.750	1.5
法向分布共线构形	0.5	4.786	1.5
等边三角形构形	1.0	1.0	1.0

令 $\bar{q}_2=15\mathrm{m}$,$m_3=150\mathrm{kg}$,$J_3=20\mathrm{kg}\cdot\mathrm{m}^2$ 则其对应的特征值分布如图 9.12 所示。显然上述各静态不变构形均存在位于复平面右半平面的特征值,即系统开环不稳定,需要施加主动控制实现构形稳定。

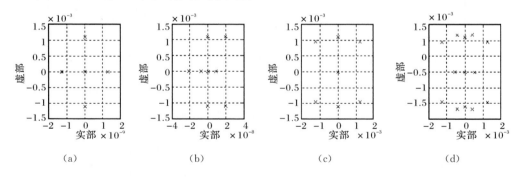

图 9.12　不同三星静态不变构形的开环极点

对于自旋不变构形,考虑运行于深空环境下的三星电磁编队。选取共线构形与三角形构形参数分别如表 9.1 中后两行数据所示。假设编队自旋角速度大小为 $\xi=2\pi\mathrm{rad/h}$,数值仿真过程中忽略外界扰动,考虑初始偏差 $\delta q_1=0.01\mathrm{m}$,$\delta q_2=0.02\mathrm{m}$,针对完全非线性动力学方程进行数值积分,则各航天器运动轨迹如图 9.13~图 9.15 所示,其中仅给出一个航天器的相对姿态运动曲线作为示意。显然上述各自旋不变构形同样是不稳定的,尤其共线构形相对平衡位置更快地发散。这是由于共线构形的不稳定特征值实部为 0.001745,而三角形构形不稳定特征值实部大小为 2.5×10^{-11}。

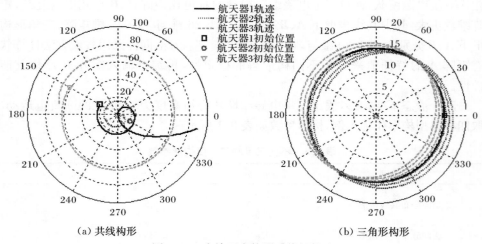

（a）共线构形　　　　　　　　　　　　（b）三角形构形

图 9.13　自旋不变构形受扰极轨迹

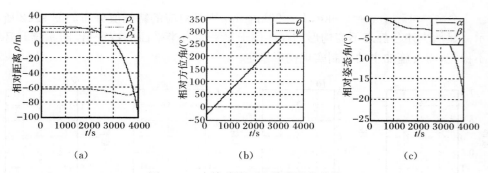

（a）　　　　　　　　　　　　（b）　　　　　　　　　　　　（c）

图 9.14　自旋共线不变构形状态曲线

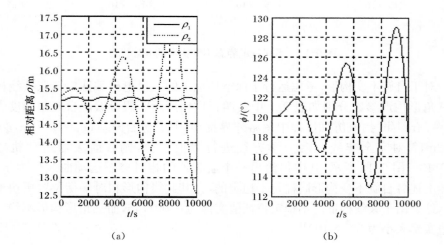

（a）　　　　　　　　　　　　　　　　　（b）

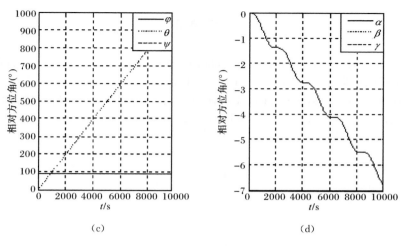

图 9.15　自旋等边三角形不变构形状态曲线

进一步，采用数值方法分析上述各不变构形的能控性，对于线性化系统，秩判据如式(8-34)所示。利用表 9.1 中给定的参数计算相应的雅可比矩阵 $\boldsymbol{A}$、$\boldsymbol{B}$，代入式(8-34)中，可计算得到共线构形与三角形构形能控性矩阵分别满足 rank$\boldsymbol{C}$＝26 与 rank$\boldsymbol{C}$＝30，即三星电磁编队系统在相对平衡态附近是完全能控的。

实际上，其他不变构形的开环极点与能控性可采用同样的方法进行判定。通过大量仿真得到，大多数不变构形是不稳定但能控的。然而前面给出的不变构形解集存在无穷多解，数值仿真无法完全遍历每一个可行构形，即无法保证是否存在某个不变构形是稳定的或临界稳定的；此外，为实现不变构形保持，必须施加主动磁矩控制策略。这些问题则是下一步研究的重点所在。

9.6　小　　结

本章分别针对三星电磁共线/三角不变构形，通过分析静态/自旋电磁编队的相对平衡态条件，给出不同编队下不变构形的存在条件、构形/磁矩解集及其稳定性结论。本章研究得出以下结论。

（1）常值磁矩作用下，切向分布与法向分布的三星共线编队存在静态不变构形的完备解析解集；类似地，自旋不变构形仅存在于深空环境，不变构形解集类似三星法向分布静态不变构形解。

（2）基于角动量守恒条件分析可知三角形电磁编队不变构形需满足等腰三角形约束。

（3）数值仿真表明，大多数三星电磁编队不变构形都是不稳定但能控的。

参 考 文 献

[1] Hussein I I, Schaub H. Invariant shape solutions of the spinning three craft Coulomb tether problem[J]. Celestial Mechanics and Dynamical Astronomy, 2006, 96(2): 137~157.
[2] Schweighart S A. Electromagnetic Formation Flight Dipole Solution Planning[D]. Cambridge: Massachusetts Institute of Technology, 2005.

第 10 章 电磁编队飞行控制

10.1 概 述

基于第 7～10 章的电磁编队飞行动力学研究成果,本章开展电磁编队飞行控制方法研究,包括针对相对平衡态的六自由度构形保持控制以及构形重构轨迹跟踪控制。

对于航天器电磁编队飞行,由于航天器间相对距离远大于电磁装置尺寸,根据第 2 章分析得出的星间电磁力/力矩远场模型成立条件可知其具有应用可行性。因此,在航天器电磁编队飞行控制设计中,重点考虑的问题是其动力学的强非线性及耦合性问题。另外,航天器编队飞行涵盖了编队构形保持和编队重构两类问题,需研究如何利用星间电磁力作用特性更好地实现航天器编队构形保持和重构控制。

本章基于相对平衡态结论开展期望编队构形设计,包括径向、切向、法向以及自旋平衡态构形,进而采用 ESO＋LQR 方法设计期望编队构形保持控制律并进行仿真分析;分析航天器电磁编队构形重构的状态、控制及碰撞避免约束,设计以电磁装置电能消耗及构形重构时间加权为指标的目标函数,并采用伪谱法开展重构标称轨迹优化设计,进而采用反馈线性化和自适应终端滑模的内外环组合策略设计期望轨迹跟踪控制律,并通过仿真算例予以验证。

10.2 六自由度构形保持控制

传统的航天器编队控制通常分为相对轨迹控制与相对姿态控制,并且在设计控制器时往往以某一方面为主,而将另一方面忽略或视为影响因素进行处理[1]。对于电磁编队飞行,星间电磁力与电磁力矩相互耦合,编队系统的轨迹与姿态动力学相互耦合;星间电磁力可认为是连续小推力作用,长时间控制使得轨迹/姿态运动之间的相互影响无法忽略;电磁力作用距离有限,几十米范围的紧密编队任务对编队构形的控制精度要求更高,与此同时还需要各航天器保持一定的姿态指向,以实现姿态同步。因此,电磁编队控制需要同时考虑相对轨迹/姿态耦合因素,开展 6-DOF 控制研究。

对于电磁编队保持,侧重于维持整个编队系统相对状态的期望时空关系,从

Kane 模型出发便于保持系统内部信息的高度一致性,利于开展姿/轨一体化控制;但庞大复杂的动力学方程使得控制律设计殊为不易,如果能利用线性控制理论预先解决电磁编队动力学的非线性问题进而再进行控制律设计,那么控制律设计与实现将大大简化。因此,引入相对平衡态理念,将期望构形设计为一类相对平衡态,进而利用电磁编队相对平衡态特性线性化动力学模型,再采用 ESO+LQR 策略设计构形保持控制律。

10.2.1 相对平衡态保持策略

电磁编队 6-DOF 保持问题实际上是关于标称状态的跟踪控制问题,其控制律由两部分组成:一为标称控制;二为偏差跟踪控制。

航天器编队的标称控制依赖于标称状态设计。前面基于 Kane 动力学模型,针对双星/三星电磁编队分别给出了相对平衡态下的静态/自旋编队构形解,其可作为电磁编队 6-DOF 保持控制的标称状态,进而得到相应的标称控制。

令 $g=[q^T\ \ u^T]^T$ 为状态变量,$u_c=[F_{ij}^{EM}\ \ \tau_i^c]^T$ 为控制变量,电磁编队在相对平衡态下满足标称电磁控制力矩 τ_i^{EM} 均等于 0,相对姿态角对应的广义速率 $\bar{u}_i$ 也均等于 0。基于相对平衡态条件,不失一般性可令各航天器相对姿态角 $\bar{\alpha}_i$、$\bar{\beta}_i$、$\bar{\gamma}_i$ 均等于 0。双星/三星电磁编队的标称状态与标称控制如表 10.1 和表 10.2 所示。

表 10.1　双星/三星电磁编队共线构形标称状态

编队数目	编队类型	静态编队		自旋编队
		径向/切向分布	法向分布	
双星	$\bar{g}$	$\bar{q}=[0\ \ 0\ \ \bar{\rho}\ \ \mathbf{0}_{1\times6}]^T$		$\bar{q}=[0\ \ \xi t\ \ \bar{\rho}\ \ \mathbf{0}_{1\times6}]^T$
		$\bar{u}=[\omega_0\ \ 0\ \ 0\ \ 0\ \ \mathbf{0}_{1\times6}]^T$	$\bar{u}=[0\ \ 0\ \ 0\ \ 0\ \ \mathbf{0}_{1\times6}]^T$	$\bar{u}=[0\ \ \xi\ \ 0\ \ \mathbf{0}_{1\times6}]^T$
	$\bar{u}_c$	$\bar{u}_c=[\bar{F}_{12x}^{EM}\ \ \bar{F}_{12y}^{EM}\ \ \bar{F}_{12z}^{EM}\ \ \mathbf{0}_{1\times6}]^T$		$\bar{u}_c=[\bar{F}_{12x}^{EM}\ \ 0\ \ 0\ \ \mathbf{0}_{1\times6}]^T$
三星	$\bar{g}$	$\bar{q}[\bar{\rho}_1\ \ \bar{\rho}_2\ \ 0\ \ 0\ \ \mathbf{0}_{1\times9}]^T$		$\bar{q}[\bar{\rho}_1\ \ \bar{\rho}_2\ \ \xi t\ \ \mathbf{0}_{1\times9}]^T$
		$\bar{u}=[0\ \ 0\ \ \omega_0\ \ 0\ \ \mathbf{0}_{1\times9}]^T$	$\bar{u}=[0\ \ 0\ \ 0\ \ 0\ \ \mathbf{0}_{1\times9}]^T$	$\bar{u}=[0\ \ 0\ \ 0\ \ \xi\ \ \mathbf{0}_{1\times9}]^T$
	$\bar{u}_c$	$\bar{u}_c=[\bar{F}_{12}^{EM}\ \ \bar{F}_{23}^{EM}\ \ \bar{F}_{31}^{EM}\ \ \mathbf{0}_{1\times3}\ \ \mathbf{0}_{1\times3}\ \ \mathbf{0}_{1\times3}]^T$		

表 10.2　三星电磁编队三角形构形标称状态

		静态编队	自旋编队
$\bar{g}$	轨道面内分布	$\bar{q}=[\bar{\rho}_1\ \ \bar{\rho}_2\ \ \bar{\phi}\ \ 0\ \ 0\ \ 0\ \ \mathbf{0}_{1\times9}]^T$	$\bar{q}=[\bar{\rho}_1\ \ \bar{\rho}_2\ \ \bar{\phi}\ \ 0\ \ \xi t\ \ 0\ \ \mathbf{0}_{1\times9}]^T$
		$\bar{u}=[0\ \ 0\ \ 0\ \ 0\ \ 0\ \ \omega_0\ \ \mathbf{0}_{1\times9}]^T$	$\bar{u}=[0\ \ 0\ \ 0\ \ 0\ \ 0\ \ \xi\ \ \mathbf{0}_{1\times9}]^T$

续表

		静态编队	自旋编队
$\bar{g}$	垂直轨道面分布	$\bar{q}=\begin{bmatrix}\bar{\rho}_1 & \bar{\rho}_2 & \bar{\phi} & \pi/2 & 0 & 0 & \mathbf{0}_{1\times 9}\end{bmatrix}^{\mathrm{T}}$ $\bar{u}=\begin{bmatrix}0 & 0 & 0 & -\omega_0 & 0 & 0 & \mathbf{0}_{1\times 9}\end{bmatrix}^{\mathrm{T}}$	$\bar{q}=\begin{bmatrix}\bar{\rho}_1 & \bar{\rho}_2 & \bar{\phi} & 0 & \xi t & 0 & \mathbf{0}_{1\times 9}\end{bmatrix}^{\mathrm{T}}$ $\bar{u}=\begin{bmatrix}0 & 0 & 0 & 0 & \xi & \mathbf{0}_{1\times 9}\end{bmatrix}^{\mathrm{T}}$
$\bar{u}_c$		$\bar{u}_c=\begin{bmatrix}\bar{F}_{12}^{EM} & \bar{F}_{23}^{EM} & \bar{F}_{31}^{EM} & \mathbf{0}_{1\times 3} & \mathbf{0}_{1\times 3} & \mathbf{0}_{1\times 3}\end{bmatrix}^{\mathrm{T}}$	

10.2.2　基于 LQR 及 ESO 的构形保持控制

Elias 等[2]通过研究表明,对于具有强非线性、耦合性的电磁编队系统,采用线性控制方法处理关于标称状态的跟踪控制问题是有效的。因此,基于前面建立的相对平衡态构形,可利用 LQR 方法设计最优控制器,实现特征点附近小偏差的稳定控制;此外,为增强系统对外界干扰以及模型不确定性的鲁棒抑制,考虑采用扩张状态观测器(extended state observer,ESO)对系统未建模动态及外界干扰的估计值进行补偿。控制框架如图 10.1 所示。

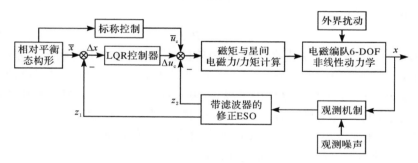

图 10.1　电磁编队构形保持控制框架

1. LQR 控制器

在利用 LQR 设计控制器之前,需要对系统的能控性进行分析。首先,给出连续时间线性时不变系统的能控性判据。连续时间线性时不变系统的状态方程为

$$\boldsymbol{X}=\boldsymbol{A}\boldsymbol{X}+\boldsymbol{B}\boldsymbol{u},\quad \boldsymbol{X}(0)=\boldsymbol{X}_0,\quad t\geqslant 0 \tag{10-1}$$

式中,$\boldsymbol{X}$ 为 n 维状态;$\boldsymbol{u}$ 为 p 维控制输入;$\boldsymbol{A}$ 和 $\boldsymbol{B}$ 为 $n\times n$ 和 $n\times p$ 常值矩阵。

1) 秩判据

构造能控性判别矩阵 $\boldsymbol{Q}_c$ 为

$$\boldsymbol{Q}_c=\begin{bmatrix}\boldsymbol{B} & \boldsymbol{AB} & \cdots & \boldsymbol{A}^{n-1}\boldsymbol{B}\end{bmatrix} \tag{10-2}$$

则系统完全能控的充要条件为 $\mathrm{rank}\boldsymbol{Q}_c=n$。

2) PBH 秩判据

系统完全能控的充要条件为

$$\text{rank}[s\boldsymbol{I}-\boldsymbol{A} \quad \boldsymbol{B}]=n \tag{10-3}$$

或

$$\text{rank}[\lambda_i\boldsymbol{I}-\boldsymbol{A} \quad \boldsymbol{B}]=n, \quad i=1,2,\cdots,n \tag{10-4}$$

式中,λ_i 为系统特征值。

在此基础上考虑无限时间时不变 LQR 问题,对象模型为

$$\begin{cases} \delta\dot{x} = A\delta x + B\delta\dot{x}u_c, \quad \delta x(0)=\delta x_0, \quad t\in[0,\infty) \\ J(u_c)=\displaystyle\int_0^\infty [\delta x^{\text{T}}(t)\boldsymbol{Q}\delta x(t)+\delta\boldsymbol{u}_c^{\text{T}}(t)\boldsymbol{R}\delta\boldsymbol{u}_c(t)]\text{d}t \end{cases} \tag{10-5}$$

式中,要求$\{\boldsymbol{A},\boldsymbol{B}\}$为完全能控;$\boldsymbol{R}=\boldsymbol{R}^{\text{T}}>\boldsymbol{0}$ 为 $p\times p$ 对称半正定控制权重矩阵;$\boldsymbol{Q}=\boldsymbol{Q}^{\text{T}}>\boldsymbol{0}$ 为 $n\times n$ 对称半正定状态权重矩阵。

则设计最优反馈控制 $\delta\boldsymbol{u}_c(t)$ 为

$$\delta\boldsymbol{u}_c(t)=-\boldsymbol{K}\delta\boldsymbol{x}(t)=-\boldsymbol{R}^{-1}\boldsymbol{B}^{\text{T}}\boldsymbol{P}\delta\boldsymbol{x}(t) \tag{10-6}$$

式中,$\boldsymbol{K}_{p\times n}$为状态增益矩阵;矩阵 $\boldsymbol{P}$ 为如下黎卡提矩阵方程的解阵:

$$\boldsymbol{A}^{\text{T}}\boldsymbol{P}+\boldsymbol{P}\boldsymbol{A}-\boldsymbol{P}\boldsymbol{B}\boldsymbol{R}^{-1}\boldsymbol{B}^{\text{T}}\boldsymbol{P}+\boldsymbol{Q}=0 \tag{10-7}$$

最优性能值 J^* 为

$$J^*=\delta\boldsymbol{x}_0^{\text{T}}\boldsymbol{P}\delta\boldsymbol{x}_0 \tag{10-8}$$

LQR 控制器设计的关键在于 $\boldsymbol{Q}$、$\boldsymbol{R}$ 矩阵的选取,其取决于对状态误差和控制能量的权衡。现阶段或者基于经验法[3],或者基于 Bryson 原则[4]进行设计,一般可设计 $\boldsymbol{Q}$、$\boldsymbol{R}$ 矩阵为对角阵:$\boldsymbol{Q}$ 中因子越大,表明对状态变量的重视程度越高,要求其误差越小,但会使控制量增大;$\boldsymbol{R}$ 中因子越大,表明该控制变量支付的代价越小,即控制加速度越小。由于 $\boldsymbol{Q}$、$\boldsymbol{R}$ 矩阵的取值与系统本身相关,需要根据实际情况下各变量的影响权重,通过反复迭代确定。

2. ESO 设计

基于 Kane 方法建立的电磁编队 6-DOF 模型可视为状态变量 $\boldsymbol{x}=[\boldsymbol{q}^{\text{T}} \quad \boldsymbol{u}^{\text{T}}]^{\text{T}}$ 的一阶系统,假设 Δ 为包含系统中所有的未知部分,$\boldsymbol{y}$ 为系统输出,$\boldsymbol{n}$ 为输出观测噪声。首先设计一阶低通滤波器 $\boldsymbol{y}_0=\boldsymbol{y}/(\tau s+1)$ 对系统输出进行滤波处理,其中 τ 为滤波器参数。取 $\boldsymbol{x}_1=\boldsymbol{x}$,$\boldsymbol{x}_2=\Delta$ 为系统扩张状态,则推导得到的扩张状态方程为

$$\begin{cases} \dot{\boldsymbol{x}}_1 = f(\boldsymbol{x}_1,\boldsymbol{u}_c)+\Delta \\ \boldsymbol{y}=\boldsymbol{x}_1+\boldsymbol{n} \end{cases} \Rightarrow \begin{cases} \dot{\boldsymbol{x}}_0 = \dfrac{\boldsymbol{x}_1-\boldsymbol{x}_0}{\tau} \\ \dot{\boldsymbol{x}}_1 = f(\boldsymbol{x}_1,\boldsymbol{u}_c)+\boldsymbol{x}_2 \\ \dot{\boldsymbol{x}}_2 = \boldsymbol{w}(t) \\ \boldsymbol{y}=\boldsymbol{x}_0 \end{cases} \tag{10-9}$$

式中，w 为外界扰动 Δ 变化率，其未知但有界。进而设计 ESO 模型为

$$\begin{cases} \boldsymbol{e}_0 = \boldsymbol{z}_0 - \boldsymbol{x}_0 \\ \dot{\boldsymbol{z}}_0 = \dfrac{\boldsymbol{z}_1 - \boldsymbol{z}_0}{\tau} - \beta_{00} \boldsymbol{e}_0 \\ \dot{\boldsymbol{z}}_1 = \boldsymbol{z}_2 + f(\boldsymbol{z}_1) + \boldsymbol{u}_c - \beta_{01} \mathbf{fal}(\boldsymbol{e}_0, \alpha_1, \delta_1) \\ \dot{\boldsymbol{z}}_2 = -\beta_{02} \mathbf{fal}(\boldsymbol{e}_0, \alpha_2, \delta_2) \end{cases} \tag{10-10}$$

式中，$z_i(i=0,1,2)$ 为状态 $\boldsymbol{x}_i$ 的估计值；β_{00}、β_{01}、β_{02} 为待整定 ESO 参数；$\mathbf{fal}(\boldsymbol{e}, \alpha_i, \delta)$ 为分段幂次函数，定义为

$$\mathbf{fal}(\boldsymbol{e}, \alpha_i, \delta) = \begin{cases} \| \boldsymbol{e} \|^{\alpha_i} \mathrm{sgn}(\boldsymbol{e}), & \| \boldsymbol{e} \| > \delta \\ \dfrac{\boldsymbol{e}}{\delta^{1-\alpha_i}}, & \| \boldsymbol{e} \| \leqslant \delta \end{cases} \tag{10-11}$$

式中，α_i、δ 为待整定参数，满足 $0 < \alpha_i < 1, \delta > 0$，一般可取 $\alpha_i = 1/2^i$。函数 $\mathbf{fal}(\boldsymbol{e}, \alpha_i, \delta)$ 的特性决定了 ESO 是连续非光滑的，其可避免高频颤振现象出现[5]。

10.2.3　仿真算例

1. 双星电磁编队保持

首先针对双星电磁编队沿轨道径向、切向与法向分布三种相对平衡态构形，分别进行闭环控制仿真。设双星电磁编队质心沿高度 500km 的圆轨道运行，两航天器质心间期望距离为 $\bar{\rho} = 15\mathrm{m}, m_1 = m_2 = 150\mathrm{kg}, J_1 = J_2 = 20\mathrm{kg} \cdot \mathrm{m}^2$；设计电磁线圈最大磁矩为 $\mu_{\max} = 10^5 \mathrm{A} \cdot \mathrm{m}^2$；反作用飞轮最大输出力矩为 $\tau_{\max}^c = 0.05\mathrm{N} \cdot \mathrm{m}$。仿真设计中在各通道加入初始偏差和过程噪声，其中，设方位角/角速度初始偏差为 $(-4°, -4°)$ 和 $(0.03°/\mathrm{s}, 0.02°/\mathrm{s})$，星间距离/速度初始偏差为 $1.5\mathrm{m}$ 和 $-0.02\mathrm{m/s}$，航天器 1 相对姿态角/角速度初始偏差为 $(5°, -3°, 2°)$ 和 $(-0.01°/\mathrm{s}, 0.02°/\mathrm{s}, -0.03°/\mathrm{s})$，航天器 2 相对姿态角/角速度初始偏差为 $(-3°, 5°, -2°)$ 和 $(0.01°/\mathrm{s}, -0.03°/\mathrm{s}, 0.02°/\mathrm{s})$；过程噪声包括外界干扰力与干扰力矩影响，主要由 J_2 项摄动以及地球磁场作用引起，考虑轨道运动的周期性变化，设计外界干扰力与干扰力矩为以 Ω 为周期的正弦噪声，方差分别为 $\sigma_F = 10^{-3}\mathrm{N}, \sigma_\tau = 10^{-2}\mathrm{N} \cdot \mathrm{m}$；设计观测噪声为零均值高斯白噪声，其中欧拉角以及星间距离的方差分别为 $\sigma_{\mathrm{Eul}} = 10^{-3}\mathrm{rad}, \sigma_{\mathrm{sep}} = 10^{-2}\mathrm{m}$。

对于双星电磁编队，LQR 控制器参数设计为

$$\begin{cases} \boldsymbol{Q} = \mathrm{diag}\{50, 50, 1, 50, 50, 50, 50, 50, 50, 1, 1, 1, 1, 1, 1, 1, 1, 1\} \\ \boldsymbol{R} = \mathrm{diag}\{10^2, 10^2, 10^2, 10, 10, 10, 10, 10, 10\} \end{cases}$$

$$\tag{10-12}$$

ESO 参数设计为

$$\beta_{00}=150, \quad \beta_{01}=300, \quad \beta_{02}=800, \quad \alpha_1=0.5, \quad \alpha_2=0.25, \quad \delta=0.01, \quad \lambda=0.2$$

$$(10\text{-}13)$$

简便起见，假设两航天器磁矩对应相等，则静态编队保持仿真结果如图 10.2～图 10.5 所示，由于各平衡态构形下系统的相对轨迹/姿态运动仿真曲线变化趋势差别不大，限于篇幅这里仅给出双星径向分布运动曲线图 10.2 作为示意。

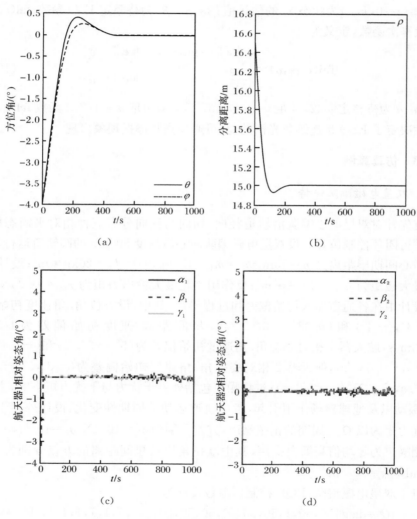

图 10.2　双星静态编队相对轨迹/姿态运动曲线

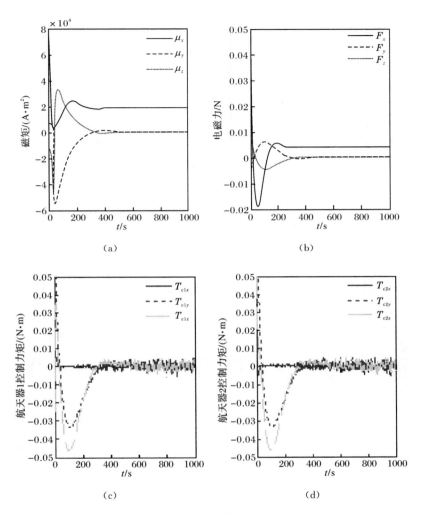

图 10.3　双星编队径向分布控制曲线

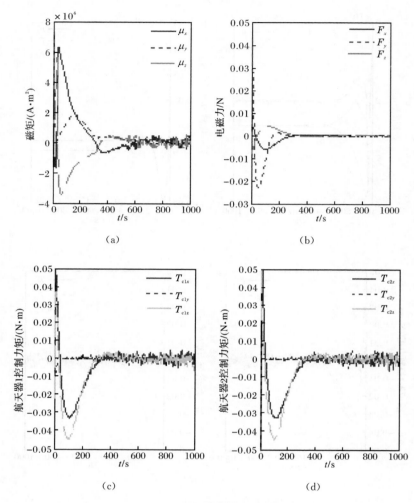

图 10.4　双星编队切向分布控制曲线

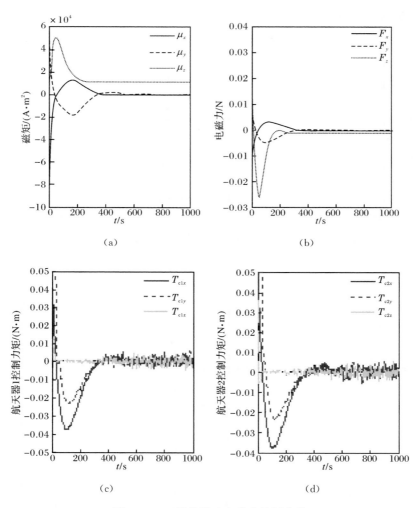

图 10.5　双星编队法向分布控制曲线

双星电磁编队深空自旋时,地磁场影响可忽略,干扰力矩较小,则设其方差为 $\sigma_\tau = 10^{-3} \mathrm{N} \cdot \mathrm{m}$。假设编队自旋角速度为 $\xi = 0.0011 \mathrm{rad/s}$,其他仿真参数不变,则仿真结果如图 10.6 和图 10.7 所示。

分析仿真结果可知,基于 LQR+ESO 设计的线性反馈控制器,电磁编队的相对轨迹/姿态运动均能较快稳定到期望平衡态,实现期望的静态/自旋编队飞行,跟踪误差较小;各平衡态构形下的控制律对外界干扰具有较好的鲁棒性,控制曲线符合对应的控制特性;电磁线圈磁矩与反作用飞轮输出力矩满足控制约束;为抵消观测噪声以及外界干扰作用,控制所需的磁矩以及控制力矩变化曲线在小范围内抖动,符合实际情况。

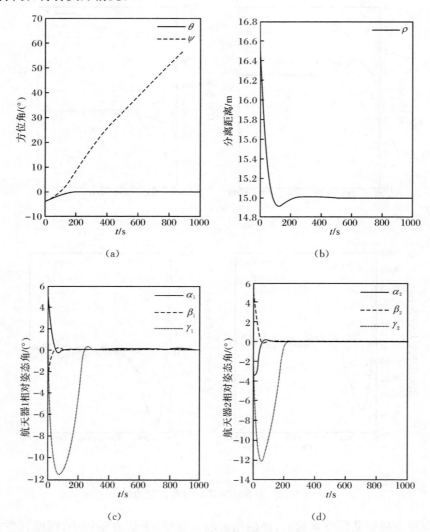

图 10.6　双星自旋编队相对轨迹/姿态运动曲线

2. 三星电磁编队保持

仅以三角形编队为例开展三星电磁编队保持控制仿真。考虑轨道面内的等边三角形静态电磁编队构形,设 $\bar{\rho}_1 = \bar{\rho}_2 = 10\text{m}$, $\bar{\rho}_3 = 2\pi/3$, $m_i = 150\text{kg}$, $J_i = 20\text{kg} \cdot \text{m}^2$。同样仿真中在各通道加入初始偏差和过程噪声,其中,航天器 1 距离/速度初始偏差为 1m 和 -0.02m/s,航天器 2 距离/速度初始偏差为 -1m 和 0.03m/s,构形夹

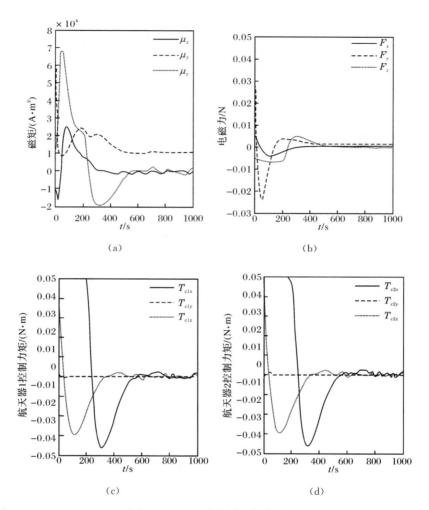

图 10.7　双星自旋编队控制曲线

角/角速度初始偏差为 $-4°$ 和 $0.02°/s$，方位角/角速度初始偏差为 $(-3°,3°,-2°)$ 和 $(0.01°/s,-0.02°/s,0.01°/s)$，各航天器相对姿态角/角速度初始偏差为 $(5°,-3°,2°)$ 和 $(-0.01°/s,0.02°/s,-0.03°/s)$、$(-3°,5°,-2°)$ 和 $(0.01°/s,-0.03°/s,0.02°/s)$、$(3°,-2°,5°)$ 和 $(-0.02°/s,0.01°/s,-0.02°/s)$；过程噪声包括外界干扰力与干扰力矩影响，设计参数与前节相同。

对于三角形电磁编队，LQR 控制器参数设计为

$$\boldsymbol{Q} = \mathrm{diag}\{\boldsymbol{Q}_i\} = \mathrm{diag}\left\{5,5,\underbrace{10^3,\cdots,10^3}_{i=3,4,5,6},\underbrace{10^5,\cdots,10^5}_{i=7,8,\cdots,15},\underbrace{5,\cdots,5}_{i=16,17,\cdots,30}\right\}$$

$$\boldsymbol{R} = \mathrm{diag}\{R_i\} = \mathrm{diag}\left\{\underbrace{2\times10^4,\cdots,2\times10^4}_{i=1,2,\cdots,9},\underbrace{10^4,\cdots,10^4}_{i=10,11,\cdots,18}\right\} \quad (10\text{-}14)$$

其他仿真参数不变,得到静态三角形电磁编队 6-DOF 保持仿真结果如图 10.8～图 10.10 所示,限于篇幅,图 10.8 中仅给出航天器 1 相对姿态曲线作为示意。图 10.9 与图 10.10 分别给出三角形编队构形以及各航天器相对姿态指向变化曲线,在鲁棒反馈控制律作用下编队最终收敛并稳定保持在期望构形与期望姿态指向。

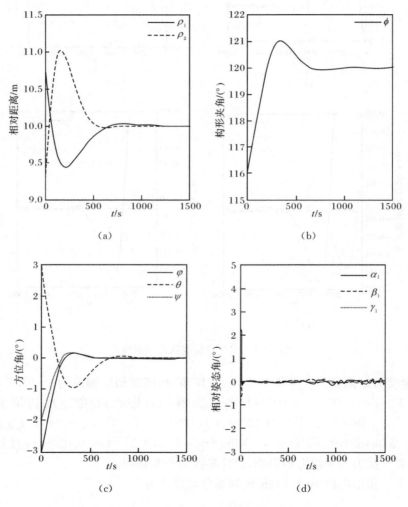

图 10.8　三星三角形编队相对轨迹/姿态运动曲线

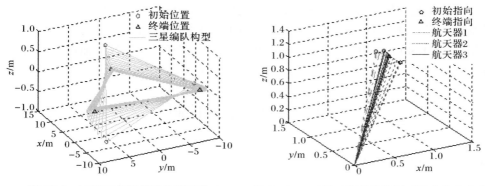

图 10.9　三星三角形编队构形变化　　　图 10.10　三星三角形编队相对姿态指向变化

对应得到三星电磁编队 6-DOF 保持控制曲线分别如图 10.11 和图 10.12 所示。相对双星电磁编队,三星编队星间距离更大,相同大小磁矩下的电磁力作用相对减弱,收敛到标称构形的时间更长;同时,由于星间电磁力矩影响更大,姿态稳定所需控制力矩也相应增大。

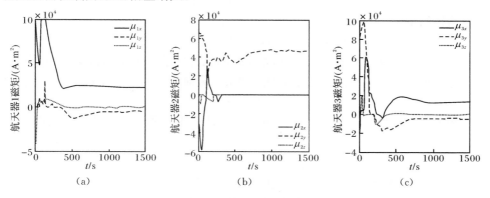

图 10.11　三星三角形编队控制磁矩曲线

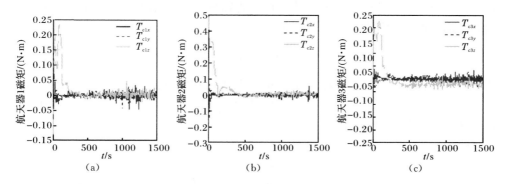

图 10.12　三星三角形编队控制力矩曲线

综上所述,基于 LQR＋ESO 设计的线性反馈控制器对于处理电磁编队相对平衡态构形 6-DOF 保持问题是有效的。由于 LQR 方法设计简单,便于实际控制应用;此外 ESO 可较好地估计系统运动状态以及模型偏差,有效增强控制器的鲁棒性。

10.3　构形重构控制

10.3.1　重构轨迹规划

电磁编队飞行构形重构的轨迹规划问题表述为含状态和控制约束的非线性最优控制问题:确定控制输入 $u(t)\in\mathbb{R}^m$,使性能指标 $J=F(\boldsymbol{x}_0,t_0;\boldsymbol{x}_f,t_f)$ 最小且满足 7.2 节推导的动力学方程

$$\dot{\boldsymbol{x}}=\boldsymbol{f}(\boldsymbol{x}(t),\boldsymbol{u}(t),t),\quad t\in[t_0,t_f] \tag{10-15}$$

与边界条件

$$\boldsymbol{H}(\boldsymbol{x}_0,t_0;\boldsymbol{x}_f;t_f)=\boldsymbol{0} \tag{10-16}$$

以及路径约束

$$\boldsymbol{C}(\boldsymbol{x}(t),\boldsymbol{u}(t),t)\leqslant 0,\quad t\in[t_0,t_f] \tag{10-17}$$

式中,$\boldsymbol{x}_0=\boldsymbol{x}(t_0)$,$\boldsymbol{x}_f=\boldsymbol{x}(t_f)$ 分别为初始及终端状态变量,t_0 固定,t_f 固定或自由。

电磁编队构形重构需满足控制输入约束及碰撞避免约束。控制输入约束为

$$\mu(t)\leqslant\mu_{max} \tag{10-18}$$

构形调整过程中,为避免发生碰撞,任意时刻任意两个航天器间相对距离需满足

$$\rho_{ij}(t)\geqslant\rho_{min},\quad i,j=1,2,\cdots,N;i\neq j \tag{10-19}$$

式中,$\rho_{ij}(t)$ 为 t 时刻航天器 i 与 j 之间的相对距离。

尽管电磁编队飞行不消耗推进剂,但电磁线圈需依靠星上蓄电池驱动工作,且高温超导线圈冷却装置、星上计算机等也需要消耗有限的电能,因此选取电磁线圈所消耗的电能作为性能指标,即

$$J_1=\int_{t_0}^{t_f}\sum_{i=1}^N P_i(t)\mathrm{d}t \tag{10-20}$$

式中,P_i 表示航天器 i 上电磁线圈的功耗,其表达式如下:

$$P_i=U_i I_i \tag{10-21}$$

式中,U_i 为稳定的电压。

式(10-21)进一步整理为

$$P_i=\sum_{k=1}^{q_i}\frac{U_{ik}}{n_{ik}A_{ik}}\mu_{ik}\triangleq\sum_{k=1}^q K_{ik}\mu_{ik} \tag{10-22}$$

式中，q_i 为航天器 i 上总的电磁线圈个数；对于给定的电磁线圈，参数 K_i 为常数。假设电磁编队系统中所有电磁线圈的参数一致，则忽略参数 K_i 不影响轨迹优化的效果，性能指标可整理为

$$J_1 = \int_{t_0}^{t_f} \sum_{i=1}^{N} \sum_{k=1}^{q_i} \mu_{ik}(t) \, \mathrm{d}t \tag{10-23}$$

考虑电磁编队构形重构的能量与时间综合优化，性能指标可表示为

$$J = W_t t_f + W_e \int_{t_0}^{t_f} \sum_{i=1}^{N} \sum_{k=1}^{q_i} \mu_{ik}(t) \, \mathrm{d}t \tag{10-24}$$

式中，W_t 和 W_e 为权重系数。

10.3.2　基于伪谱法的最优构形重构控制

1. 标称轨迹优化

星间电磁力作用的航天器相对运动模型复杂，难以直接由最优控制基本理论推导出构形重构轨迹优化问题的解析解。随着计算机技术的发展，数值计算方法被广泛应用。本节主要讨论采用 Radau 伪谱法求解电磁编队构形重构的标称轨迹优化问题。

Radau 伪谱法将状态变量和控制输入在一系列点上离散，并以这些离散点为节点构造 Lagrange 插值多项式近似状态变量和控制输入。通过对全局插值多项式求导来近似状态变量对时间的导数，从而将微分动力学约束转换为一组代数约束；采用 Gauss-Radau 积分法近似性能指标中的积分项，从而将最优控制问题转换为非线性规划问题求解。

1）时域变换

最优控制问题的时间区间为 $[t_0, t_f]$，而采用 Radau 伪谱法需要将时间区间转换到 $[-1, 1]$，因此对时间变量 t 作如下变换：

$$\tau = \frac{2t}{t_f - t_0} - \frac{t_f + t_0}{t_f - t_0} \tag{10-25}$$

2）全局插值多项式近似状态与控制变量

记 $P_N(\tau)$ 为 N 阶 Legendre 多项式：

$$P_N(\tau) = \frac{1}{2^N N!} \frac{\mathrm{d}^N}{\mathrm{d}\tau^N} \left[(\tau^2 - 1)^N \right], \quad N = 0, 1, 2, \cdots \tag{10-26}$$

则 N 阶 LGR 点 $\{\tau_1, \tau_2, \cdots, \tau_N\}$ 定义为多项式 $P_{N-1}(\tau) + P_N(\tau)$ 的根，分布在半闭区间 $\tau \in [-1, 1)$ 或 $\tau \in (-1, 1]$ 上，其中包含端点 $\tau = -1$ 的 LGR 点称为标准 LGR 点，包含端点 $\tau = 1$ 的 LGR 点称为 flipped LGR 点。

选择 N 阶标准 LGR 点 $\{\tau_1 = -1, \tau_2, \cdots, \tau_N < 1\}$，并增加点 $\tau_{N+1} = 1$ 作为插值节点，利用 Lagrange 全局插值多项式近似表示状态变量 $\boldsymbol{x}$ 为

$$x(\tau) \approx x^N(\tau) = \sum_{i=1}^{N+1} x(\tau_i) L_i(\tau) \tag{10-27}$$

式中,$x(\tau_i)$表示状态变量在插值节点 $\tau_i (i=1,2,\cdots,N+1)$处的取值;$L_i(\tau)$为Lagrange插值基函数

$$L_i(\tau) = \prod_{j=1, j \neq i}^{N+1} \frac{\tau - \tau_j}{\tau_i - \tau_j} \tag{10-28}$$

由 Lagrange 插值多项式特性可知插值基函数式(10-28)满足:

$$L_i(\tau_j) = \begin{cases} 1, & i=j \\ 0, & i \neq j \end{cases}, \quad i,j=1,2,\cdots,N+1 \tag{10-29}$$

因此,插值节点处状态变量的近似值与实际值相等。

Radau 伪谱法需要利用标准 LGR 点处的控制变量,且无需控制输入的导数信息,因此对控制输入近似的要求较状态变量低。为了形式上的统一,仍采用Lagrange全局插值多项式近似控制变量:

$$u(\tau) \approx u^N(\tau) = \sum_{i=1}^{N} u(\tau_i) L_i(\tau) \tag{10-30}$$

3) 近似状态变量的导数

状态变量 x 对变量 τ 的导数$\dot{x}(\tau)$可通过对式(10-27)求导来近似:

$$\dot{x}(\tau) \approx \dot{x}^N(\tau) = \sum_{i=1}^{N+1} x(\tau_i) \dot{L}_i(\tau) \tag{10-31}$$

在 LGR 点 $\tau_k (k=1,2,\cdots,N)$处,式(10-31)可写为

$$\dot{x}(\tau_k) \approx \dot{x}^N(\tau_k) = \sum_{i=1}^{N+1} x(\tau_i) \dot{L}_i(\tau_k) = \sum_{i=1}^{N+1} D_{ki} x(\tau_i) \tag{10-32}$$

式中,$D := [D_{ki}] = \dot{L}_i(\tau_k)$为 $N \times (N+1)$维的 Radau 微分矩阵。

将式(10-32)代入动力学方程$\dot{x}(\tau) = f(x(\tau), u(\tau); t_0, t_f)$,得到状态变量在配点(标准 LGR 点)上应满足的代数约束:

$$\sum_{i=1}^{N+1} D_{ki} x(\tau_i) - \frac{t_f - t_0}{2} f(x(\tau_k), u(\tau_k), \tau, t_0, t_f) = 0, \quad k = 1,2,\cdots,N$$

$$\tag{10-33}$$

同理,配点处的路径约束可表示为

$$g_{\min} \leqslant g(x(\tau_k), u(\tau_k), \tau, t_0, t_f) \leqslant g_{\max} \tag{10-34}$$

4) 近似积分型性能指标

以 N 个标准 LGR 点 $\tau_k (k=1,2,\cdots,N)$为积分节点,采用 Gauss-Radau 积分法则近似性能指标函数中的积分项得

$$J \approx J^N = M(x^N(-1), x^N(1), t_0, t_f) + \frac{t_f - t_0}{2} \sum_{k=1}^{N} w_k g(x(\tau_k), u(\tau_k), \tau_k; t_0, t_f)$$

$$\tag{10-35}$$

式中，$w_k(k=1,2,\cdots,N)$ 为标准 LGR 点处的积分权系数：

$$\omega_k = \frac{1-\tau_k}{N^2\left[P_{N-1}(\tau_k)\right]^2} \tag{10-36}$$

基于上述数值近似方法，Radau 伪谱法将一般连续最优控制问题转换为如下非线性规划问题：确定决策变量

$$\begin{cases} \boldsymbol{x}(\tau_i)\in\mathbb{R}^n, & i=1,\cdots,N+1 \\ \boldsymbol{u}(\tau_k)\in\mathbb{R}^m, & k=1,\cdots,N \\ t_0,t_f\in\mathbb{R} \end{cases} \tag{10-37}$$

使得式(10-35)所示性能函数最优，且满足约束条件：

$$\sum_{i=1}^{N+1}\boldsymbol{D}_{ki}\boldsymbol{x}(\tau_i)-\frac{t_f-t_0}{2}\boldsymbol{f}(\boldsymbol{x}(\tau_k),\boldsymbol{u}(\tau_k),\tau,t_0,t_f)=0, \quad k=1,\cdots,N$$

$$\tag{10-38}$$

$$\boldsymbol{g}_{\min}\leqslant\boldsymbol{g}(\boldsymbol{x}(\tau_k),\boldsymbol{u}(\tau_k),\tau,t_0,t_f)\leqslant\boldsymbol{g}_{\max}, \quad k=1,\cdots,N \tag{10-39}$$

$$\boldsymbol{h}(x(-1),x(1);t_0,t_f)=0 \tag{10-40}$$

对于转换所得的非线性规划问题，可采用序列二次规划算法求解。

2. 轨迹跟踪控制

基于 7.2 节所建立动力学模型，定义系统状态变量 $\boldsymbol{X}$ 与输入 $\boldsymbol{u}$ 为

$$\boldsymbol{X}=\begin{bmatrix}\rho & \alpha & \beta\end{bmatrix}^{\mathrm{T}}\triangleq\begin{bmatrix}x_1 & x_2 & x_3\end{bmatrix}^{\mathrm{T}}$$

$$\boldsymbol{u}=\frac{1}{M}\begin{bmatrix}F_\rho & F_\alpha & F_\beta\end{bmatrix}^{\mathrm{T}}\triangleq\begin{bmatrix}u_1 & u_2 & u_3\end{bmatrix}^{\mathrm{T}}$$

则系统模型可表示为

$$\begin{cases} \ddot{\boldsymbol{X}}=\boldsymbol{F}(\boldsymbol{X},\dot{\boldsymbol{X}},\boldsymbol{\Omega})+\boldsymbol{G}(\boldsymbol{X})\boldsymbol{u} \\ \boldsymbol{Y}=\boldsymbol{X} \end{cases} \tag{10-41}$$

式中

$$\boldsymbol{F}(\boldsymbol{X})=\begin{bmatrix}f_1 & f_2 & f_3\end{bmatrix}^{\mathrm{T}}$$

$$f_1=x_1\left[(x_5+\Omega)^2\cos^2 x_3+x_6^2+(3\cos^2 x_2\cos^2 x_3-1)\Omega^2\right]$$

$$f_2=-2(x_5+\Omega)\left(\frac{x_4}{x_1}-x_6\tan x_3\right)-3\Omega^2\cos x_2\sin x_2$$

$$f_3=-2\frac{x_4}{x_1}x_6-\left[(x_5+\Omega)^2+3\Omega^2\cos^2 x_2\right]\cos x_3\sin x_3$$

$$\boldsymbol{G}(\boldsymbol{X})=\begin{bmatrix}g_1(x),g_2(x),g_3(x)\end{bmatrix}$$

$$g_1(x)=\begin{bmatrix}1 & 0 & 0\end{bmatrix}^{\mathrm{T}}, \quad g_2(x)=\begin{bmatrix}0 & 1/(x_1\cos^2 x_3) & 0\end{bmatrix}^{\mathrm{T}}$$

$$g_3(x)=\begin{bmatrix}0 & 0 & 1/x_1\end{bmatrix}$$

在电磁编队成员航天器的相对距离范围内，编队系统所受的环境摄动力可视

为有界小量[6]。此外,当电磁线圈间相对距离大于线圈半径的一定倍数时,远程电磁力模型误差不超过 10%,因此本节将外界摄动与模型不确定性的影响等效为有界总和扰动 $\boldsymbol{W}$ 分量,则系统动力学方程可表示为

$$\begin{cases} \ddot{\boldsymbol{X}} = \boldsymbol{F}(\boldsymbol{X}, \dot{\boldsymbol{X}}, \boldsymbol{\Omega}) + \boldsymbol{W} + \boldsymbol{G}(\boldsymbol{X})\boldsymbol{u} \\ \boldsymbol{Y} = \boldsymbol{X} \end{cases} \tag{10-42}$$

式中,$\boldsymbol{W}$ 的分量 w_i 满足 $|w_i| \leqslant p_i (i=1,2,3)$。

考虑电磁编队飞行动力学模型的强非线性与不确定性,本书提出基于反馈线性化和自适应终端滑模控制方法的内外环组合控制策略,如图 10.13 所示,其中内环基于非线性状态反馈实现输入-输出线性化,外环采用滑模变结构控制方法对模型不确定性与外界干扰进行处理,并引入自适应调节律,提高控制系统的鲁棒性。

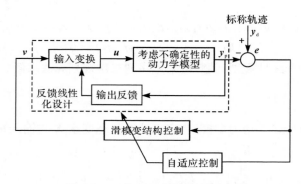

图 10.13　轨迹跟踪控制结构框图

1) 反馈线性化设计

系统式(10-41)的输入与输出维数相同,且各输出的相对阶为 $r_1 = r_2 = r_3 = 2$,系统为最小相位系统,不存在内动态子系统[6]。根据非线性系统反馈线性化的一般方法,首先推导系统输出的二阶导数:

$$\ddot{\boldsymbol{Y}} = \boldsymbol{F}(\boldsymbol{X}, \dot{\boldsymbol{X}}, \boldsymbol{\Omega}) + \boldsymbol{G}(\boldsymbol{X})\boldsymbol{u} \tag{10-43}$$

式中,$\boldsymbol{G}(\boldsymbol{X})$ 在 $x_1 \neq 0, x_3 \neq \pm\dfrac{\pi}{2}$ 的范围内均为非奇异的。为实现输入输出线性化,设计状态反馈控制:

$$\boldsymbol{u} = \boldsymbol{G}^{-1}(-\boldsymbol{F} + \boldsymbol{v}) \triangleq \boldsymbol{H}(-\boldsymbol{F} + \boldsymbol{v}) \tag{10-44}$$

式中,$\boldsymbol{v} = \begin{bmatrix} v_1 & v_2 & v_3 \end{bmatrix}^{\mathrm{T}}$ 为等价输入。需要注意的是,为便于表述,将 $\boldsymbol{F}(\boldsymbol{X}, \dot{\boldsymbol{X}}, \boldsymbol{\Omega})$、$\boldsymbol{G}(\boldsymbol{X})$ 分别以 $\boldsymbol{F}$、$\boldsymbol{G}$ 表示。

将式(10-44)代入式(10-43)中,可得如下线性形式的动力学模型:

$$\begin{cases} \dot{\boldsymbol{Z}}_1 = \boldsymbol{Z}_2 \\ \dot{\boldsymbol{Z}}_2 = \boldsymbol{v} + \boldsymbol{W} \\ \boldsymbol{Y} = \boldsymbol{Z}_1 \end{cases} \tag{10-45}$$

2）自适应终端滑模控制器设计

以伪谱法生成的最优构形调整轨迹为标称轨迹

$$\boldsymbol{Y}_d = \begin{bmatrix} y_{1d} & y_{2d} & y_{3d} \end{bmatrix}^{\mathrm{T}} = \begin{bmatrix} \rho_d & \alpha_d & \beta_d \end{bmatrix}^{\mathrm{T}} \tag{10-46}$$

定义实际系统输出的跟踪偏差 $\boldsymbol{e} = \begin{bmatrix} e_1 & e_2 & e_3 \end{bmatrix}^{\mathrm{T}}$ 为

$$e_i = y_i - y_{id} \quad i = 1,2,3 \tag{10-47}$$

则偏差动力学满足

$$\ddot{e}_i = \ddot{y}_i - y_{id} = \nu_i + w_i - \ddot{y}_{di} \tag{10-48}$$

定义滑模超平面

$$s_i = \dot{e}_i + \lambda_i e_i + \zeta_i |e_i|^{\tau_i} \mathrm{sgn}(e_i), \quad i = 1,2,3 \tag{10-49}$$

式中，$\lambda_i > 0, \zeta_i > 0, 0 < \tau_i < 1 (i = 1,2,3)$。式（10-49）对时间求导得

$$\dot{s}_i = \ddot{e}_i + \lambda_i \dot{e}_i + \zeta_i \tau_i |e_i|^{\tau_i - 1} \mathrm{sgn}(e_i) \tag{10-50}$$

将式（10-48）代入式（10-50）得

$$\dot{s}_i = \nu_i + w_i - \ddot{y}_{di} + \lambda_i \dot{e}_i + \zeta_i \tau_i |e_i|^{\tau_i - 1} \mathrm{sgn}(e_i) \tag{10-51}$$

设计如下等效控制律：

$$\nu_i = \ddot{y}_{di} - \lambda_i \dot{e}_i - \zeta_i \tau_i |e_i|^{\tau_i - 1} \dot{e}_i - \hat{p}_i \mathrm{sgn}(s_i) \tag{10-52}$$

式中，$\hat{p}_i$ 为总和扰动 w_i 的上界 p_i 的估计值，满足下列自适应更新方程：

$$\dot{\hat{p}}_i = \frac{1}{\eta_i} |s_i| \tag{10-53}$$

式中，$\eta_i > 0$ 为自适应增益系数。

定理　对于系统式（10-48）和滑模超平面式（10-49），在等效控制式（10-52）和式（10-53）的作用下，标称轨迹跟踪偏差能够在有限时间内收敛到零。

证明　定理可分三步进行证明。

步骤 1：总和扰动上界的估计值 $\hat{p}_i$ 存在上界，即存在常数 $p^* > 0$ 满足 $\hat{p}_i < p^*$。

记 $\tilde{p}_i = \hat{p}_i - p_i$ 为估计偏差，考虑 Lyapunov 函数

$$V_i = \frac{1}{2} s_i^2 + \frac{1}{2} \eta_i \tilde{p}_i^2 \tag{10-54}$$

式（10-54）对时间求导，并将式（10-51）～式（10-53）代入其中，求导可得

$$\begin{aligned} \dot{V}_i &= s_i(w_i - \hat{p}_i \mathrm{sgn}(s_i)) + (\hat{p}_i - p_i)\eta_i \dot{\hat{p}}_i \\ &= s_i(w_i - \hat{p}_i \mathrm{sgn}(s_i)) + (\hat{p}_i - p)|s_i| \\ &= s_i w_i - p_i |s_i| \end{aligned}$$

$$\leqslant (|w_i| - p_i)|s_i|$$

$$\leqslant 0 \tag{10-55}$$

根据 Lyapunov 稳定性定理[7]，变量 $\hat{p}_i$ 存在上界，即式(10-52)所示控制增益有界。

步骤 2：滑模面 $s_i = 0$ 有限时间可达。

选取 Lyapunov 函数[8]：

$$V_i = \frac{1}{2}s_i^2 + \frac{1}{2\xi_i}(\hat{p}_i - p_i^*)^2, \quad i = 1, 2, 3 \tag{10-56}$$

式(10-56)对时间求导，并将式(10-51)~式(10-53)代入得

$$
\begin{aligned}
\dot{V}_i &= s_i \dot{s}_i + \frac{1}{\xi_i}(\hat{p}_i - p_i^*)\dot{\hat{p}}_i \\
&= s_i(w_i - \hat{p}_i \operatorname{sgn}(s)) + \frac{1}{\xi_i \eta_i}(\hat{p}_i - p_i^*)|s_i| \\
&\leqslant p_i|s_i| - \hat{p}_i|s_i| + p_i^*|s_i| - p_i^*|s_i| + \frac{1}{\xi_i \eta_i}(\hat{p}_i - p_i^*)|s_i| \\
&= (p_i - p_i^*)|s_i| - (\hat{p}_i - p_i^*)\left(|s_i| - \frac{|s_i|}{\xi_i \eta_i}\right) \\
&= (p_i - p_i^*)|s_i| + |\hat{p}_i - p_i^*|\left(|s_i| - \frac{|s_i|}{\xi_i \eta_i}\right)
\end{aligned}
\tag{10-57}
$$

定义变量 κ_i、q_i 分别为

$$\kappa_i = p_i - p_i^*, \quad q_i = \left(|s_i| - \frac{|s_i|}{\xi_i \eta_i}\right) \tag{10-58}$$

则始终存在常数 p_i^* 和 ξ_i 满足 $p_i^* > p_i$，$\xi_i \eta_i < 1$，即 $\kappa_i < 0$，$q_i < 0$。将式(10-58)代入式(10-59)中，得

$$
\begin{aligned}
\dot{V}_i &\leqslant \kappa_i|s_i| + q_i|\hat{p}_i - p_i^*| \\
&= \sqrt{2}\kappa_i \frac{|s_i|}{\sqrt{2}} + q_i \sqrt{2\xi_i} \frac{|\hat{p}_i - p_i^*|}{\sqrt{2\xi_i}} \\
&\leqslant \max(\sqrt{2}\kappa_i, q_i \sqrt{2\xi_i})\left(\frac{|s_i|}{\sqrt{2}} + \frac{|\hat{p}_i - p_i^*|}{\sqrt{2\xi_i}}\right)
\end{aligned}
\tag{10-59}
$$

对于变量 $a_1 > 0$，$a_2 > 0$，$0 < c < 1$，存在如下数学关系：

$$(a_1 + a_2)^c \leqslant a_1^c + a_2^c \tag{10-60}$$

则式(10-59)可进一步写为

$$
\begin{aligned}
\dot{V}_i &\leqslant \max(\sqrt{2}\kappa_i, q_i \sqrt{2\xi_i})\left(\left(\frac{|s_i|}{\sqrt{2}}\right)^2 + \left(\frac{|\hat{p}_i - p_i^*|}{\sqrt{2\xi_i}}\right)^2\right)^{\frac{1}{2}} \\
&= \max(\sqrt{2}\kappa_i, q_i \sqrt{2\xi_i}) V_i^{\frac{1}{2}}
\end{aligned}
\tag{10-61}
$$

根据比较引理[6]，滑模面 $s_i = 0$ 在有限时间内可达。

步骤 3：系统到达滑模面 $s_i = 0$ 后，轨迹跟踪偏差将在有限时间内收敛到零。

在滑模面 $s_i = 0$ 上，跟踪偏差满足

$$\dot{e}_i = -\lambda_i e_i - \zeta_i \mid e_i \mid^{\tau_i} \mathrm{sgn}(e_i) \tag{10-62}$$

式中，$e_i = 0$ 为终端吸引子，则跟踪偏差 e_i 的收敛时间可表示为

$$T_i = \frac{1}{\lambda_i(1-\tau_i)} \ln \frac{\lambda_i e_{i0}^{1-\tau_i} + \zeta_i}{\zeta_i}, \quad i=1,2,3 \tag{10-63}$$

式中，e_{i0} 为系统到达滑模面时，轨迹跟踪偏差的初始值。

综上所述，在控制律式（10-52）和式（10-53）作用下，标称轨迹跟踪偏差能够在有限时间内收敛到零。定理 1 证明毕。

注 1　所设计的滑模面式（10-49）既保留了一般终端滑模控制有限时间收敛的特性，又提高了跟踪初始阶段的收敛速度。当标称轨迹跟踪偏差距离平衡点 $e = 0$ 较远时，线性滑模面 $s = \dot{e} + \lambda e$ 起主导作用，跟踪偏差指数收敛，收敛速度较快；当跟踪偏差距离平衡点较近时，一般终端滑模面 $s = \dot{e} + \zeta \mid e \mid^{\tau} \mathrm{sgn}(e)$ 起主导作用，确保跟踪偏差在有限时间内收敛到零。

注 2　由于符号函数 $\mathrm{sgn}(s)$ 的影响，等效控制输入式（10-52）在滑模面两侧不连续，容易产生高频抖振现象，可能激发系统内未建模动态特性，破坏系统的稳定性。为此，引入双曲正切函数

$$\tanh s = \frac{\sinh s}{\cosh s} = \frac{\mathrm{e}^s - \mathrm{e}^{-s}}{\mathrm{e}^s + \mathrm{e}^{-s}} \tag{10-64}$$

该函数是变量 s 的连续函数，以 $y = \pm 1$ 为渐进线，且在原点 $s = 0$ 处的斜率为 1，能够对 $\mathrm{sgn}(s)$ 的不连续性进行平滑处理。

注 3　控制增益 $\hat{p}_i(i=1,2,3)$ 能够根据系统状态自动进行调节，因此控制器设计无需扰动上界的先验信息。为对比控制器性能，给出不含自适应策略的终端滑模控制器为

$$\nu_i = \ddot{y}_{di} - \lambda_i \dot{e}_i - \zeta_i \tau_i \mid e_i \mid^{\tau_i-1} \dot{e}_i - \varepsilon_i \mathrm{sgn}(s_i), \quad i=1,2,3 \tag{10-65}$$

式中，控制增益 ε_i 为固定控制增益。为确保滑模面 $s_i = 0$ 可达，控制增益 ε_i 的取值通常较大，易造成控制输入的强抖振。

至此，已经完成了等效控制律设计与性能分析，将其代入式（10-44）得到系统真实控制输入为

$$\begin{cases} u_1 = -f_1 + \ddot{y}_{d1} - \lambda_1 \dot{e}_1 - \zeta_1 \tau_1 \mid e_1 \mid^{\tau_1-1} \dot{e}_1 - \hat{p}_1 \mathrm{sgn}(s_1) \\ u_2 = x_1 \cos^2 x_3(-f_2 + \ddot{y}_{d2} - \lambda_2 \dot{e}_2 - \zeta_2 \tau_2 \mid e_2 \mid^{\tau_2-1} \dot{e}_2 - \hat{p}_2 \mathrm{sgn}(s_2)) \\ u_3 = x_1(-f_3 + \ddot{y}_{d3} - \lambda_3 \dot{e}_3 - \zeta_3 \tau_3 \mid e_3 \mid^{\tau_3-1} \dot{e}_3 - \hat{p}_3 \mathrm{sgn}(s_3)) \end{cases}$$

$$\tag{10-66}$$

此处，$u_i(i=1,2,3)$ 为电磁控制加速度，代入电磁力模型中即可求得实现编队

构形重构所需的磁偶极子矢量。

10.3.3　仿真算例

以双星电磁编队系统应用于空间近距离观测任务为背景进行仿真分析,为全面获取目标信息,任务过程中需调整电磁编队构形以从不同方位、不同距离对空间目标进行观测[5]。假设两航天器质量均为50kg,编队系统质心沿绕地圆轨道运行,轨道高度为500km。为避免碰撞,航天器间允许的最短相对距离为10m。假设航天器A上的磁偶极子始终沿两星连线方向,大小恒为5×10^5H/m,航天器B上的最大磁偶极子强度为3×10^5H/m。考虑观测任务要求将星间相对距离由20m增加至40m,相对方位由(0,0)调整至$(\pi/2, 5\pi/12)$,初始和终端相对速度均为零。

以加权时间/能量最优为性能指标,采用伪谱法优化得到的最优构形调整轨迹如图10.14~图10.16所示。仿真曲线表明,星间相对距离先收缩至最短距离再伸展至期望距离,且在最短星间距离附近,面内/面外角速度显著增大。这一现象主要由电磁力模型的强非线性引起:星间电磁力大小与相对距离的四次方成反比;在相同磁偶极子配置下,相对距离越短,电磁力作用越强,完成构形重构所需能量与时间越省。可见,电磁力的强非线性特性使得其任务轨迹明显区别于传统航天器编队系统,在任务设计时不可忽略。图10.17所示的标称控制输入曲线光滑且有界,适于星上电磁作动装置实施。优化所得构形调整任务周期为1106.6s,忽略性能指标式(10-23)中的常数K_i,则航天器B上电磁作动装置所消耗的等价电能为5.56×10^6H·s/m。对于相同构形重构任务,以时间最短为性能指标,优化所得构形重构时间为182.7s,所需消耗电能为1.277×10^8H·s/m。时间最短任务轨迹变化趋势与图10.14~图10.16一致,但优化得到的标称控制输入为Bang-Bang结构,不利于电磁作动装置实现。

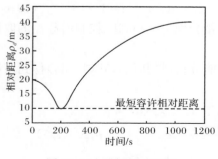

图10.14　星间相对距离

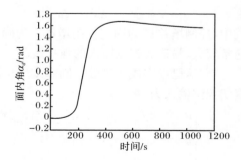

图10.15　面内角剖面

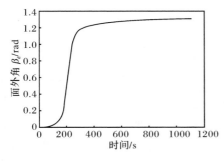

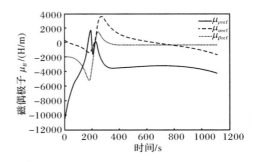

图 10.16　面外角剖面　　　　图 10.17　航天器 B 上磁偶极子强度曲线

考虑电磁编队构形初始相对偏差为

$$\boldsymbol{e}_0 = \begin{bmatrix} e_{\rho 0} & e_{\alpha 0} & e_{\beta 0} \end{bmatrix} = \begin{bmatrix} 0.5\text{m} & -0.05\text{rad} & -0.03\text{rad} \end{bmatrix}$$

$$\dot{\boldsymbol{e}}_0 = \begin{bmatrix} \dot{e}_{\rho 0} & \dot{e}_{\alpha 0} & \dot{e}_{\beta 0} \end{bmatrix} = \begin{bmatrix} 3\text{m/s} & 1\text{rad/s} & 1\text{rad/s} \end{bmatrix} \times 10^{-3}$$

假设编队系统所受总和扰动为零均值高斯白噪声,其方差为 $[6, -5, -4] \times 10^{-6}\text{m/s}^2$;最短容许相对距离处,远场电磁力模型的乘性偏差取为 8%。在自适应终端滑模轨迹跟踪控制器中,等价总和扰动上界估计的初始值设为 0,其他参数分别取为

$$\boldsymbol{\lambda} = \begin{bmatrix} 0.2 & 0.1 & 0.1 \end{bmatrix}$$

$$\boldsymbol{\zeta} = \begin{bmatrix} 0.05 & 0.05 & 0.05 \end{bmatrix}$$

$$\boldsymbol{\tau} = \begin{bmatrix} 0.85 & 0.85 & 0.85 \end{bmatrix}$$

$$\boldsymbol{\eta} = \begin{bmatrix} 800 & 200 & 50 \end{bmatrix}$$

为对比轨迹跟踪控制性能,不含自适应策略的轨迹跟踪控制器式(10-65)的参数取相同值,控制增益 ε 取为

$$\boldsymbol{\varepsilon} = \begin{bmatrix} 0.3 & 0.3 & 0.13 \end{bmatrix}$$

仿真分析所得标称轨迹跟踪偏差及相应磁偶极子强度曲线如图 10.18～图 10.26 所示,图中 Controller A 表示自适应终端滑模控制器,而 Controller B 表示不含自适应策略的跟踪控制器。

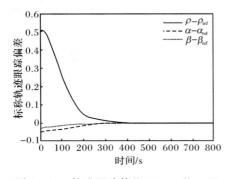

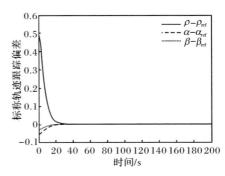

图 10.18　轨迹跟踪偏差(Controller A)　　　图 10.19　轨迹跟踪偏差(Controller B)

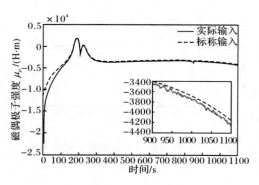

图 10.20　磁偶极子 μ_p (Controller A)

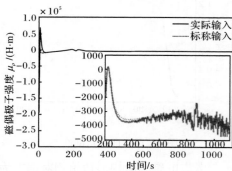

图 10.21　磁偶极子 μ_p (Controller B)

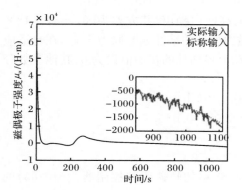

图 10.22　磁偶极子 μ_a (Controller A)

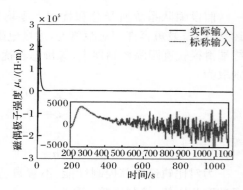

图 10.23　磁偶极子 μ_a (Controller B)

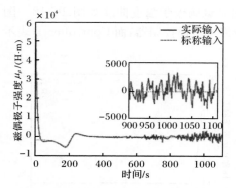

图 10.24　磁偶极子 μ_β (Controller A)

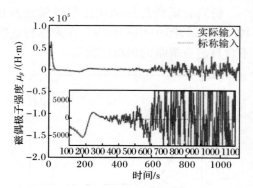

图 10.25　磁偶极子 μ_β (Controller A)

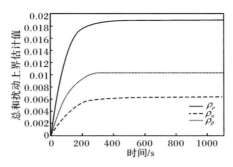

图 10.26　自适应控制增益(Controller A)

由图 10.18 和图 10.19 可知,标称轨迹跟踪偏差均在有限时间内收敛到零,验证了两种控制器的可行性与鲁棒性。在 Controller B 作用下,轨迹跟踪偏差收敛速度较快,但是较快的收敛速度是以较为恶化的控制输入为代价的,如图 10.18~图 10.25 所示。初始时刻,Controller A 对应的磁偶极子强度远小于 Controller B,且当系统到达滑模面后,Controller B 的控制输入抖振的幅度与频率均比 Controller A 严重。图 10.26 表明自适应控制增益 $\hat{\boldsymbol{p}}$ 在 300s 左右收敛到某一固定值,且收敛值比 ε 的取值小,验证了定理 1 证明过程第一步的相关结论。

10.4　小　　结

本章针对航天器电磁编队飞行控制开展研究,采用 ESO+LQR 方法设计了面向相对平衡态期望构形的保持控制律,基于伪谱法设计了时间/能量加权最优的构形重构标称轨迹,并采用反馈线性化和自适应终端滑模的内外环组合策略设计了标称轨迹的鲁棒跟踪控制律。本章研究得出以下结论。

(1) 以航天器电磁编队的相对平衡态作为基准设计期望保持构形,并基此开展保持控制策略设计可大大简化电磁编队保持控制的复杂性;采用 ESO+LQR 方法设计编队构形保持控制律可在一定程度上兼顾鲁棒性与最优性需求。

(2) 航天器电磁编队飞行不消耗推进剂,但需消耗电能,故构形重构轨迹优化的目标函数可取所消耗的电能和重构时间;采用 Radau 伪谱法进行电磁编队标称轨迹优化设计可行、时效性高。

(3) 采用反馈线性化和自适应终端滑模的内外环组合策略开展期望轨迹跟踪控制设计具有偏差可有限时间收敛、对外界干扰具有较强鲁棒性等优势。

参 考 文 献

[1] 曹喜滨,张锦绣,王峰.航天器编队动力学与控制[M].北京:国防工业出版社,2013.

[2] Elias L M,Kwon D W,Sedwick R J,et al. Electromagnetic formation flight dynamics including reaction wheel gyroscopic stiffening effects [J]. Journal of Guidance, Control and Dynamics,2007,30(2):499~511.

[3] 朱经浩.最优控制中的数学方法[M].北京:科学出版社,2011.

[4] 雍恩米.高超声速滑翔式再入飞行器轨迹优化与制导方法研究[D].长沙:国防科学技术大学,2008.

[5] 韩京清.自抗扰控制技术——估计补偿不确定因素的控制技术[M].北京:国防工业出版社,2009.

[6] Liu H,Li J F,Hexi B Y. Sliding mode control for low-thrust Earth-orbiting spacecraft formation maneuvering[J]. Aerospace Science and Technology,2006,10(7):636~643.

[7] Khalil H K. Nonlinear Systems[M]. New Jersey:Prentice-Hall,1996.

[8] Li P. Research and Application of Traditional and High-Order Sliding Mode Control[D]. Changsha:National University of Defense Technology,2011.